轨道交通装备制造业职业技能鉴定指导丛书

镗 工

中国北车股份有限公司 编写

中国铁道出版社

2015年·北京

图书在版编目(CIP)数据

镗工/中国北车股份有限公司编写 . —北京：
中国铁道出版社,2015.5
(轨道交通装备制造业职业技能鉴定指导丛书)
ISBN 978-7-113-20101-2

Ⅰ.①镗… Ⅱ.①中… Ⅲ.①镗削－职业技能－
鉴定－自学参考资料 Ⅳ.①TG53

中国版本图书馆 CIP 数据核字(2015)第 054089 号

书　名： 轨道交通装备制造业职业技能鉴定指导丛书
　　　　　　　　　　　　镗　工
作　者:中国北车股份有限公司

策　划:江新锡　钱士明　徐　艳
责任编辑:陶赛赛　　　　　　编辑部电话:010-51873193
编辑助理:黎　琳
封面设计:郑春鹏
责任校对:焦桂荣
责任印制:郭向伟

出版发行:中国铁道出版社(100054,北京市西城区右安门西街8号)
网　址:http://www.tdpress.com
印　刷:北京海淀五色花印刷厂
版　次:2015年5月第1版　2015年5月第1次印刷
开　本:787 mm×1 092 mm　1/16　印张:14　字数:330千
书　号:ISBN 978-7-113-20101-2
定　价:44.00元

序

在党中央、国务院的正确决策和大力支持下,中国高铁事业迅猛发展。中国已成为全球高铁技术最全、集成能力最强、运营里程最长、运行速度最高的国家。高铁已成为中国外交的新名片,成为中国高端装备"走出国门"的排头兵。

中国北车作为高铁事业的积极参与者和主要推动者,在大力推动产品、技术创新的同时,始终站在人才队伍建设的重要战略高度,把高技能人才作为创新资源的重要组成部分,不断加大培养力度。广大技术工人立足本职岗位,用自己的聪明才智,为中国高铁事业的创新、发展做出了重要贡献,被李克强同志亲切地赞誉为"中国第一代高铁工人"。如今在这支近5万人的队伍中,持证率已超过96%,高技能人才占比已超过60%,3人荣获"中华技能大奖",24人荣获国务院"政府特殊津贴",44人荣获"全国技术能手"称号。

高技能人才队伍的发展,得益于国家的政策环境,得益于企业的发展,也得益于扎实的基础工作。自2002年起,中国北车作为国家首批职业技能鉴定试点企业,积极开展工作,编制鉴定教材,在构建企业技能人才评价体系、推动企业高技能人才队伍建设方面取得明显成效。为适应国家职业技能鉴定工作的不断深入,以及中国高端装备制造技术的快速发展,我们又组织修订、开发了覆盖所有职业(工种)的新教材。

在这次教材修订、开发中,编者们基于对多年鉴定工作规律的认识,提出了"核心技能要素"等概念,创造性地开发了《职业技能鉴定技能操作考核框架》。该《框架》作为技能人才评价的新标尺,填补了以往鉴定实操考试中缺乏命题水平评估标准的空白,很好地统一了不同鉴定机构的鉴定标准,大大提高了职业技能鉴定的公信力,具有广泛的适用性。

相信《轨道交通装备制造业职业技能鉴定指导丛书》的出版发行,对于促进我国职业技能鉴定工作的发展,对于推动高技能人才队伍的建设,对于振兴中国高端装备制造业,必将发挥积极的作用。

中国北车股份有限公司总裁:

2015.2.7

前　言

　　鉴定教材是职业技能鉴定工作的重要基础。2002 年,经原劳动保障部批准,中国北车成为国家职业技能鉴定首批试点中央企业,开始全面开展职业技能鉴定工作。2003 年,根据《国家职业标准》要求,并结合自身实际,组织开发了《职业技能鉴定指导丛书》,共涉及车工等 52 个职业(工种)的初、中、高 3 个等级。多年来,这些教材为不断提升技能人才素质、适应企业转型升级、实施"三步走"发展战略的需要发挥了重要作用。

　　随着企业的快速发展和国家职业技能鉴定工作的不断深入,特别是以高速动车组为代表的世界一流产品制造技术的快步发展,现有的职业技能鉴定教材在内容、标准等诸多方面,已明显不适应企业构建新型技能人才评价体系的要求。为此,公司决定修订、开发《轨道交通装备制造业职业技能鉴定指导丛书》(以下简称《丛书》)。

　　本《丛书》的修订、开发,始终围绕促进实现中国北车"三步走"发展战略、打造世界一流企业的目标,努力遵循"执行国家标准与体现企业实际需要相结合、继承和发展相结合、坚持质量第一、坚持岗位个性服从于职业共性"四项工作原则,以提高中国北车技术工人队伍整体素质为目的,以主要和关键技术职业为重点,依据《国家职业标准》对知识、技能的各项要求,力求通过自主开发、借鉴吸收、创新发展,进一步推动企业职业技能鉴定教材建设,确保职业技能鉴定工作更好地满足企业发展对高技能人才队伍建设工作的迫切需要。

　　本《丛书》修订、开发中,认真总结和梳理了过去 12 年企业鉴定工作的经验以及对鉴定工作规律的认识,本着"紧密结合企业工作实际,完整贯彻落实《国家职业标准》,切实提高职业技能鉴定工作质量"的基本理念,在技能操作考核方面提出了"核心技能要素"和"完整落实《国家职业标准》"两个概念,并探索、开发出了中国北车《职业技能鉴定技能操作考核框架》;对于暂无《国家职业标准》、又无相关行业职业标准的 40 个职业,按照国家有关《技术规程》开发了《中国北车职业标准》。经 2014 年技师、高级技师技能鉴定实作考试中 27 个职业的试用表明:该《框架》既完整反映了《国家职业标准》对理论和技能两方面的要求,又适应了企业生产和技术工人队伍建设的需要,突破了以往技能鉴定实作考核中试卷的难度与完整性评估的"瓶颈",统一了不同产品、不同技术含量企业的鉴定标准,提高了鉴定考核的技术含量,保证了职业技能鉴定的公平性,提高了职业技能鉴定工作质量和管理水平,将成为职业技能鉴定工作、进而成为生产操作者技能素质评价的新标尺。

本《丛书》共涉及 98 个职业(工种),覆盖了中国北车开展职业技能鉴定的所有职业(工种)。《丛书》中每一职业(工种)又分为初、中、高 3 个技能等级,并按职业技能鉴定理论、技能考试的内容和形式编写。其中:理论知识部分包括知识要求练习题与答案;技能操作部分包括《技能考核框架》和《样题与分析》。本《丛书》按职业(工种)分册,并计划第一批出版 74 个职业(工种)。

本《丛书》在修订、开发中,仍侧重于相关理论知识和技能要求的应知应会,若要更全面、系统地掌握《国家职业标准》规定的理论与技能要求,还可参考其他相关教材。

本《丛书》在修订、开发中得到了所属企业各级领导、技术专家、技能专家和培训、鉴定工作人员的大力支持;人力资源和社会保障部职业能力建设司和职业技能鉴定中心、中国铁道出版社等有关部门也给予了热情关怀和帮助,我们在此一并表示衷心感谢。

本《丛书》之《镗工》由中国北车集团大同电力机车有限责任公司《镗工》项目组编写。主编梁宝山,副主编丁兴利;主审赵伯明,副主审王孝卿;参编人员赵晓静、胡志鹏。

由于时间及水平所限,本《丛书》难免有错、漏之处,敬请读者批评指正。

中国北车职业技能鉴定教材修订、开发编审委员会

二〇一四年十二月二十二日

目　　录

镗工(职业道德)习题

一、填 空 题

1. 安全管理的基本方针是安全第一,(　　)。

2.《劳动保护法规》也叫(　　)。

3.《劳动保护法规》是国家强制力保护的在(　　)中约束人们行为,以达到保护劳动者安全健康的一种行为规范。

4. 通常,建议在设备周围工作的所有人员应穿(　　)、戴防护镜和耳塞。

5. 要牢固树立(　　),质量至上的理念。

6. 劳动合同即将届满时,公司与员工应提前以(　　)就是否续订劳动合同达成协议,并由人力资源部办理相关手续。

7.《中华人民共和国安全生产法》从(　　)起实施。

8. 我国安全生产的方针是安全第一,(　　),综合治理。

9. 考勤是员工出、缺勤情况的真实记录,是(　　)的依据。

10. 三级安全教育分别是(　　)、车间级、班组级。

11. 劳动卫生的中心任务是(　　),防止职业危害。

12.《中国劳动保护法规》的指导思想是保护劳动者在生产劳动中的(　　)。

二、单项选择题

1. 下列不属于安全规程的是(　　)。
(A)安全技术操作规程　　　　　　　(B)产品质量检验规程
(C)工艺安全操作规程　　　　　　　(D)岗位责任制和交接班制

2. 通常,建议在设备周围工作的所有人员应穿戴(　　)。
(A)安全靴　　　　(B)防护镜　　　　(C)耳塞　　　　(D)以上均需

3. 树立"用户至上"的思想,就要增强服务意识,端正服务态度,改进服务措施,达到(　　)。
(A)用户至上　　　(B)用户满意　　　(C)产品质量　　　(D)保证工作质量

4. 清正廉洁,克己奉公,不以权谋私、行贿受贿,是(　　)。
(A)职业态度　　　(B)职业修养　　　(C)职业纪律　　　(D)职业作风

5. 现场质量管理的目标是要保证和提高产品(　　)。
(A)设计质量　　　(B)符合性质量　　　(C)使用质量　　　(D)产品质量

6. 质量控制的目的在于(　　)。
(A)严格贯彻执行工艺规程　　　　　(B)控制影响质量的各种因素
(C)实现预防为主,提高经济效益　　　(D)控制影响质量的操作规程

7. 在增加职工的自觉性教育的同时,必须有严格的(　　)。

(A)管理制度　　　　(B)奖罚制度　　　　(C)岗位责任制　　　　(D)经济责任制

8. 全面质量管理最基本的特点是(　　)。

(A)全面性　　　　(B)全员性　　　　(C)预防性　　　　(D)局部性

9. 增加职工的(　　)意识,是搞好安全生产的重要环节。

(A)安全生产　　　　(B)自我保护　　　　(C)职业道德　　　　(D)职业修养

10. 法律赋予职工享有接受教育培训,以使自己具备保护自己和他人所必需的知识与技能的权利,这项权利也是保证职工(　　)的前提条件。

(A)接受教育培训　　　　　　　　(B)知情权和参与权

(C)掌握知识与技能　　　　　　　(D)参与技能培训

11.《安全生产法规》规定:从业人员发现直接危及人身安全的紧急情况时,有权停止作业或者在采取可能的应急措施后(　　)作业场所。

(A)坚守　　　　(B)保护　　　　(C)撤离　　　　(D)封闭

12. 下列关于爱岗敬业的说法中,你认为正确的是(　　)。

(A)市场经济鼓励人才流动,再提倡爱岗敬业已不合时宜

(B)即便在市场经济时代,也要提倡"干一行、爱一行、专一行"

(C)要做到爱岗敬业就应一辈子在岗位上无私奉献

(D)在现实中,我们不得不承认,"爱岗敬业"的观念阻碍了人们的择业自由

三、多项选择题

1. 劳动合同的订立应遵循(　　)。

(A)遵守国家和地方政府有关法律法规的原则

(B)平等自愿、协商一致的原则

(C)权利和义务对等一致的原则

(D)公平、公正、公开的原则

2. 员工有下列情形之一的,公司可以解除劳动合同(　　)。

(A)提供与录用相关的虚假材料

(B)试用期内被证明不符合录用条件的

(C)严重违反劳动纪律或公司规章制度的

(D)严重失职、营私舞弊,给公司造成重大损失的

3. 下列说法中,符合"语言规范"具体要求的是(　　)。

(A)多说俏皮话　　　　　　　　(B)用尊称,不用忌语

(C)语速要快,节省客人时间　　　(D)不乱幽默,以免客人误解

4. 下列有关职业道德修养的说法,正确的是(　　)。

(A)职业道德修养是职业道德活动的另一重要形式,它与职业道德教育密切相关

(B)职业道德修养是个人的主观的道德活动

(C)没有职业道德修养,职业道德教育不可能取得应有的效果

(D)职业道德修养是职业道德认识和职业道德情感的统一

5. 道德作为一种社会意识形态,在调整人们之间以及个人与社会之间的行为规范时,主

要依靠( )力量。

(A)信念 (B)习俗 (C)法律 (D)社会舆论

6. 不安全行为是指造成事故的人为错误,下列属于人为错误的不安全行为的是( )。

(A)操作错误 (B)忽视安全、忽视警告

(C)使用无安全装置设备 (D)手代替工具操作

7. 预防事故的基本原则是( )。

(A)事故可以预防 (B)防患于未然

(C)根除可能的事故源 (D)全面处理的原则

8. 有关职业道德不正确的说法是( )。

(A)职业道德有助于提高劳动生产率,但无助于降低生产成本

(B)职业道德有助于增强企业凝聚力,但无助于促进企业技术进步

(C)职业道德有利于提高员工职业技能,增强企业竞争力

(D)职业道德只是有利于提高产品质量,但无助于提高企业信誉和形象

9. 下列关于职业技能构成要素之间的关系,不正确的说法是( )。

(A)职业知识是关键,职业技术是基础,职业能力是保证

(B)职业知识是保证,职业技术是基础,职业能力是关键

(C)职业知识是基础,职业技术是保证,职业能力是关键

(D)职业知识是基础,职业技术是关键,职业能力是保证

10. 下列关于职业道德与职业技能关系的说法,正确的是( )。

(A)职业道德对职业技能具有统领作用

(B)职业道德对职业技能有重要的辅助作用

(C)职业道德对职业技能的发挥具有支撑作用

(D)职业道德对职业技能的提高具有促进作用

11. 劳动保护是根据国家法律法规,依靠技术进步和科学管理,采取组织措施和技术措施,用以( )。

(A)消除危及人身安全健康的不良条件和行为

(B)防止事故和职业病

(C)保护劳动者在劳动过程中的安全和健康

(D)内容包括劳动安全、劳动卫生、女工保护、未成年工保护、工作时间和休假制度

四、判 断 题

1. 抓好职业道德建设,与改善社会风气没有密切的关系。( )

2. 职业道德也是一种职业竞争力。( )

3. 企业员工要认真学习国家的有关法律、法规,对重要规章、条例达到熟知,做到知法、懂法,不断提高自己的法律意识。( )

4. 劳动保护法规是国家劳动部门在生产领域中约束人们的行为,以达到保护劳动者安全健康的一种行为规范。( )

5. 安全规程具有法律效应,对严重违章而造成损失者给以批评教育、行政处分或诉诸法律处理。( )

6．危险预知活动的目的是预防事故，它是一种群众性的"自我管理"。（　　）

7．企业员工应仪容干净，衣着整洁，上岗按规定着装，佩戴胸卡，正确穿戴劳动防护用品。（　　）

8．全员参加管理，就是要求企业从厂长到工人，人人关心产品质量，做好本职工作。（　　）

9．从用户使用要求出发，产品质量就是产品的适用性。（　　）

10．质量是经济效益的基础，也是创汇能力的基础。（　　）

11．职业道德是人们职业活动中必须遵循的职业行为规范和必须具备的道德品质。（　　）

12．灭火措施主要是切断火源和隔绝空气两个方面。（　　）

13．社会主义职业道德建设是社会主义精神文明的重要组成部分。（　　）

14．电气火灾一般采用二氧化碳和泡沫灭火器，干粉及黄砂扑灭。（　　）

15．在生产中加强协作，互保安全，是加强班组管理的重要内容。（　　）

镗工(职业道德)答案

一、填空题

1. 预防为主　　2. 安全管理法规　　3. 生产领域　　4. 安全靴
5. 安全第一　　6. 书面形式　　7. 2002 年 11 月 1 日　　8. 预防为主
9. 核算工资　　10. 厂级　　11. 改善劳动条件　　12. 安全及健康

二、单项选择题

1. B　　2. D　　3. B　　4. B　　5. B　　6. C　　7. A　　8. C　　9. B
10. B　　11. C　　12. B

三、多项选择题

1. ABC　　2. ABCD　　3. BD　　4. ABC　　5. ABD　　6. ABCD
7. ABCD　　8. ABD　　9. ABD　　10. ACD　　11. ABCD

四、判断题

1. ×　　2. √　　3. √　　4. ×　　5. ×　　6. √　　7. √　　8. √　　9. √
10. √　　11. √　　12. √　　13. √　　14. ×　　15. √

镗工(初级工)习题

一、填 空 题

1. 镗削加工的粗镗余量为( )mm。
2. 镗削加工的精镗余量为( )mm。
3. 镗削时,工件会出现已加工表面、( )和过渡表面。
4. 镗削用量包括切削深度、进给量和( )三个参数。
5. 刀具每转一周,工件或刀具沿( )方向相对移动的距离称进给量。
6. 镗削速度是指镗刀切削刃沿主运动方向相对于工件的( )。
7. 镗削速度 v_c＝( ),其单位为 m/min。
8. 切削油主要起( )作用。
9. 透明切削水溶液,主要起( )作用。
10. 粗加工时,应选以( )效果好的切削液。
11. 精加工时,应选以( )性能好的切削液。
12. 精加工铸铁时,为获得较好的表面粗糙度,可采用黏度较小的( )作切削液。
13. 确定工件在机床上或夹具中占有正确位置的过程叫做工件的( )。
14. 确定工件的几何要素间的几何关系所依据的点、线、面称为( )。
15. 在满足加工要求的前提下,( )的定位称为部分定位。
16. 平头支承钉适用于对( )的定位。
17. 千斤顶适用于( )面的定位。
18. V形块主要适用于工件( )面的定位。
19. 用压板压紧工件时,压板垫块高度应( )工件受压点或等高。
20. 用压板压紧工件时,紧固件尽量( )工件,以增大压紧力。
21. 按划线找正,适用于( )或加工部位的精度要求不高的场合。
22. 工件在夹紧时,必须选择合理的夹紧装置和合适的夹紧位置,使夹紧变形处于( )。
23. 在镗削加工中,专用夹具又称( )。
24. 镗模的结构类型取决于( )。
25. 切削塑性材料时,切屑的类型有( )、挤裂切屑和单元切屑。
26. 粗加工时,产生积屑瘤是有利的,其原因是( )。
27. 精加工时,产生积屑瘤是有害的,其原因是( )。
28. 切削热对镗削的影响是( )和工件的加工质量。
29. 常用的镗刀主要由刀柄和( )组成。
30. 楔角是前刀面与( )间的夹角。

31. 单刃镗刀的切削部分是硬质合金材料，应选（　　）砂轮进行刃磨。

32. 镗床的型号由（　　）和辅助部分组成。

33. 卧式镗床的运动主要有（　　）和进给运动。

34. 镗床一般规定累计运行（　　）h 后，以操作人员为主进行一次一级保养。

35. T68 卧式镗床的主轴直径是（　　）mm。

36. T4145 型坐标镗床，主轴旋转由直流电动机带动，转速为（　　）r/min。

37. T68 机床的工作精度是指对工件作（　　）所能达到的精度。

38. 塞规的通端尺寸是孔的（　　）尺寸。

39. 塞规的止端尺寸是孔的（　　）尺寸。

40. 塞规不能量出孔的（　　）尺寸，只能判断孔径是否合格。

41. 用内径百分表测量孔径时，应与被测孔径（　　）放置。

42. 用内径百分表测量孔径时，必须摆动内径百分表，所得的最小尺寸是孔的（　　）尺寸。

43. 在粗加工时，孔的深度一般用（　　）直接测量。

44. 镗杆刚性不足有让刀，可造成（　　）误差。

45. 主轴回转精度不高，造成孔的（　　）超差。

46. 床身导轨直线度精度超差，造成（　　）超差。

47. 主轴轴线与床身导轨不平行，可造成（　　）超差。

48. 内径千分尺是测量（　　）用的精密量具。

49. 千分尺的测量精度为（　　）mm。

50. 内卡钳测量法是目前镗工使用较多的一种（　　）测量法。

51. 用内径百分表在孔任一个正截面内的各个方向去测量，测得的（　　）即为圆度误差。

52. 镗孔精度主要是指尺寸精度、形状精度和（　　）。

53. 圆柱孔的作用有支承作用、（　　）、流通作用和紧固作用。

54. 圆柱孔从孔的形状分有圆柱孔和（　　）等。

55. 圆柱孔的一般加工是指在实体工件上，用通用刀具进行钻孔、（　　）、铰孔等加工。

56. 一般镗孔的尺寸精度控制在公差等级（　　）之间。

57. 一般零件上孔的镗削，形状精度应在（　　）以内。

58. 卧式镗床加工孔距误差一般在（　　）mm 之内。

59. 镗孔的表面粗糙度一般应达到 Ra（　　）μm。

60. 麻花钻顶角为（　　）。

61. 麻花钻横刃斜角为（　　）。

62. 钻孔时，当钻头的钻尖快钻穿时，进给要（　　）。

63. 钻孔时，切削深度 a_p＝（　　）mm。

64. 钻削速度指钻头外径处的最大线速度，其公式为（　　）。

65. 钻削加工中，工件会产生孔的位置偏移、（　　）、孔径不合格等加工缺陷。

66. 用扩孔钻对工件上已有孔进行（　　）叫扩孔加工。

67. 扩孔钻切削刃多，通常有（　　）条切削刃。

68. 扩孔加工精度一般能达到（　　）公差等级。

69. 扩孔时,表面粗糙度达 Ra（　　）μm。

70. 用麻花钻扩孔时,切削深度 $a_p=$（　　）。

71. 用扩孔钻扩孔时,切削深度 $a_p=$（　　）。

72. 扩孔加工时的切削速度约为钻孔切削速度的（　　）。

73. 铰孔一般适用于（　　）以下的孔的精加工。

74. 铰孔精度一般能达到（　　）公差等级。

75. 铰孔时,表面粗糙度可达 Ra（　　）μm。

76. 高速钢铰刀铰削钢料时,$v=$（　　）m/min。

77. 铰孔结束后,退刀时铰刀不许（　　）,以免使铰刀切削刃磨损。

78. 镗刀头悬伸长度 $L=$（　　）。

79. 浮动镗刀的径向尺寸取工件孔径的（　　）尺寸。

80. 粗镗圆柱孔时,主偏角要稍（　　）些,适当增加刀尖角。

81. 粗镗圆柱孔时,刃倾角取（　　）值,以承受较大的冲击力。

82. 粗镗圆柱孔时,半精镗后留给精镗的余量一般为（　　）mm。

83. 粗镗圆柱孔时,应选（　　）的前角,以减少切削变形。

84. 精镗圆柱孔时,取（　　）值刃倾角,使切屑流向待加工表面。

85. 粗镗通孔时,镗刀杆要根据加工孔径尺寸尽量选择（　　）。

86. 精镗通孔时,一般选（　　）镗刀。

87. 单孔工件的镗削时,选择装夹位置应（　　）主轴。

88. 精镗单孔时,利用浮动镗刀切削可以获得（　　）的孔形。

89. 粗镗单孔后,留（　　）mm 的余量作精加工。

90. 粗、精镗不通孔,只能采用（　　）和斜方孔的镗刀杆来完成。

91. 镗削不通孔时,要求粗镗刀的（　　）与加工的表面平行。

92. 精镗台阶孔时,用（　　）镗刀。

93. 镗床加工的坐标系主要有直角坐标系和（　　）。

94. 孔系镗削中,主轴有（　　）种定位方式。

95. 同轴孔系主要的技术要求是各孔的（　　）误差。

96. 同轴孔系的镗削有（　　）和调头镗削两种方法。

97. 平行孔系的主要技术是各平行孔轴线之间、孔轴线与基准面之间的距离精度和（　　）。

98. 单件小批的工件平行孔系加工一般采用试切法和（　　）来加工。

99. 批量较大的工件平行孔系加工采用（　　）法镗孔。

100. 孔端面的镗削方法有利用机床平旋盘加工和（　　）两种。

101. 镗床上刮削孔端面主要适用于（　　）的孔的端面加工。

102. 垂直孔系中有垂直相交和（　　）两种状态。

103. 垂直孔系中加工的主要问题是保证（　　）公差和确定孔坐标位置的方法。

104. 内孔不通槽铣头属于镗床（　　）。

105. 图样上的尺寸是零件（　　）的尺寸,单位为 mm。

106. 了解零件内部结构形状可假想用（　　）将零件剖切开,以表达零件内部的结构。

107. 金属材料的剖面线画成（　　　）。

108. 允许尺寸变化的两个界限值叫（　　　）。

109. 尺寸公差简称公差，它是指（　　　）。

110. 选择基准制时，一般应优先选用（　　　）。

111. 孔的公差带完全在轴的公差带之上时，其配合类别为（　　　）。

112. 图样上符号◎是位置公差的（　　　）度。

113. 表面粗糙度代号 $\overset{3.2}{\triangledown}$ 表示用加工的方法获得的表面粗糙值 Ra（　　　）μm。

114. 45 号钢按质量分类，它属于（　　　）钢。

115. 含碳量小于 0.25％的碳钢，可用正火代替（　　　），以改善切削加工性能。

116. 橡胶是以（　　　）为基础，加入适量的配合剂制成的。

117. 构件是机构中的（　　　）。

118. 三角带的工作面为（　　　）。

119. 螺旋传动是利用（　　　）来传递运动和动力的一种机械传动。

120. 链传动能保证准确的平均传动比，传动效率（　　　）。

121. 一对啮合齿轮的传动比与（　　　）有关。

122. 铣削加工是以刀具旋转为主运动，（　　　）作进给运动来完成的。

123. 切削脆性材料一般得到（　　　）切屑。

124. 切削塑性材料时，当切削速度小于（　　　）时，不易产生积屑瘤。

125. 切削热是通过（　　　）、工件、刀具和周围介质传散的。

126. 在切削用量中，（　　　）对切削热的影响最大。

127. 为了抑制积屑瘤的产生，高速钢车刀宜选用（　　　）的切削速度。

128. 精加工时，刀具磨损后对工件的（　　　）影响较大。

129. 硬质合金的耐热温度可达（　　　）。

130. 常用的刀具材料有（　　　）和硬质合金两种。

131. 在主截面内，（　　　）与基面之间的夹角称为前角。

132. 当刀尖位于主切削刃的最高点时，刃倾角为（　　　）。

133. 工件材料的强度、硬度较低时，前角可选择（　　　）。

134. 刃磨高速钢刀具时，应用（　　　）砂轮。

135. 凡是能降低（　　　）作用的介质都可作为润滑剂。

136. 切削油比热较小，黏度较大，流动性较差，故切削时主要起（　　　）作用。

137. 切削液的主要作用是减小工件的（　　　），提高加工精度。

138. 液压系统的（　　　）部分可将液压能转换为机械能而输出。

139. 常用液压系统图图形符号中 ⧉ 表示（　　　）。

140. 专用夹具适用于（　　　）的生产。

141. 千分尺的测量精度很高，在测量前必须校正（　　　）。

142. 铰刀必须保管好，刃口部分可用（　　　），不允许碰毛。

143. 进行划线时，除必备的平台、V 形架、方箱外，还有（　　　）和高度尺或游标卡尺。

144. 锉削是用锉刀对工件的表面或边缘进行(   )的方法。

145. 具有过载保护的自锁控制线路,由(   )作自锁控制。

146. 快速熔断器主要用于(   )。

147. 变压器是一种能变换(   )电压而频率不变的静止电器设备。

148. 安全用电的原则是不接触(   )带电体。

149. 工作台机动转动角度时,必须将(   ),以避免镗杆与工件相撞。

150. 中心钻最大直径为(   )。

151. 配合种类分为间隙配合、过渡配合、(   )三种。

152. 圆锥销和圆柱销表面粗糙度 Ra 的数值一般为(   )。

153. 刀具材料的硬度应(   )工件材料的硬度。

154. 齿轮泵的泄漏较多,故其容积效率较(   )。

155. 溢流阀有直动式和(   )两种。

156. 千分尺的传动装置是由一对(   )副组成的。

157. 千分尺量具在使用时,事先要校对(   ),以便检查它的起始位置是否正确。

158. 保证工件在夹具中确定位置的元件称为(   )元件。

159. 重复限制工件的一个或几个自由度的情况称为(   )。

160. 在划线过程中,通过试划和调整可以使加工表面有足够的加工余量,排除毛坯的误差和缺陷的方法,称为(   )。

二、单项选择题

1. 工件加工后的尺寸与加工前的尺寸差,称为(   )。
(A)加工余量　　　(B)公差范围　　　(C)公称余量　　　(D)最小余量

2. 对孔而言,上道工序加工的最小极限半径尺寸与本道工序的最大极限半径称为(   )。
(A)工序余量　　　(B)最大余量　　　(C)最小余量　　　(D)公称余量

3. 本道工序所需最小余量与前道工序尺寸公差之和称为(   )。
(A)工序余量　　　(B)最大余量　　　(C)最小余量　　　(D)公称余量

4. 根据经验估算法,镗削加工的粗镗余量一般取(   )。
(A)1～2 mm　　　(B)2～5 mm　　　(C)5～6 mm　　　(D)6～10 mm

5. 镗削用量是指镗削加工时的切削深度、进给量和(   )。
(A)主轴转速　　　(B)切削速度　　　(C)切削宽度　　　(D)切削厚度

6. 切削速度的单位是(   )。
(A)m/s　　　(B)m/min　　　(C)r/min　　　(D) mm/s

7. 乳化液是把乳化油用(   )的水稀释而成。
(A)1～5 倍　　　(B)5～10 倍　　　(C)15～20 倍　　　(D)20～25 倍

8. 下列材料中,不适于用含硫的切削液的是(   )。
(A)铝　　　(B)不锈钢　　　(C)橡胶　　　(D)碳素钢

9. 切削(   )时,不能用切削液,以免燃烧起火。
(A)碳素钢　　　(B)铝合金　　　(C)镁合金　　　(D)橡胶

10. 对于形状尺寸变化较大的毛坯面,可采用(　　)来定位。

(A)平头支承钉　　　(B)球面支承钉　　　(C)齿纹面支承钉　　　(D)千斤顶

11. 工件外圆柱面定位一般选用(　　)。

(A)平行垫铁　　　(B)支承板　　　(C)角铁　　　(D)V形块

12. 在设计图样上标注尺寸,作为依据的点、线、面称为(　　)。

(A)设计基准　　　(B)定位基准　　　(C)测量基准　　　(D)装配基准

13. 工件定位时,绝对不允许出现的定位是(　　)。

(A)完全定位　　　(B)部分定位　　　(C)重复定位　　　(D)欠定位

14. 窄长的支承相当于(　　)个支承点。

(A)一　　　(B)两　　　(C)三　　　(D)四

15. 压板压紧工件时,压板垫铁应(　　)工件受压点。

(A)低于　　　(B)等高　　　(C)略高于　　　(D)高很多

16. 下列工具中,不属于镗床常用工具的是(　　)。

(A)锤子　　　(B)活扳子　　　(C)锉　　　(D)锯子

17. 用侧平面安装工件时,需用(　　)装夹。

(A)角铁　　　(B)V形块　　　(C)千斤顶　　　(D)支承板

18. 划线找正,一般用于(　　)加工。

(A)精　　　(B)粗　　　(C)半精　　　(D)最终

19. 用V形面定位,限制了(　　)个自由度。

(A)3　　　(B)2　　　(C)4　　　(D)5

20. 两孔一面组合定位,限制了(　　)个自由度。

(A)3　　　(B)4　　　(C)5　　　(D)6

21. 用镗模加工工件时,加工精度取决于(　　)。

(A)机床精度　　　(B)刀具精度　　　(C)镗模精度　　　(D)基准精度

22. 万能分度头属于(　　)。

(A)镗床用工具　　　(B)镗床专用夹具　　　(C)通用夹具　　　(D)组合夹具

23. 镗刀头材料不采用(　　)。

(A)高速钢　　　(B)硬质合金　　　(C)高碳钢　　　(D)中碳钢

24. 整体式单刃镗刀刀柄一般采用(　　)。

(A)锥柄　　　(B)直柄　　　(C)矩形柄　　　(D)方榫形

25. 前刀面与(　　)之间的夹角称为前角。

(A)切削平面　　　(B)基面　　　(C)主截面　　　(D)后刀面

26. 后刀面与(　　)之间的夹角称为后角。

(A)切削平面　　　(B)基面　　　(C)前刀面　　　(D)主截面

27. 刃倾角是主切削刃与(　　)的夹角。

(A)切削平面　　　(B)基面　　　(C)前刀面　　　(D)后刀面

28. 影响切削刃强度及排屑情况的是(　　)。

(A)前角　　　(B)主偏角　　　(C)刃倾角　　　(D)后角

29. 副偏角的大小一般取(　　)之间。

(A)0°～5°　　　　　(B)5°～10°　　　　　(C)10°～15°　　　　　(D)15°～20°

30. 通用特性代号 G 表示(　　　)。

(A)精密　　　　　(B)自动　　　　　(C)高精度　　　　　(D)仿形

31. T4145 型镗床的主参数为(　　　)。

(A)41　　　　　(B)48　　　　　(C)45　　　　　(D)14

32. TX618 型镗床型号中,6 为(　　　)。

(A)通用特性　　　　　(B)系代号　　　　　(C)组代号　　　　　(D)主参数

33. T68 卧式镗床进给运动共(　　　)种。

(A)三　　　　　(B)四　　　　　(C)五　　　　　(D)六

34. 工作台、主轴箱、平旋盘刀架中能通过手动实现慢进给的有(　　　)个。

(A)一　　　　　(B)两　　　　　(C)三　　　　　(D)四

35. 弹子油杯润滑常用于(　　　)。

(A)齿轮　　　　　(B)手柄　　　　　(C)丝杠　　　　　(D)导轨

36. 主轴滑座轴承应(　　　)润滑。

(A)每班一次　　　　　(B)每周一次　　　　　(C)每班三次　　　　　(D)每月一次

37. 镗床一般规定累计运行(　　　)后进行一次一级保养。

(A)400 h　　　　　(B)500 h　　　　　(C)600 h　　　　　(D)800 h

38. 用平旋盘刀架可加工(　　　)。

(A)大孔　　　　　(B)小孔　　　　　(C)槽　　　　　(D)大端面

39. T68 型卧式镗床主轴孔为莫氏(　　　)。

(A)5 号　　　　　(B)6 号　　　　　(C)4 号　　　　　(D)3 号

40. T68 型卧式镗床平旋盘转速有(　　　)。

(A)12 级　　　　　(B)18 级　　　　　(C)16 级　　　　　(D)14 级

41. T4145 坐标镗床工作台宽度为(　　　)mm。

(A)400　　　　　(B)410　　　　　(C)450　　　　　(D)500

42. T4145 坐标镗床光学定位装置的定位精度可达(　　　)。

(A)0.01 mm　　　　　(B)0.05 mm　　　　　(C)0.005 mm　　　　　(D)0.001 mm

43. 千分尺中的微分筒旋转一周时,测微螺杆就轴向移动(　　　)。

(A)0.5 mm　　　　　(B)0.01 mm　　　　　(C)0.05 mm　　　　　(D)0.02 mm

44. 常用千分尺测量范围为每隔(　　　)为一挡规格。

(A)20 mm　　　　　(B)25 mm　　　　　(C)30 mm　　　　　(D)35 mm

45. 内径百分表是用(　　　)来测量孔径或几何形状的。

(A)比较法　　　　　(B)绝对法　　　　　(C)相似法　　　　　(D)综合法

46. 使用深度千分尺之前,先根据被测深度选取并换上测杆,然后校对(　　　)。

(A)平行　　　　　(B)垂直　　　　　(C)倾斜　　　　　(D)零位

47. 在使用内径千分尺时,为减少测量误差,在径向截面找到最大值,轴向截面找到(　　　)。

(A)最大值　　　　　(B)最小值　　　　　(C)公差值　　　　　(D)偏差值

48. 常用千分尺最小读数为(　　　)。

(A)0.01 mm　　　　　(B)0.001 mm　　　　　(C)0.02 mm　　　　　(D)0.05 mm

49. 圆柱小孔可用( )测量。

(A)内径千分尺　　(B)内卡钳　　　　(C)内径百分表　　(D)塞规

50. 不能测出孔径实际尺寸的是( )。

(A)内卡钳　　　　(B)塞规　　　　　(C)内径千分尺　　(D)内径百分表

51. 用钢直尺不可测量( )。

(A)孔深尺寸　　　(B)工件厚度尺寸　(C)孔径尺寸　　　(D)槽宽尺寸

52. 在 T68 镗床上镗孔达到的最小圆度误差一般为( )。

(A)0.01 mm　　　(B)0.02 mm　　　(C)0.05 mm　　　(D)0.10 mm

53. 测量镗床主轴的径向圆跳动时,千分表测头应顶在主轴( )上。

(A)内锥孔检验棒表面　　　　　　　　(B)主轴表面

(C)内锥孔检验棒端面　　　　　　　　(D)主轴端面

54. 工件材料组织不均,主轴回转精度差,压紧力大小会影响( )。

(A)孔径尺寸　　　(B)孔的圆度　　　(C)平行度　　　　(D)同轴度

55. 精镗时,切削深度太大或太小,刀具磨损,镗杆刚性不足都会影响孔的( )。

(A)尺寸精度　　　(B)形状精度　　　(C)位置精度　　　(D)表面粗糙度

56. 圆柱孔的圆度,是孔的( )。

(A)形状精度　　　(B)位置精度　　　(C)尺寸精度　　　(D)表面粗糙度

57. 精镗内孔表面粗糙度一般 Ra 为( )。

(A)0.1~0.4 μm　(B)0.4~1.6 μm　(C)1.6~3.2 μm　(D)>3.2 μm

58. 对精度要求较高的孔,其形状精度要控制在尺寸公差的( )。

(A)1/3 以内　　　(B)1/3~1/2　　　(C)1/2~2/3　　　(D)2/3~3/4

59. 用镗模加工工件时,加工精度取决于( )。

(A)机床精度　　　(B)刀具精度　　　(C)镗模精度　　　(D)量具精度

60. 麻花钻在主截面中,测量的基面与前刀面之间的夹角叫( )。

(A)螺旋角　　　　(B)前角　　　　　(C)顶角　　　　　(D)后角

61. 麻花钻前角自外缘向中心的变化规律是( )。

(A)+30°~-30°　　　　　　　　　　　(B)-30°~+30°

(C)+30°~0°　　　　　　　　　　　　(D)0°~-30°

62. 麻花钻横刃斜角的大小由钻头的( )决定。

(A)螺旋角　　　　(B)顶角　　　　　(C)后角　　　　　(D)前角

63. 铰孔时,铰刀尺寸最好选择被加工孔( )的尺寸。

(A)上偏差　　　　　　　　　　　　　(B)下偏差

(C)公差带中间 1/3 左右　　　　　　　(D)公差

64. 扩孔钻的刃齿比麻花钻多,一般有( )。

(A)3~4 齿　　　　(B)5~6 齿　　　　(C)7~8 齿　　　　(D)9~10 齿

65. 麻花钻的横刃斜角为( )。

(A)30°　　　　　　(B)45°　　　　　　(C)55°　　　　　　(D)60°

66. 铰孔直径最大约为( )。

(A)24 mm　　　　(B)30 mm　　　　(C)50 mm　　　　(D)80 mm

67. 钻孔的孔径尺寸主要由( )尺寸决定。

(A)基本 　　(B)钻头 　　(C)最大极限 　　(D)最小极限

68. 铰孔前预制孔不圆,主要会影响到铰孔的( )。

(A)尺寸精度 　(B)形状精度 　(C)位置精度 　(D)表面粗糙度

69. 卧式镗床上钻削直径不超过( )。

(A)30 mm 　　(B)50 mm 　　(C)75 mm 　　(D)85 mm

70. 浮动镗刀的尺寸应用( )测量。

(A)钢尺 　　(B)卡钳 　　(C)千分尺 　　(D)游标卡尺

71. 不能用于不通孔精加工的是( )。

(A)单刃镗刀头 　(B)整体式镗刀 　(C)浮动镗刀 　(D)斜方孔的镗刀杆

72. 精镗刀具用( )较合适。

(A)整体式单刃镗刀 (B)镗刀头 　　(C)镗刀块 　　(D)浮动镗刀

73. 镗刀刀尖安装低于孔轴线,则镗刀实际( )增大。

(A)前角 　　(B)后角 　　(C)主偏角 　　(D)副偏角

74. 通常情况下,镗刀刀头悬伸量应取( )镗刀截面高度。

(A)0.5～1 倍 　(B)1～1.5 倍 　(C)1.5～2 倍 　(D)2～3 倍

75. 一般应将浮动镗刀的径向尺寸调至工件的( )尺寸。

(A)中间 　　(B)最大极限 　(C)最小极限 　(D)基本

76. 半精镗通孔时,镗刀杆的径向跳动误差应在( )以内。

(A)0.05 mm 　(B)0.03 mm 　(C)0.07 mm 　(D)0.10 mm

77. 不通孔工件孔位找正,可用( )来直接找正。

(A)顶尖对钢直尺 　　　　　　(B)顶尖对百分表

(C)顶尖对千分尺 　　　　　　(D)顶尖对游标卡尺

78. 半精镗加工中,镗刀杆装上主轴后,要测量刀杆的( )。

(A)直线度 　　(B)平面度 　　(C)径向跳动 　(D)平行度

79. 通孔工件孔位找正时,宜使主轴箱向( )误差。

(A)上 　　　(B)下 　　　(C)左 　　　(D)右

80. 同轴孔系主要的技术要求是各孔的( )移动。

(A)平行度 　　(B)垂直度 　　(C)同轴度 　　(D)对称度

81. 同轴孔系( )的公差一般不应超过孔径公差的一半。

(A)平行度 　　(B)垂直度 　　(C)同轴度 　　(D)对称度

82. 端铣平面时,被铣削面的宽度中心线与铣刀的水平中心线重合,这时的铣削方式为( )。

(A)顺铣 　　　　　　　　　　(B)逆铣

(C)顺铣、逆铣并存 　　　　　　(D)非对称铣

83. 用坐标法镗削精度较高的平行孔系时,采用( )来测量调整主轴位置。

(A)量块与百分表 　　　　　　(B)钢尺与游标卡尺

(C)钢尺与千分尺 　　　　　　(D)钢尺与百分表

84. 用镗模加工平行孔系,被加工孔的位置精度完全由( )的精度来保证。

(A)镗杆　　　　　　(B)刀具　　　　　　(C)镗模　　　　　　(D)机床

85. 垂直孔系加工中主要问题是保证(　　)公差和确定孔坐标位置的方法。

(A)平行度　　　　　(B)垂直度　　　　　(C)同轴度　　　　　(D)对称度

86. 用回转法镗削垂直孔系时,垂直度取决于(　　)。

(A)工作台的回转精度　　　　　　　　　(B)工作台的平面度

(C)镗杆的刚性　　　　　　　　　　　　(D)镗刀的刚性

87. 用回转法镗削垂直孔系时,当垂直度不能满足加工要求时,可用(　　)提高镗削精度。

(A)百分表测量法　　　　　　　　　　　(B)水平仪校正法

(C)心轴校正法　　　　　　　　　　　　(D)量块校正法

88. 在实体材料上粗加工不通孔时,可用(　　)。

(A)麻花钻　　　　　(B)平底钻　　　　　(C)扩孔钻　　　　　(D)铰刀

89. 用悬伸法镗削时,镗杆长度越长,使同轴孔产生(　　)误差。

(A)平行度　　　　　(B)同轴度　　　　　(C)垂直度　　　　　(D)对称度

90. 悬伸法镗削加工的主要对象是(　　)。

(A)深孔　　　　　　　　　　　　　　　(B)平行孔系

(C)单孔和孔中心线不长的同轴孔　　　　(D)垂直孔系

91. 在镗床的主轴上镗削径向内槽时,关键是先要解决(　　)问题。

(A)操作方法　　　　(B)横向进给　　　　(C)径向进给　　　　(D)纵向进给

92. 刮削较大内孔端面时,应(　　)。

(A)采用内孔支承　　　　　　　　　　　(B)采用导套支承

(C)不用支承　　　　　　　　　　　　　(D)用刀杆直接安装刀具

93. 蜗杆蜗轮箱体孔系属(　　)孔系。

(A)平行　　　　　　(B)垂直相交　　　　(C)垂直交叉　　　　(D)同轴

94. 箱体零件加工的关键是(　　)加工。

(A)平面　　　　　　(B)孔系　　　　　　(C)外圆　　　　　　(D)内孔

95. 垂直孔系的镗削加工,一般采用(　　)。

(A)回转工作台　　　(B)校正心轴法　　　(C)坐标法　　　　　(D)试切法

96. 单件、小批生产箱体类工件时,首先应进行(　　)。

(A)划线找正　　　　(B)镗孔　　　　　　(C)加工底面　　　　(D)加工侧面

97. 在箱体零件的同一轴线上有一组相同孔径或不同孔径所组成的孔系称为(　　)孔系。

(A)同轴　　　　　　(B)平行　　　　　　(C)垂直相交　　　　(D)垂直交叉

98. 在大批生产时,箱体零件同轴孔系的加工一般采用(　　)加工。

(A)镗模法　　　　　(B)坐标法　　　　　(C)划线找正　　　　(D)试切法

99. 若孔端面是毛坯面,应(　　)。

(A)先镗孔再镗端面　　　　　　　　　　(B)先镗端面再镗孔

(C)找正划线　　　　　　　　　　　　　(D)先镗端面再划线

100. 孔轴线不在同一平面内,且空间相交成一定角度的孔系称为(　　)孔系。

(A)空间相交　　　　(B)垂直　　　　　(C)同轴　　　　　(D)平行

101. 镗平行孔系时,工件图样上孔的位置尺寸一般应按(　　)标出尺寸。

(A)极坐标　　　　(B)直角坐标　　　　(C)角度　　　　　(D)基准

102. 在加工中等直径的孔时,一般刀尖高出孔轴心线孔径的(　　)。

(A)1/10　　　　(B)1/20　　　　　(C)1/30　　　　　(D)1/5

103. 粗镗后,一般单边留(　　)作为半精镗和精镗孔时的加工余量。

(A)1～1.5 mm　　(B)0.5～1 mm　　(C)1.5～2 mm　　(D)2～3 mm

104. 使用浮动镗刀时,为保证孔镗削加工后获得中间公差,一般应将镗刀直径尺寸预先调整到工件孔径的(　　)尺寸。

(A)最小极限　　　(B)最大极限　　　(C)中间　　　　　(D)基本

105. 切削宽度的代号应为(　　)。

(A)a_p　　　　(B)a_w　　　　　(C)a_c　　　　　(D)f

106. 用扩孔钻加工孔,一般能达到的表面粗糙度为(　　)。

(A)12.5～6.3 μm　(B)6.3～3.2 μm　(C)3.2～1.6 μm　(D)1.6～0.8 μm

107. 扩孔加工精度一般能达到(　　)公差等级。

(A)IT5～IT6　　　　　　　　(B)IT6～IT7

(C)IT8～IT9　　　　　　　　(D)IT10～IT11

108. 铰孔时,一般能达到的表面粗糙度为(　　)。

(A)12.5～6.3 μm　(B)6.3～3.2 μm　(C)3.2～1.6 μm　(D)3.2～0.8 μm

109. 铰孔加工精度一般能达到(　　)公差等级。

(A)IT5～IT6　　　(B)IT6～IT7　　　(C)IT7～IT8　　　(D)IT8～IT9

110. 钻孔时,其加工精度一般能达到(　　)公差等级。

(A)IT6～IT7　　　(B)IT7～IT8　　　(C)IT9～IT10　　　(D)IT11～IT12

111. 钻孔时,其表面粗糙度为(　　)。

(A)1.6～0.8 μm　　　　　　(B)12.5～6.3 μm

(C)6.3～3.2 μm　　　　　　(D)2.5～6.3 μm

112. 在粗镗圆柱孔时,(　　)取负值,以承受较大切削力和提高抗冲击性。

(A)后角　　　　(B)刃倾角　　　　(C)主偏角　　　　(D)副偏角

113. 精镗圆柱孔时,应取较大的(　　),以减少镗刀与已加工表面的摩擦。

(A)前角　　　　(B)刃倾角　　　　(C)后角　　　　　(D)主偏角

114. 精镗圆柱孔时,应取较大的(　　),以减小切削变形,减小切削力和切削热。

(A)前角　　　　(B)后角　　　　　(C)主偏角　　　　(D)刃倾角

115. 精镗时,通常切削深度应(　　)。

(A)≥0.10 mm　　(B)<0.10 mm　　(C)1.5 mm　　　　(D)3 mm

116. 背刮端面时,应(　　)进给。

(A)机动连续　　(B)机动断续　　　(C)手动连续　　　(D)手动断续

117. 直角坐标中,点(1,-2)与点(4,2)的距离为(　　)。

(A)5　　　　　　(B)7　　　　　　(C)9　　　　　　(D)$\sqrt{41}$

118. 已知主、俯视图如图1所示,正确的左视图是(　　)。

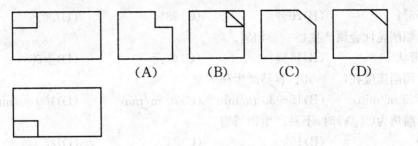

图　1

119. 允许尺寸变化的两个界限值称( )。

(A)基本尺寸 (B)实际尺寸 (C)极限尺寸 (D)实体尺寸

120. 尺寸偏差是( )。

(A)绝对值 (B)正值 (C)负值 (D)代数值

121. 尺寸公差是( )。

(A)绝对值 (B)正值 (C)负值 (D)代数值

122. 圆柱度属于( )公差。

(A)配合 (B)形状 (C)位置 (D)尺寸

123. 形位公差共有( )个项目。

(A)12 (B)18 (C)14 (D)20

124. 定位公差包括( )个项目。

(A)2 (B)3 (C)6 (D)8

125. 零件上某些表面,其表面粗糙度参数值要求相同时,可加"其余"字样统一标注在图样的( )。

(A)左下方 (B)左上方 (C)右下方 (D)右上方

126. 国家标准推荐一个评定长度一般要取( )个取样长度。

(A)4 (B)5 (C)6 (D)7

127. 静拉力试验能测定金属材料的( )。

(A)强度 (B)硬度 (C)韧性 (D)疲劳

128. 抗拉强度的符号为( )。

(A)σ_s (B)σ_{-1} (C)σ_b (D)α_K

129. 小弹簧选用( )较合适。

(A)0.8F (B)65Mn (C)45 (D)20Cr

130. 为改善碳素工具钢的切削加工性能,其预先热处理应采用( )。

(A)完全退火 (B)去应力退火 (C)球化退火 (D)高温石墨化退火

131. 锉刀应选择( )较合适。

(A)T10 (B)T12A (C)T7 (D)T9

132. 带传动常用传动比 i 应不大于( )。

(A)3 (B)7 (C)5 (D)10

133. 齿轮传动效率比较高,一般圆柱齿轮传动效率可达( )。

(A)55%　　　　　(B)70%　　　　　(C)98%　　　　　(D)90%

134. 切削脆性金属产生(　　)切屑。

(A)带状　　　　　(B)挤裂　　　　　(C)单元　　　　　(D)崩碎

135. 切削速度在(　　)时,容易产生积屑瘤。

(A)<5 m/min　　(B)15～30 m/min　(C)70 m/min　　(D)100 m/min

136. 前角为(　　)时,不易产生积屑瘤。

(A)0°　　　　　　(B)10°　　　　　(C)20°　　　　　(D)25°

137. 前角为(　　)时,切削力显著下降。

(A)0°　　　　　　(B)10°　　　　　(C)20°　　　　　(D)30°

138. 在切削要素中,对断屑影响最明显的是(　　)。

(A)切削深度　　　(B)切削厚度　　　(C)进给量　　　(D)切削速度

139. 降低(　　),可明显提高刀具的耐用度。

(A)a_w　　　　　(B)f　　　　　(C)v　　　　　(D)a_c

140. 粗镗铸铁材料时,刀具切削材料应选(　　)。

(A)YG8　　　　　(B)YT15　　　　　(C)YG3　　　　　(D)YT30

141. 刀具的主偏角应在(　　)内测量。

(A)基面　　　　　(B)切削平面　　　(C)主截面　　　(D)副截面

142. 前刀面与后刀面之间的夹角称(　　)。

(A)前角　　　　　(B)后角　　　　　(C)楔角　　　　　(D)刃倾角

143. 刀具的主偏角为(　　)时,其刀尖强度和散热性能最好。

(A)45°　　　　　(B)60°　　　　　(C)75°　　　　　(D)90°

144. 液压传动中,执行元件是(　　)。

(A)液压缸　　　　(B)液压泵　　　　(C)油箱　　　　(D)控制阀

145. 如个别元件须得到比主系统油压高得多的压力时,可采用(　　)回路。

(A)调压　　　　　(B)增压　　　　　(C)多级压力　　　(D)卸载

146. 要实现液压泵卸载,可采用三位换向阀(　　)型滑阀机能。

(A)H　　　　　　(B)P　　　　　　(C)Y　　　　　　(D)O

147. 使用深度千分尺之前,先根据被测量深度选取并换上测杆,而后校对(　　)。

(A)零位　　　　　(B)平行　　　　　(C)倾斜　　　　　(D)垂直

148. 一次安装在方箱上的工件,通过方箱翻转,可划出(　　)方向的尺寸线。

(A)两个　　　　　(B)三个　　　　　(C)四个　　　　　(D)五个

149. 錾削钢等硬材料时,楔角取(　　)。

(A)30°～50°　　　(B)20°～30°　　　(C)50°～60°　　　(D)60°～70°

150. 由于电动机直接启动时,可选用额定电流等于或大于电动机额定电流的(　　)的三相刀开关。

(A)1 倍　　　　　(B)3 倍　　　　　(C)5 倍　　　　　(D)10 倍

151. 在控制电路和信号电路中,耗能元件必须接在电路的(　　)。

(A)左边　　　　　　　　　　　　　　(B)右边

(C)靠近电源干线一边　　　　　　　　(D)靠近接地线一边

152. 三相异步电动机旋转磁场的方向是由三相电源的( )决定。
(A)相位　　　　　(B)相序　　　　　(C)频率　　　　　(D)相位角

153. 经常发生危害性很大的突发性电器故障是( )。
(A)漏电　　　　　(B)断电　　　　　(C)电压降低　　　　　(D)短路

154. 对人体危害最大的频率是( )。
(A)20 000 Hz　　(B)20 Hz　　　(C)30～100 Hz　　(D)220 Hz

三、多项选择题

1. 一般镗孔的尺寸精度能够控制的公差等级有( )。
(A)IT5　　　　　　　(B)IT4　　　　　　　(C)IT7
(D)IT9　　　　　　　(E)IT8

2. ( )在硬质合金的耐热温度范围内。
(A)900 ℃　　　　　　(B)700 ℃　　　　　　(C)800 ℃
(D)1 000 ℃　　　　　(E)1 200 ℃

3. ( ) mm 是卧式镗床加工孔距误差之内。
(A)±0.015　　　　　(B)±0.055　　　　　(C)±0.025
(D)±0.035　　　　　(E)±0.125

4. Ra( )μm 是镗孔的表面粗糙度一般应该达到的。
(A)0.8　　　　　　　(B)0.4　　　　　　　(C)3.2
(D)1.6　　　　　　　(E)6.3

5. 镗孔精度主要是指尺寸精度、形状精度和( )。
(A)表面粗糙度　　(B)尺寸精度　　(C)形状精度　　(D)形位精度

6. T4145 型坐标镗床,主轴旋转由直流电动机带动,转速可以达到( )r/min。
(A)900　　　　　　　(B)20　　　　　　　(C)400
(D)1 500　　　　　　(E)2 500

7. 扩孔加工精度一般能达到( )公差等级。
(A)IT5　　　　　　　(B)IT10　　　　　　(C)IT11
(D)IT9　　　　　　　(E)IT6

8. Ra( )μm 是铰孔时应该可达的表面粗糙度。
(A)0.8　　　　　　　(B)0.4　　　　　　　(C)6.3
(D)1.6　　　　　　　(E)3.2

9. $v=$( )m/min 是高速钢铰刀铰削钢料时使用的切削速度。
(A)8　　　　　　　　(B)4　　　　　　　　(C)10
(D)15　　　　　　　(E)12

10. 镗削用量是指镗削加工时的( )。
(A)主轴转速　　　　(B)切削速度　　　　(C)进给量
(D)切削厚度　　　　(E)切削深度

11. 镗削用量应考虑的因素有( )。
(A)加工精度和工件加工表面质量　　　　(B)生产效率

(C)刀具使用寿命和机床功率　　　　　　　(D)加工过程安全与否

12.镗模的结构类型有( )。

(A)双支承后引导　(B)单支承前引导　(C)双支承前引导　(D)双支承前后引导

13. 下列措施中可以提高和完善加工表面的表面粗糙度的有( )。

(A)改进刀具的几何角度

(B)选择合理的切削用量

(C)选择适当的冷却方式和切削液

(D)安排合理的热处理工序,改善工件材料的加工性能

14. 垂直孔系的镗削方法有( )。

(A)回转法镗垂直孔系　　　　　　　(B)试切法镗垂直孔系

(C)心轴校正法镗垂直孔系　　　　　(D)坐标法镗垂直孔系

15.镗削加工薄壁工件时,选择定位基准应首先考虑( )的面作为定位基准。

(A)刚性好　(B)变形小　(C)面积较小　(D)面积较大

16.新国家标准把配合种类分为( )。

(A)间隙配合　(B)过盈偏差　(C)过盈配合　(D)过渡配合

17. 测量误差包括( )。

(A)系统误差　(B)随机误差　(C)粗大误差　(D)综合误差

18. 普通热处理主要包括( )。

(A)退火　(B)正火　(C)淬火　(D)回火

19. 切削液常用的使用方法包括( )。

(A)浇注法　(B)高压冷却法　(C)喷雾冷却法　(D)低压冷却法

20.确定加工余量的方法包括( )。

(A)分析计算法　(B)查表法　(C)经验法　(D)核算法

21. 工件装夹应注意( )。

(A)用压板压紧时,垫块的高度要与工件相同或稍能低于工件,否则会降低压紧力

(B)为增大压紧力,压板螺丝尽量靠近工件或加工部位

(C)工件的定位基准与设计基准保持一致

(D)尽量减少夹紧次数,尽量在一次安装后加工出全部加工表面,防止过定位

22. 表面热处理主要包括( )。

(A) 表面化学热处理　　　　　　　(B) 退火

(C) 正火　　　　　　　　　　　　(D) 表面淬火

23. 箱体类零件满足定位要求,常采用的定位方式包括以( )定位。

(A) 曲面　(B) 平面　(C) 圆柱孔　(D) 一面双孔

24. 工件定位时,允许出现的定位是( )。

(A)完全定位　(B)部分定位　(C)欠定位　(D)重复定位

25. 用钢直尺可测量( )。

(A)孔深尺寸　(B)工件厚度尺寸　(C)孔径尺寸　(D)槽宽尺寸

26.( )能用于不通孔精加工。

(A)单刃镗刀头　(B)浮动镗刀　(C)整体式镗刀　(D)斜方孔的镗刀杆

27. 简述圆柱孔的技术精度有( )方面。

(A)尺寸精度 (B)位置精度 (C)形状精度 (D)表面粗糙度

28. 一个完整的尺寸一般应包括( )等几项要素。

(A)尺寸界线 (B)尺寸线 (C)尺寸数字 (D)箭头

29. 在金属切削过程中伴随有( )等现象。

(A)刀具磨损 (B)切削热 (C)积屑瘤 (D)加工表面硬化

30. 工艺规程可分为( )几类。

(A)装配工艺规程 (B)修理工艺规程

(C)焊接加工工艺规程 (D)机械加工

31 常用镗刀按其结构可分为( )。

(A)整体式单刃镗刀 (B)铰刀 (C)镗刀头

(D)镗刀块 (E)浮动镗刀

32. T68 卧式镗床主要附件有( )。

(A)平旋盘刀杆及刀杆座 (B)大孔镗削头 (C)镗大孔中心附件

(D)对刀表座附件 (E)工作台

33. 圆柱孔的尺寸精度检测通常有( )方法。

(A)内卡卡钳测量 (B)内径百分表测量 (C)游标卡尺测量

(D)内径千分尺测量 (E)塞规测量

34. 圆柱孔的几何形状检验项目包括( )。

(A)孔轴线的直线度 (B)孔的同轴度 (C)孔的圆度 (D)孔的圆柱度

35. 常用的游标卡尺规格可分为( )。

(A)0~100 mm (B)0~125 mm (C)0~150 mm

(D)0~200 mm (E)0~300 mm

36. 机件的三视图分别是( )。

(A)主视图 (B)左视图 (C)右视图

(D)后视图 (E)俯视图 (F)仰视图

37. 机床夹具的"三化"是( )。

(A)标准化 (B)专业化 (C)系列化

(D)通用化 (E)统一化

38. 夹具的组成结构包括( )。

(A)定位元件 (B)夹紧装置 (C)夹具体 (D)对刀元件

39. 切削用量包括( )。

(A)切削深度 (B)切削宽度 (C)进给量 (D)切削速度

40. 一个完整的尺寸应包括( )。

(A)尺寸线 (B)尺寸数字 (C)箭头

(D)尺寸界线 (E)直线

41. 机床控制系统应满足的要求是( )。

(A)节省辅助时间 (B)缩短加工时间 (C)提高劳动生产率

(D)提高机床的使用率 (E)改善加工质量

42. 标注尺寸的要点是(　　)。
(A)基准的选定　　　　　　　(B)定型尺寸　　　　　　　(C)定位尺寸
(D)调整整体尺寸　　　　　　(E)标注要清晰

43. 对刀的方法有(　　)。
(A)试切法对刀　　(B)尺子对刀　　(C)工具对刀　　(D)坐标系对刀

44. 关于顺铣正确的有(　　)。
(A)节省机床动力　　　　　　(B)使刀具的耐用度降低
(C)表面粗糙度好　　　　　　(D)表面粗糙度差

45. 关于顺铣正确的有(　　)。
(A)切削厚度从零到最大　　　(B)表面粗糙度好
(C)表面粗糙度差　　　　　　(D)刀具不径向振动

46. 下列代码中(　　)是模态指令。
(A)G01　　　　　(B)G91　　　　　(C)G00　　　　　(D)G90

47. 难加工材料加工时的特点是(　　)。
(A)切削力大　　　　　　　　(B)切削温度高　　　　　　(C)加工工件表面硬化严重
(D)容易粘刀　　　　　　　　(E)刀具氧化严重　　　　　(F)刀具磨损快

48. 精加工不锈钢材料时,可采用(　　)类硬质合金刀具材料。
(A)YT14　　　　　(B)YT12　　　　　(C)YT10
(D)YT8　　　　　(E)YT5　　　　　(F)YT3

49. 五尖九刃麻花钻是近年来创造的一种新型群钻,它增加了(　　)。
(A)2 个尖　　　　(B)3 个尖　　　　(C)5 个尖
(D)2 个刃　　　　(E)5 个刃　　　　(F)9 个刃

50. 在生产中使用的比较仪有(　　)。
(A)齿轮齿条式比较仪　　　　(B)丝杠螺母式比较仪
(C)扭簧比较仪　　　　　　　(D)小型扭簧比较仪
(E)杠杆齿轮比较仪　　　　　(F)小型杠杆齿轮比较仪

51. 双机夹刀片微调镗刀的优点是(　　),因此可以加工直径 180～200 mm 范围内的孔。
(A)直径调整方便　　　　　　(B)直径调整精确　　　　　(C)使用可靠
(D)调整范围大　　　　　　　(E)切削效率高　　　　　　(F)加工精度高

52. 外排屑枪钻是一种(　　)的小直径深孔加工刀具。
(A)安全　　　　　　　　　　(B)可靠　　　　　　　　　(C)高效
(D)经济　　　　　　　　　　(E)大功率　　　　　　　　(F)大切削量

53. 外排屑枪钻是由带 V 形的(　　)的钻头、钻杆及钻柄组成。
(A)切削槽　　　　　　　　　(B)切削刃　　　　　　　　(C)容屑槽
(D)排屑槽　　　　　　　　　(E)钻芯　　　　　　　　　(F)切削液孔

54. 整体硬质合金小直径镗刀短而粗,(　　)采用整体硬质合金制成。
(A)刀头　　　　　　　　　　(B)刀杆　　　　　　　　　(C)刀柄
(D)刀尖　　　　　　　　　　(E)切削刃　　　　　　　　(F)刀把

55. 小直径镗刀应尽量短而粗,(　　)要有较高的同轴度。

(A)刀头　　　　　　　　　(B)刀杆　　　　　　　　　(C)刀柄

(D)刀尖　　　　　　　　　(E)切削刃　　　　　　　　(F)刀把

56. 镗床进行镗削加工时,被加工工件表面产生波纹的原因是(　　)。

(A)电动机振动　　　　　　(B)机床振动　　　　　　　(C)刀具振动

(D)工件振动　　　　　　　(E)刀杆振动

57. 发现镗床电动机发生严重振动时,可对(　　)进行检查。

(A)供电电压的稳定性　　　　　　　　(B)供电的电压值

(C)电动机的平衡情况　　　　　　　　(D)前后轴承的同轴度

(E)前后轴承的精度　　　　　　　　　(F)轴承损坏情况

58. 镗削加工时,引起机床振动的主要原因是(　　)。

(A)电动机支架松动

(B)主轴箱内传动齿轮有缺陷

(C)主轴箱内柱塞润滑泵磨损而引起振动

(D)传动 V 带长短不一或调整不当

(E)主轴套上轴承松动,主轴套后支承点与支座孔不同轴

(F)夹紧力不够

59. 镗床用平旋盘刀架镗孔与用主轴镗孔二者同轴度出现超差,其产生原因是(　　)。

(A)平旋盘镶条配合过松　　　　　　　(B)送刀蜗杆啮合不佳

(C)平旋盘各支点不同轴　　　　　　　(D)主轴套和主轴配合间隙过大

(E)平旋盘定位锥孔与平旋盘轴锥体配合不良　(F)主轴弯曲

60. 镗床(　　)部件几何精度超差,将导致主轴与工作台两次进刀加工表面接不平。

(A)主轴箱　　　　　　　　(B)立柱　　　　　　　　　(C)后立柱

(D)床身　　　　　　　　　(E)下滑座　　　　　　　　(F)工作台

61. 当发现镗床主轴、床身、工作台部件的几何精度超差时,应以床身为基准分别测量各项精度,并对于超差项目及时进行(　　)。

(A)调整　　　　　　　　　(B)调试　　　　　　　　　(C)恢复

(D)修复　　　　　　　　　(E)修整　　　　　　　　　(F)改善

62. 镗床运转时,若发现主轴箱内有周期性的声响,则其产生原因是(　　)。

(A)主轴箱内柱塞润滑泵磨损而引起振动

(B)主轴套上的轴承松动

(C)主轴弯曲

(D)电动机支架松动

(E)主轴上大齿轮中某齿槽内嵌入切屑、毛刺或脏物

(F)传动齿轮上的三联齿轮副中某一个齿轮受冲击载荷掉齿

63. 镗床导轨(　　)是造成下滑座以最低速度运动时有爬行现象的主要原因。

(A)有脏物　　　　　　　　(B)有毛刺　　　　　　　　(C)调整过紧

(D)调整过松　　　　　　　(E)接触情况不好　　　　　(F)润滑不良

64. 当纵向移动镗床下滑座时,主轴箱与上滑座会出现同时或分别移动,其产生原因

( )。

(A)下滑座中离合器的间隙调整不当,在脱开位置离合器仍然接触

(B)离合器套内有毛刺

(C)蜗杆副间隙过松

(D)蜗杆副间隙过紧

(E)下滑座上各齿轮滑动套与轴配合不当

(F)机床上各轴的螺母拧得过紧

65. 由于( )的导向压板、镶条滑动部分装配过紧,会使镗床在小负荷切削时快速离合器打滑。

(A)镶条 (B)导向压板 (C)导向键

(D)导向导轨 (E)支承导轨 (F)滑动导轨

66. 精密坐标镗床加工工件孔距超差的主要原因是( )。

(A)刻线尺的螺旋线在全长上任意两刻线间螺距误差超差

(B)刻线尺自重使其中部产生挠度

(C)机床导轨直线度及 x 轴与 y 轴的垂直度超差

(D)机床床身及滑座刚度不足

(E)光学系统调整、定位不好

(F)滑座及工作台镶条调整不当

67. 精密坐标镗床( )超差时应局部修研导轨面使之达到要求。

(A)导轨平行度 (B)导轨平面度

(C)导轨直线度 (D)x 轴与 y 轴的垂直度

(E)x 轴与 z 轴的垂直度 (F)y 轴与 z 轴的垂直度

68. 重新( )精密坐标镗床的光学系统,有利于控制加工工件的孔距误差。

(A)调整 (B)定位 (C)安装

(D)保养 (E)维修 (F)擦拭

69. 在显微镜下观察调整精密坐标镗床滑座或工作台镶条的松紧度时,用手移动滑座或工作台,直到刻线在显微镜的视野中( )地移动,镶条才算调整合适。

(A)明显 (B)清晰 (C)平稳

(D)无跳动 (E)缓慢 (F)均匀

70. 通过精密坐标镗床光屏观察线纹质量时,有可能在全行程上线纹出现( ),此时应调整线纹尺相对导轨的平行度精度。

(A)一端清晰、另一端模糊 (B)中间清晰、两端模糊

(C)时而清晰、时而模糊 (D)中间模糊、两端清晰

(E)全程均模糊不清 (F)根本看不到刻线

71. 精密坐标镗床加工工件表面的表面粗糙度不符合图样要求的原因有( )。

(A)主轴轴向跳动太大

(B)主轴进给量不均匀

(C)进给用主轴套筒、齿条与齿轮啮合状况不良

(D)主轴套筒与主轴箱体孔间隙过大,主轴套筒下端锁紧套筒的卡圈未卡紧

(E)切削液太脏

(F)刀具角度选择不当,刀杆刚度不足及装夹不正确

72. 当发现精密坐标镗床主轴进给量不均匀时,可稍微拧紧变速箱中调节(　　)的松紧螺母。

(A)蜗轮 　　　　　　　　　(B)蜗杆 　　　　　　　　　(C)丝杠

(D)轴承 　　　　　　　　　(E)摩擦锥 　　　　　　　　(F)摩擦环

73. 精密坐标镗床进给用主轴套筒上(　　)啮合状况不良会导致工件加工表面的表面粗糙度不符合要求。

(A)蜗杆 　　　　　　　　　(B)蜗轮 　　　　　　　　　(C)齿条

(D)齿轮 　　　　　　　　　(E)丝杠 　　　　　　　　　(F)螺母

74. 精密坐标镗床的(　　)间隙过大,会导致工件加工时表面粗糙度不符合要求。

(A)主轴 　　　　　　　　　(B)主轴套筒 　　　　　　　(C)主轴箱体孔

(D)导轨 　　　　　　　　　(E)镶条 　　　　　　　　　(F)压板

75. 精密坐标镗床刀具系统的(　　)都会造成工件的加工表面粗糙度值超差。

(A)刀具角度不对 　　　　　(B)刀杆刚度不足 　　　　　(C)刀具装夹不正确

(D)刀具材料不对 　　　　　(E)刀具寿命低 　　　　　　(F)刀具耐磨性差

76. 造成精密坐标镗床加工孔的同轴度、平行度及基准的垂直度超差的原因是(　　)。

(A)坐标床面各导轨的直线度超差 　　　(B)主轴箱体导轨的直线度超差

(C)主轴对坐标床面的垂直度超差 　　　(D)工作台或滑座镶条调整不当

(E)机床床身刚度不足 　　　　　　　　(F)坐标床画纵、横向移动导轨垂直度超差

77. (　　)是使精密坐标镗床工作台滑座进给失灵,有爬行现象的主要原因。

(A)片式摩擦离合器的摩擦片磨损,造成进给运动时打滑

(B)工作台或滑座纵、横向镶条调整不当

(C)工作台沿 x 向移动时,齿轮、齿条啮合不良

(D)工作台沿 y 向移动时,齿轮、齿条啮合不良

(E)滑座沿 x 向移动时,齿轮、齿条啮合不良

(F)滑座沿 y 向移动时,齿轮、齿条啮合不良

78. 若发现精密坐标镗床工作 1 h 后,主轴套筒垂直移动时有卡紧现象时,可以从(　　)着手排除。

(A)改善润滑条件 　　　　　　　　　　(B)更换新的润滑油

(C)增加冷却效果 　　　　　　　　　　(D)采用强制冷的冷却液切削

(E)重新调整主轴套筒与主轴箱孔的间隙 (F)减少切削用量和切削力

79. 由于精密镗床有较好的防振、隔振措施,所以(　　)的振动传不到镗头上,故镗削加工表面粗糙度值小。

(A)床身 　　　　　　　　　(B)工作台 　　　　　　　　(C)主轴箱

(D)电动机 　　　　　　　　(E)变速机构 　　　　　　　(F)夹具

80. 在精密镗床上,(　　)在高速回转时产生的动不平衡引起的自振,常采用减振机构减小其影响。

(A)刀具 　　　　　　　　　(B)刀头 　　　　　　　　　(C)刀杆

(D)主轴   (E)轴承   (F)电动机

81. 当圆柱单刃镗刀在刀杆上装夹时,由于( )将会使圆柱镗刀绕其自身轴线旋转一个角度,导致刀具实际角度发生了变化。

(A)顶紧螺钉孔与镗刀孔中心线不垂直

(B)顶紧螺钉孔与镗刀头中心线不垂直

(C)镗杆与镗刀头中心线不垂直

(D)螺钉端面与圆柱镗刀上的小平面不全面接触

(E)刀杆在主轴上定位不准确

(F)圆柱镗刀在切削力作用下发生弹性变形

82. 镗工装夹工件时,一定要仔细将残留在夹具定位面上的( )清除干净,否则会降低调整精度,甚至使工件尺寸超差。

(A)切削液   (B)润滑油   (C)切屑

(D)污物   (E)铁锈   (F)水渍

83. 金刚镗床镗削加工中产生的自激振动是由切削力所致,它的影响因素有( )。

(A)工艺系统的刚度   (B)切削用量的变化   (C)刀具的几何角度

(D)刀头的装夹角   (E)刀杆的悬伸长度   (F)工件的切削热变形

84. 镗削斜孔工件的工艺特点是( )。

(A)工件上斜孔中心线与某个平面或某个孔中心线成一定的角度关系

(B)孔端截面为椭圆

(C)工件形状多为箱体或非回转体

(D)工件一般采用角铁支承

(E)切削时镗杆悬伸较长

(F)镗削形成单边切削

85. 镗削斜孔时,工件上斜孔中心线与某个平面或某个孔的中心线成一定的角度关系,这给工件的( )造成了许多困难。

(A)找正   (B)装夹   (C)定位

(D)夹紧   (E)调整   (F)测量

86. 特别是对薄壁的( ),镗削加工前应进行去应力处理,充分消除内应力,以防止加工后工件变形。

(A)铸造工件   (B)锻造工件   (C)焊接工件

(D)大型工件   (E)箱体类工件   (F)非回转体工件

87. 镗削薄壁孔时,要选择合适的切削用量,以减少( )对加工工件的影响。

(A)切削加工   (B)夹紧力   (C)切削力

(D)切削变形   (E)切削热   (F)切削应力

88. 薄壁工件往往形状不规则,为方便镗削加工时的找正和夹紧,可以在工件上设置( ),待加工完毕后再予去除。

(A)工艺余量   (B)工艺料头   (C)工艺堵头

(D)辅助支承   (E)活动支点   (F)辅助定位

89. 薄壁工件的毛坯材料常采用( )。

(A)铝合金   (B)精密铸造件   (C)无缝钢管

(D)耐热合金   (E)耐腐蚀合金   (F)耐磨合金

90. 在镗床上镗削三层孔的主要加工方法有( )。

(A)用长镗杆与后立柱支承联合镗孔   (B)用支承套镗孔

(C)用镗模法镗孔   (D)调头镗

(E)用划线找正镗孔   (F)用样板找正镗孔

91. 平行孔系主要的技术要求是保证孔中心线与基准面之间的( )。

(A)距离   (B)形状精度   (C)尺寸精度

(D)相互位置精度   (E)联系尺寸   (F)坐标精度

92. 平行孔系镗削加工方法一般有( )。

(A)样板对中法   (B)找正法   (C)中心指示器对准法

(D)定心显微镜对准法   (E)镗模法   (F)坐标法

93. 在镗床上镗削平行孔系的工件找正方法主要有( )。

(A)划线找正   (B)孔距测量找正   (C)样板找正

(D)顶尖找正   (E)定心显微镜找正   (F)中心指示器找正

94. 镗模镗削法的主要缺点是( )。

(A)镗削深度受到一定限制   (B)镗削速度受到一定限制

(C)镗削加工质量受到一定限制   (D)镗套磨损较快

(E)镗模寿命低   (F)镗模制造周期长、成本高

95. 采用镗模法加工时,镗模的制造周期长、成本高,所以镗模法加工一般适用于( )上成批镗削箱体零件孔系。

(A)精密镗床   (B)坐标镗床   (C)数控镗床

(D)组合机床   (E)专用机床   (F)万能镗床

96. 在镗床上采用坐标法镗削工件时,必须掌握工件的( )以及合理选用起始孔和确定镗孔的顺序。

(A)定位方式   (B)工艺基准的找正方法

(C)加工精度   (D)各孔位的垂直、水平坐标关系

(E)安装基准选定   (F)切削用量

97. 镗床移动坐标镗削平面孔系的方法主要有( )。

(A)普通刻度尺和游标尺测量定位   (B)量规和百分表测量定位

(C)金属线纹尺和光学读数头测量定位   (D)数显装置测量定位

(E)试切法测量定位   (F)划线法找正测量定位

98. 在镗床上加工相交孔系时,为了保证工作台的回转精度可以采用( )。

(A)以回转工作台保证角度精度   (B)以指示表找正保证角度精度

(C)以角铁对工件进行装夹、找正   (D)以机床坐标找正

(E)以量规、百分表测量定位   (F)以工艺基准面找正

99. 镗削相交孔系和交叉孔系时,镗床控制斜孔坐标位置的方法主要有( )。

(A)回转工作台旋转法   (B)工艺基准法   (C)球形检具法

(D)辅助基准法　　　　　(E)机床坐标法　　　　　(F)指示表找正法

100. 沟槽的形式很多,按沟槽的横截面槽形来分有(　　)等。

(A)直角矩形槽　　　　　(B)T 形槽　　　　　(C)V 形槽

(D)燕尾槽　　　　　　　(E)圆弧形槽　　　　　(F)键槽

四、判 断 题

1. 通常外圆、孔等对称表面的加工余量用双边值表示。(　　)

2. 根据经验估算法,镗削粗加工余量一般取 6～10 mm,精加工取 1～3 mm。(　　)

3. 切削速度主要根据工件材料和刀具材料来选择。(　　)

4. 精加工时,工件的表面粗糙度要求高,所以进给量应选大些。(　　)

5. 切削油和乳化液一般用于粗加工。(　　)

6. 使用硬质合金刀具时,一般不加切削液。(　　)

7. 工件的六点定位原理只适用于外形规则的长方体工件。(　　)

8. 只要工件被夹紧不动,即表明其六个自由度都被限制了。(　　)

9. B 型支承钉支承面为球面,适用于对未加工面的定位。(　　)

10. 角铁适用于工件定位基准面与机床工作台面垂直的平面定位。(　　)

11. 对于精度要求较高的工件,可以用量块来进行侧面找正。(　　)

12. 按支承块或支承板找正法,一般不用于单件生产。(　　)

13. 为使工件在加工过程中不发生位移,夹紧力越大越好。(　　)

14. 选择工件夹紧位置时,要尽可能选择刚性好的部位。(　　)

15. 镗床的通用夹具有回转工作台、万能分度头、镗模等。(　　)

16. 镗模一般由引导装置、定位装置和夹紧装置组成。(　　)

17. 镗模必须定期检查验证,及时维修。(　　)

18. 积屑瘤硬度较低,所以很容易脱落。(　　)

19. 积屑瘤对加工精度和刀具寿命都有不良影响,应避免其出现。(　　)

20. 镗刀按用途可分为内孔镗刀和端面镗刀。(　　)

21. 整体式单刃镗刀结构紧凑、体积小,可以镗削各类小孔、不通孔和台阶孔。(　　)

22. 浮动镗刀一般用于粗加工。(　　)

23. 固定镗刀块主要适用于成批生产中孔的粗加工镗削。(　　)

24. 刀具的前角越大,散热条件越好。(　　)

25. 刀具的主偏角和副偏角较小时,工件表面粗糙度小。(　　)

26. 粗镗镗刀角度选择时,后角要小,主偏角要大。(　　)

27. 镗削脆性材料时,前角应选择大一些。(　　)

28. 加工工件材料愈硬,刀具主偏角应选择愈大。(　　)

29. 刀具刃磨后,可用油石研磨刀具各面,以提高刀具寿命。(　　)

30. 粗加工时,后角选择应大些。(　　)

31. 镗床类型代号中"T"是汉语拼音"镗"的第一个字母。(　　)

32. 主轴轴向移动是镗床的进给运动之一。(　　)

33. 镗床内各类轴承的润滑方式主要是油脂润滑。(　　)

34. 镗床的外保养主要是指清除机床外表污垢、锈蚀,保持传动件的清洁。( )

35. T68 卧式镗床的主轴直径为 80 mm。( )

36. T68 卧式镗床精镗后,孔的圆度误差小于 0.02 mm。( )

37. T4145 坐标镗床的主轴孔锥度是 3∶20。( )

38. 镗床主要是用来车、镗、铣削加工工件中的外圆、内孔及平面等。( )

39. 孔的圆度误差,可用内径千分表在孔的同一径向截面的不同方向上进行测量。( )

40. 在孔的同一截面上,测得的孔径最大值与最小值之差的 1/3 即为孔的圆度值。( )

41. 用千分尺测量时,应校正零位,以消除测量工具的读数误差。( )

42. 用内卡钳测量内孔时,首先要用千分尺将内卡钳的张开度调整至孔的最小极限尺寸。( )

43. 形状精度的检测项目主要有圆度、直线度、圆柱度等。( )

44. 深孔可用钢直尺或游标卡尺直接测量。( )

45. 工件壁厚相差悬殊,热变形会影响孔的尺寸精度。( )

46. 当工件的端面跳动量为零时,其端面与轴线的垂直度误差也为零。( )

47. 在镗床上进行外圆加工时,加工面的圆度、圆柱度一般均高于孔加工时达到的精度。( )

48. 镗刀头安装不牢固有走刀,可造成尺寸精度误差。( )

49. 主轴回转精度不高,可引起孔的平行度误差。( )

50. 用塞规可以直接测量出孔的实际尺寸。( )

51. 基准面定位有误差,装夹不合理,可引起孔的平行度误差。( )

52. 用回转法镗削垂直孔系,其垂直度不能满足加工要求时,可用百分表测量法提高镗削精度。( )

53. 工件安装在双支承前后导引的镗模上时,镗孔的几何精度取决于镗轴的旋转精度。( )

54. 圆柱孔是整个机器零件结构组成的一个重要元素,也是构成零件形体的主要结构要素。( )

55. 麻花钻是孔加工中应用最广的一种标准通用工具。( )

56. 麻花钻可用普通碳素钢淬火后制成。( )

57. 扩孔钻与麻花钻很相似,故扩孔钻工作条件要比麻花钻好。( )

58. 钻孔时,冷却润滑应以润滑为主。( )

59. 扩孔钻主要用来对工件钻孔和对孔进行扩大加工。( )

60. 镗床上所用的铰刀都是手动铰刀,其切削刃和导向刃都较短。( )

61. 铰刀最易磨损的部位是切削部分和修光部分的过渡处。( )

62. 铰孔时,切削速度愈高,工件表面粗糙度愈小。( )

63. 一般情况下,铰孔不能修正孔的直线度。( )

64. 铰刀分机铰刀和手铰刀两种,用于孔的精加工。( )

65. 在进行钻孔时,产生的误差和加工缺陷完全是由于机床和钻头的夹持刚性不足造成

的。（　　）

66. 扩孔加工精度比钻孔加工高。（　　）

67. 扩孔加工不能纠正钻孔加工时产生的轴线偏移。（　　）

68. 铰孔余量应尽可能小。（　　）

69. 为了避免镗刀刀体同工件表面之间的摩擦，应在刀具后刀面上磨出两个后角。（　　）

70. 精镗刀应取负刃倾角，以避免切屑流向已加工表面，影响加工质量。（　　）

71. 采用镗刀镗孔是孔的镗削加工中最普遍的加工方法，它特别适合于成批生产。（　　）

72. 镗刀刀尖装得高于工件孔的轴心线，会使镗刀实际前角变大，从而影响加工。（　　）

73. 用钻头加工孔时，应尽可能将钻头直径直接安装在主轴上，以增加系统的刚性。（　　）

74. 加工铸铁的铰削速度要比加工钢类材料高。（　　）

75. 浮动镗刀可自动定心，多用于粗加工。（　　）

76. 镗刀头一般要与镗杆一起使用。（　　）

77. 不通孔可用浮动镗刀或单刃镗刀进行加工。（　　）

78. 用浮动镗刀精镗内孔，可以纠正孔的位置偏差。（　　）

79. 粗镗镗刀角度选择时，后角要小，主偏角要大。（　　）

80. 安装浮动镗刀时，其径向尺寸应调整至工件外径的最大极限尺寸。（　　）

81. 精加工或加工精度要求较高时，一般采用工作台进给镗削法。（　　）

82. 精镗加工前的孔口倒角是为了去掉孔口锋口，以免伤人。（　　）

83. 单孔镗削的基本方法是试切削法镗孔。（　　）

84. 粗镗是精镗的前道工序，并为半精镗和精镗作好准备。（　　）

85. 采用主轴送进镗削法镗孔时，只适用于粗加工或精度要求不高的孔的镗削。（　　）

86. 对于精密箱体类零件，粗镗结束后，可立即进行精镗，以提高生产效率。（　　）

87. 粗镗时，镗削速度不宜太大，否则会影响刀具寿命。（　　）

88. 镗刀块的安装误差对工件加工精度的影响一般表现为所镗孔径扩大，镗削孔的精度下降。（　　）

89. 用镗刀镗孔可以纠正由于钻孔和扩孔而引起的孔的各类偏差。（　　）

90. 悬伸镗削法镗削的主要对象是单孔、短孔和孔中心线不太长的同轴孔。（　　）

91. 悬伸镗削法具有很多优点，它还可镗削大孔、深孔和各类平行孔系。（　　）

92. 支承镗削用于加工较大深孔和孔间距较大的同轴孔系时能发挥良好的作用。（　　）

93. 用镗模大批量生产时，加工精度取决于机床精度。（　　）

94. 在坐标镗床上镗孔时，无论工件大小，镗孔前都应预热 4 小时，以保证工件同机床的温度相等。（　　）

95. 由于悬伸镗削所使用了镗刀杆刚性较好，所以切削速度一般可高于支承镗削，故生产效率较高。（　　）

96. 浮动镗刀块是紧固在镗杆上，依靠刀头滑动来进行镗削工件的。（　　）

97. 镗刀块是一个矩形薄片刀块，是一种定直径刀具。（　　）

98. 利用镗床平旋盘径向刀架，不能镗削工件上较大的端面。（　　）

99. 利用平旋盘上的径向刀架镗内沟槽时,工作台不作进给运动。(　　)

100. 用坐标法镗平行孔系一般用于单件、小批生产。(　　)

101. 镗削孔系前,必须先找正主轴的位置。(　　)

102. 加工大批量有平行孔系的工件时,一般采用镗模加工。(　　)

103. 镗削 T 形不通槽时,应先镗削直槽。(　　)

104. 镗削垂直孔系时,两次找正必须选用同一基准。(　　)

105. 反面刮削端面时,应开反车旋转。(　　)

106. 图样上用以表示长度值的数字称为尺寸。(　　)

107. 我国制图标准规定中,剖视图分全剖视图、半剖视图、局部剖视图三类。(　　)

108. 旋转视图要注以标记。(　　)

109. 无论螺旋是左旋还是右旋,画图时均画成右旋。(　　)

110. 公差带图中零线通常表示基本尺寸。(　　)

111. 基孔制中基准孔的代号是 h。(　　)

112. 相互结合的孔和轴称为配合。(　　)

113. 间隙配合中,孔的实际尺寸总是大于轴的实际尺寸。(　　)

114. 形位公差就是限制零件的形状误差。(　　)

115. 任何零件都要求表面粗糙度值越小越好。(　　)

116. 粗糙表面由于凹谷深度大,腐蚀物质容易凝集,极易生锈。(　　)

117. 粗糙度高度参数的允许值的单位是微米。(　　)

118. 灰铸铁的牌号用 QT 表示,球墨铸铁的牌号用 HT 表示。(　　)

119. 碳素工具钢的含碳量都在 0.7％ 以上,而且都是优质钢。(　　)

120. 退火和正火都可以消除钢中的内应力,所以在生产中可以通用。(　　)

121. 渗碳后的工件不能再进行切削加工。(　　)

122. 传动轴工作时的受力情况是只承受扭矩。(　　)

123. 三角带的截面积愈大,则其传递的功率愈小。(　　)

124. 带传动具有过载保护作用,可避免其他零件的损坏。(　　)

125. 螺旋传动可以把回转运动变成直线传动。(　　)

126. 齿形链常用于高速或平稳性与运动精度要求较高的传动中。(　　)

127. 齿轮传动能保证两轮瞬时传动比恒定。(　　)

128. 齿轮传动没有过载保护作用。(　　)

129. 积屑瘤可以保护刀具,所以对任何加工都是有利的。(　　)

130. 切削温度一般是指切削区域的平均温度。(　　)

131. 在切削用量中,切削速度对切削温度的影响最小。(　　)

132. 加工硬化对加工的影响是加快刀具磨损,下道工序难以加工。(　　)

133. $W_{18}Cr_4V$ 的耐热性较好,可用来做高速切削刀具。(　　)

134. 刀具的楔角影响刀头强度。(　　)

135. 强力切削时,为了增加刀头强度,应取负值的刃倾角。(　　)

136. 精加工时,为达到较小的表面粗糙度,应选较小的进给量。(　　)

137. 刀具磨损限度相同,刀具耐用度越大,说明刀具磨损越快。(　　)

138. 刃磨刀具时,为防止过热而产生裂纹,不要用力把刀具压在砂轮上。(　　)

139. 在各种机器及设备中所使用的润滑剂有气体的、液体的、半液体的及固体的。(　　)

140. 用高速钢刀具精加工钢件,应使用极压乳化液。(　　)

141. 在液压传动中,传递运动和动力的工作介质是汽油和煤油。(　　)

142. 液压系统中的压力取决于负载,外力越大,压力也越大。(　　)

143. 实际使用的液压系统中,泵的输出流量应大于系统的最大流量。(　　)

144. 千分尺不允许测量带有研磨剂的表面。(　　)

145. 内径千分尺在测量时,要使用测力机构。(　　)

146. 划线是机械加工的重要工序,广泛地用于成批和大量生产。(　　)

147. 划线都应从划线基准开始。(　　)

148. 錾削是用手锤敲击錾子对金属工件进行切削加工的方法。(　　)

149. 刀开关是低压控制电器。(　　)

150. 在机床电路中,为了起保护作用,熔断器应装在总开关的前面。(　　)

151. 为了保证安全,机床电器的外壳必须接地。(　　)

152. 镗削过程中,主轴需要变速时,必须在停机空转情况下进行。(　　)

153. 机床坐标移动直线度,纵横坐标移动方向的平行度,主轴移动方向对工作台台面垂直度都会引起加工孔距误差。(　　)

154. 工件安装的位置,尽量接近检验机床坐标定位精度时的基准位置。(　　)

155. 精镗工序应连续进行,避免隔班、隔日加工,以便保持热变形的稳定。(　　)

156. 夹具的制造精度、夹具的导向元件的磨损,将会引起孔径尺寸的误差。(　　)

157. 镗模套的磨损将增大镗模套与镗杆间的间隙,从而增大孔径误差,因此对夹具上的定位元件、导向元件应定期检查更换。(　　)

158. 强迫振动是机床在周期变化的内力作用所产生的振动。强迫振动本身不能改变激振力——内力。(　　)

159. 自激振动是一种不衰减振动,外界干扰力不是产生自激振动的直接原因。切削过程停止,自激振动也随即消失。(　　)

160. 镗削时防止和消除振动的办法是尽量将工件装夹在靠近平旋盘位置,增强工件的装夹刚度。(　　)

161. 卧式镗床床身较长,外形呈"L"形,故机床的安装支承都采用多点式。(　　)

162. 调整卧式镗床辅助导轨时,应先调整支架滚轮水平,再调整辅助导轨与机床导轨的平行。(　　)

五、简答题

1. 什么是机械加工工艺过程?

2. 什么是孔的加工余量?

3. 镗削用量选择应考虑哪些因素?

4. 如何根据不同的材料合理选用切削液?

5. 什么叫工件的定位?

6. 试述工件的六点定位原理。

7. 对夹具的夹紧装置有哪些基本要求？

8. 何谓找正？

9. 装夹和找正工件时的注意点是什么？

10. 工件以底平面安装时有什么优点？

11. 工件以侧平面安装时应注意什么？

12. 工件夹紧时，应考虑哪些原则？

13. 镗床夹具由哪几个主要部分组成？

14. 镗模的结构类型有几种？

15. 镗床夹具的使用与保养包括哪些方面？

16. 试述镗削的基本过程。

17. 积屑瘤对镗削加工有什么影响？

18. 镗刀各几何角度选择的总体要求是什么？

19. T68 卧式镗床有哪些主要附件？

20. 试述 T618A、T4145 机床型号的含义。

21. 简述垂直孔系垂直度的检测方法。

22. 简述平行孔系平行度的检测内容。

23. 简述镗削垂直孔系时，保证孔系位置精度的方法。

24. 简述平行孔系的技术要求。

25. 镗削时影响工件加工面表面粗糙度的因素有哪些？

26. 采用哪些措施，提高和完善加工表面的表面粗糙度？

27. 圆柱孔的尺寸精度检测通常有几种方法？

28. 圆柱孔的几何形状检验包括哪些项目？

29. 什么是镗刀头和镗刀块？

30. 镗刀由哪几部分组成？

31. 什么叫粗镗？

32. 什么叫主轴送进镗削法？

33. 什么叫工作台送进镗削法？

34. 在卧式镗床钻削时，切削用量的选择原则是什么？

35. 简述圆柱孔的技术精度有哪几个方面。

36. 单孔镗削的基本方法是什么？

37. 平行孔系的镗削方法有几种？

38. 简述垂直孔系的镗削方法。

39. 圆柱孔端面的镗削方法有几种？

40. 镗工在进行铰削加工时，应注意哪些方面？

41. 加工孔系时，找正镗床主轴起始坐标位置的常用方法有几种？

42. 镗刀为什么要有安装高度的要求？

43. 常用镗刀按其结构可分为几类？

44. 浮动镗刀尺寸调整时，应注意哪些事项？

45. 镗削工件有几种装夹方法？

46. 采用试切法镗孔应注意哪些事项？

47. 平行孔系加工中的主要问题是什么？

48. 简述调头镗削的优点。

49. 什么是镗削原则？

50. 什么叫悬伸镗削法？

51. 什么叫穿镗法？

52. 什么叫精镗？

53. 何谓镗削时的主运动？它是如何实现的？

54. 什么叫镗削？

55. 镗削时的进给运动有哪几种？

56. 镗铣槽时，需注意哪些方面的问题？

57. 浮动镗刀镗削加工时有什么特点？

58. 什么叫坐标法镗孔？

59. 如何选择表面粗糙度，是不是越小越好？

60. 简述液压传动的工作原理。

61. 齿轮失效的主要形式有哪几种？

62. 识读零件图的目的是什么？

63. 退火的主要目的是什么？其常用的冷却方式是什么？

64. 什么叫形状公差？什么叫位置公差？

65. 什么是金属的切削过程？

66. 磨削加工有什么特点？

67. 什么是研磨，对研具有什么要求？

六、综 合 题

1. 在镗床上镗削 $\phi100$ mm 的孔，如果刀具线速度不允许超过 25 m/min，问主轴转速应在多少转以内？

2. 利用镗床主轴进行铣削加工，已知铣削速度 $v=6.28$ m/min，铣刀直径 $D=20$ mm，每转进给量 $f=0.4$ mm/r，求每分钟进给量。

3. 支架如图 2 所示，分析图样，确定加工工艺路线。

4. 试述主轴送进镗削法的特点。

5. 试述工作台送进镗削法的特点。

6. 试述在镗床上加工时，对工件的找正有哪几种方法。

7. 测量一把镗刀的角度：已知前角 $\gamma_0=20°$，主后角 $\alpha_0=8°$，刀尖角 $\varepsilon_r=95°$，副偏角 $K'_r=10°$，求楔角 β_0 和主偏角 K_r。

8. 试述切削深度选择的原则。

9. 试述进给量选择的基本原则。

10. 试述切削速度选择的基本原则。

11. 一般主轴的加工工艺路线是什么？

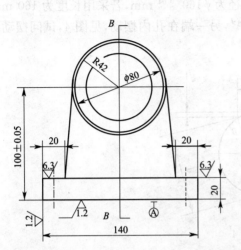
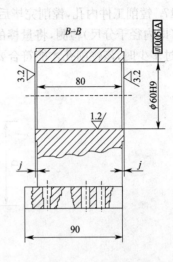

图　2(单位:mm)

12. 什么叫粗基准? 粗基准应根据哪些原则来选择?

13. 根据图 3,说明传动箱体的镗削加工顺序。

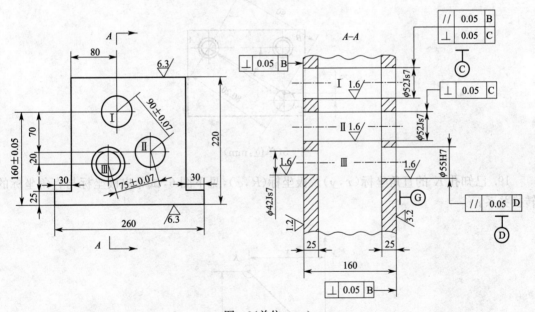

图　3(单位:mm)

14. 量一镗削零件的内孔,若已知内卡钳张开度尺寸 d 为 40 mm,测量时卡钳的摆动量 S 为 6 mm,试求该内孔的直径 D 是多少毫米?

15. 用内卡钳摆动来测量镗削加工中零件孔的直径,若内卡钳的张开度尺寸 d 为 50 mm,要控制孔的直径不超过 50.20 mm,试问在加工测量中内卡钳的卡爪摆动量不得超过多少毫米?

16. 卡钳检查孔 $\phi 100^{+0.05}_{0}$ mm,已知卡钳的张开尺寸为 100 mm,卡钳的一端固定不动,另一端摆动,其摆动量为 3 mm,求孔的实际尺寸,并判断是否合格?

17. 镗削工件内孔,镗削完毕后保证内孔直径为 $\phi160^{+0.04}_{0}$ mm,若采用长度为 160 mm 的量棒(即内径千分尺)检测,将量棒的一端置于 A',另一端在孔内摆动,见图 4,试问摆动量 L 不超过多少时,该镗削孔才能符合要求?

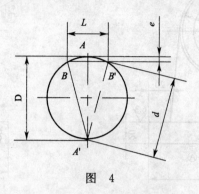

图　4

18. 图 5 为一箱体,AC 的中心距为 80 mm,今测得实际中心距 AC' 为 80.20 mm,试求垂直坐标误差 δ 值。

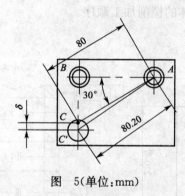

图　5(单位:mm)

19. 已知孔 K 的直角坐标(x,y)及极坐标(R,φ),见下图 6,试导出极坐标与直角坐标的转换关系。

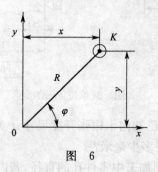

图　6

20. 已知工件上孔 K 的坐标尺寸为 $x=70$,$y=50$,现采用极坐标法在坐标镗床上加工孔 A,如图 7 所示,试求 A 的极坐标位置。

21. 在工件上需要镗孔 A,如图 8 所示,已知孔 A 的极坐标为 $R=100$ mm,$\varphi=+40°$,试求镗床主轴移动的 x、y 坐标。

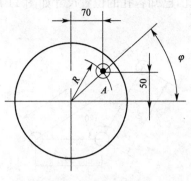

图　7(单位:mm)

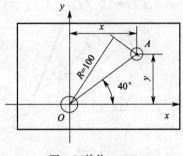

图　8(单位:mm)

22. 已知∠A=45°,∠B=30°,如图 9 所示,a=50,求 b、c。

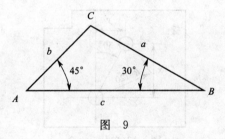

图　9

23. 已知在镗模上已有 A、B、C 三孔,由于传动的需要,在 AB 两孔中心连线上的中点处加一个孔口,如图 10 所示,求 D 点的坐标及 CD 的距离。

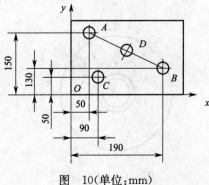

图　10(单位:mm)

24. 在一个工件上的三个孔,已知各孔的位置尺寸如图 11 所示,为适合检验的需要,试计算两个小孔的中心距 L。

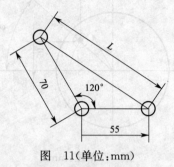

图　11(单位:mm)

25. 如图 12 所示,已知 $AB=50,CD=15,AC=35,\alpha=30°$,求 AD、DE、BE 的长。

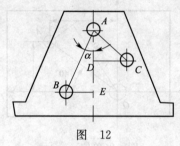

图　12

26. 如图 13 所示,在一工件上需要镗孔 A,已知孔 A 的极坐标为 $R=120$ mm,$\varphi=30°$,求镗床主轴移动的 x、y 坐标值。

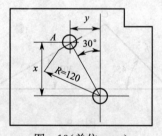

图　13(单位:mm)

27. 已知工件上孔 K 的坐标尺寸为 $x=80$ mm,$y=60$ mm,现用极坐标法在坐标镗床上加工 K 孔,见图 14,试求孔 K 的极坐标位置。

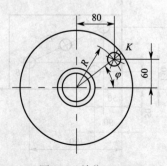

图　14(单位:mm)

28. 在镗床上镗削 $\phi 80$ mm 的孔,则镗刀尖高于工件孔轴线的距离为多少?

29. 如图 15 所示,镗 A 孔,如需测量 x 坐标尺寸,求 x 尺寸。

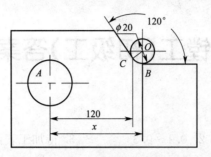

图 15(单位:mm)

30. 如图 16 所示,镗削六等分孔,已知中心圆直径 D 为 240 mm,试求 A、B、C 三个尺寸。

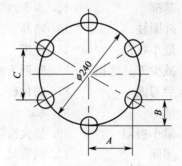

图 16(单位:mm)

31. 钻孔加工有什么特点?

32. 镗削加工中纠正孔轴心线偏差的方法有哪些?

33. 试述镗刀镗孔的优、缺点。

34. 在不降低刀具系统刚性的前提下,在 T68 镗床上镗削 $\phi 120$ mm 的孔,其镗刀头的截面高度为 20 mm,问其镗刀头安装时,最大悬伸量约为多少?

35. 试述试切法镗孔的特点和切削用量的选择原则。

镗工(初级工)答案

一、填空题

1. 6～10	2. 0.1～0.3	3. 待加工表面	4. 镗削速度
5. 进给	6. 圆周速度	7. $\dfrac{\pi D n}{1\,000}$	8. 润滑
9. 冷却	10. 冷却	11. 润滑	12. 煤油
13. 定位	14. 基准	15. 少于六个支承点	16. 已加工面
17. 毛坯	18. 外圆柱	19. 略高于	20. 靠近
21. 粗加工	22. 最小状态	23. 镗模	24. 镗杆的引导方式
25. 带状切屑	26. 减少刀具磨损	27. 降低表面质量	28. 刀具的切削性能
29. 切削部分	30. 后刀面	31. 碳化硅	32. 基本部分
33. 主运动	34. 800	35. 85	36. 40～2 000
37. 精加工	38. 最小极限	39. 最大极限	40. 实际
41. 垂直	42. 实际	43. 钢直尺	44. 尺寸精度
45. 圆度	46. 同轴度	47. 平行度	48. 大孔径
49. 0.01	50. 比较	51. 最大值与最小值之差的一半	
52. 表面粗糙度	53. 导向作用	54. 阶梯孔	55. 扩孔
56. IT7～IT8	57. 孔径公差	58. ±(0.02～0.05)	59. 1.6～0.4
60. 118°	61. 55°	62. 慢	63. $D/2$
64. $v=\dfrac{\pi D n}{1\,000}$ m/min	65. 孔壁粗糙	66. 扩大加工	67. 3～4
68. IT10～IT11	69. 6.3～3.2	70. $(0.15～0.25)D$	71. $0.05D$
72. 一半	73. $\phi 80$ mm	74. IT7～IT8	75. 3.2～0.8
76. 4～10	77. 倒转	78. $(D-d)/2\approx(1～1.5)B$	
79. 最小极限	80. 小	81. 负	82. 0.5
83. 较大	84. 正	85. 粗大些	86. 浮动
87. 靠近	88. 正确	89. 2	90. 单刃镗刀
91. 主切削刃	92. 不通孔浮动	93. 极坐标系	94. 四
95. 同轴度	96. 穿镗法加工	97. 平行度	98. 坐标法
99. 镗模	100. 利用铣刀盘加工	101. 孔径不大	102. 垂直交叉
103. 垂直度	104. 附件	105. 最后完工	106. 剖切面
107. 45°平行线	108. 极限尺寸	109. 允许尺寸的变动量	
110. 基孔制	111. 过盈配合	112. 同轴	113. ＜3.2

114. 优质　　　115. 退火　　　116. 生胶　　　117. 运动单元体

118. 侧平面　　119. 螺旋副　　120. 较高　　　121. 齿数

122. 工作台移动　123. 崩碎　　　124. 5 m/min　　125. 切屑

126. 切削速度　　127. 较低　　　128. 尺寸精度和表面粗糙度

129. 800～1 000 ℃　130. 高速钢　　131. 前刀面　　132. 正值

133. 大一些　　　134. 氧化铝　　135. 摩擦阻力　　136. 润滑

137. 热变形　　　138. 执行　　　139. 溢流阀　　　140. 批量较大

141. 零位　　　　142. 塑料套保护　143. 圆规、冲子、划线盘、划针

144. 手工切削加工　145. 接触器常开辅助触头

146. 保护电源免受短路损害　　　147. 交变　　　148. 低压和高压

149. 镗杆缩回　　150. 6 mm　　　151. 过盈配合　　152. 1.6

153. 高于　　　　154. 低　　　　155. 先导式　　　156. 精密螺旋

157. 零位　　　　158. 定位　　　159. 过定位　　　160. 借料

二、单项选择题

1. A	2. B	3. D	4. D	5. B	6. B	7. C	8. A	9. C
10. D	11. D	12. A	13. D	14. B	15. C	16. D	17. A	18. B
19. C	20. D	21. C	22. C	23. D	24. A	25. B	26. A	27. B
28. C	29. C	30. D	31. C	32. C	33. C	34. C	35. B	36. C
37. D	38. A	39. A	40. D	41. C	42. D	43. A	44. B	45. A
46. D	47. B	48. A	49. C	50. B	51. C	52. B	53. A	54. B
55. A	56. A	57. B	58. B	59. B	60. B	61. A	62. C	63. C
64. A	65. C	66. D	67. C	68. B	69. C	70. C	71. C	72. D
73. A	74. B	75. C	76. B	77. A	78. C	79. A	80. C	81. C
82. C	83. A	84. B	85. B	86. A	87. C	88. B	89. C	90. C
91. C	92. B	93. C	94. B	95. B	96. A	97. A	98. A	99. C
100. A	101. B	102. B	103. A	104. A	105. B	106. B	107. D	108. D
109. C	110. D	111. D	112. B	113. C	114. A	115. A	116. D	117. A
118. D	119. C	120. D	121. A	122. B	123. C	124. D	125. D	126. D
127. A	128. C	129. B	130. C	131. B	132. B	133. C	134. D	135. B
136. D	137. D	138. C	139. C	140. A	141. A	142. C	143. C	144. A
145. B	146. A	147. A	148. A	149. D	150. B	151. D	152. B	153. D
154. C								

三、多项选择题

1. CE	2. ACD	3. ACD	4. ABD	5. ABC	6. ACD
7. BC	8. ADE	9. ABC	10. BCE	11. ABC	12. BCD
13. ABCD	14. AC	15. ABD	16. ACD	17. ABC	18. ABCD
19. ABC	20. ABC	21. ABCD	22. AD	23. BCD	24. ABD

25. ABD　　26. ACD　　27. ABCD　　28. ABCD　　29. ABCD　　30. ABD

31. ACDE　　32. ABCD　　33. ABCDE　　34. ACD　　35. BCDE　　36. ABE

37. ACD　　38. ABCD　　39. ACD　　40. ABCD　　41. ABCDE　　42. ABCDE

43. AC　　44. ABC　　45. AC　　46. ABCD　　47. BC　　48. ABCDF

49. AE　　50. AD　　51. ABCD　　52. CD　　53. BF　　54. AC

55. BC　　56. AB　　57. CDE　　58. ABCDEF　　59. CDEF　　60. BDF

61. AD　　62. EF　　63. EF　　64. ABCE　　65. DE　　66. ABCDEF

67. CD　　68. AB　　69. CD　　70. AB　　71. ABCDEF　　72. EF

73. CD　　74. BC　　75. ABC　　76. ABC　　77. ABC　　78. AB

79. DE　　80. BC　　81. AD　　82. CD　　83. ABCDE　　84. ABC

85. BE　　86. AC　　87. CE　　88. BD　　89. ABCDE　　90. ABCD

91. CD　　92. BEF　　93. ABCD　　94. BCF　　95. DEF　　96. AB

97. ABCD　　98. ABC　　99. ABC　　100. CDEF

四、判断题

1. √　　2. ×　　3. √　　4. ×　　5. ×　　6. √　　7. √　　8. ×　　9. √

10. √　　11. √　　12. √　　13. ×　　14. √　　15. ×　　16. ×　　17. √　　18. ×

19. ×　　20. √　　21. √　　22. ×　　23. √　　24. ×　　25. √　　26. ×　　27. ×

28. ×　　29. √　　30. ×　　31. √　　32. ×　　33. √　　34. ×　　35. ×　　36. ×

37. √　　38. √　　39. √　　40. ×　　41. √　　42. √　　43. √　　44. √　　45. ×

46. ×　　47. ×　　48. √　　49. √　　50. ×　　51. √　　52. √　　53. √　　54. √

55. √　　56. ×　　57. √　　58. √　　59. √　　60. ×　　61. √　　62. √　　63. √

64. √　　65. ×　　66. √　　67. √　　68. ×　　69. √　　70. √　　71. ×　　72. ×

73. √　　74. √　　75. ×　　76. √　　77. √　　78. √　　79. √　　80. ×　　81. √

82. ×　　83. √　　84. √　　85. √　　86. ×　　87. √　　88. √　　89. √　　90. √

91. ×　　92. √　　93. √　　94. √　　95. ×　　96. √　　97. √　　98. ×　　99. √

100. √　　101. √　　102. √　　103. ×　　104. √　　105. √　　106. √　　107. √　　108. ×

109. √　　110. √　　111. √　　112. √　　113. √　　114. ×　　115. ×　　116. √　　117. √

118. ×　　119. √　　120. ×　　121. √　　122. √　　123. ×　　124. √　　125. √　　126. √

127. √　　128. √　　129. ×　　130. √　　131. √　　132. √　　133. ×　　134. √　　135. √

136. √　　137. ×　　138. √　　139. √　　140. √　　141. √　　142. √　　143. √　　144. √

145. ×　　146. ×　　147. √　　148. √　　149. √　　150. √　　151. √　　152. √　　153. ×

154. √　　155. √　　156. √　　157. √　　158. ×　　159. √　　160. √　　161. √　　162. ×

五、简 答 题

1. 答:用金属切削刀具在机床上直接改变原材料(毛坯)的形状(1分),尺寸(1分)和材料性能(1分),使之变为成品(1分)或半成品的过程(1分),称机械加工工艺过程。

2. 答:加工余量是指工件被加工后的尺寸(1.5分)与加工前的尺寸(1.5分)之差(2分)。

3. 答:镗削用量应考虑如下几个因素:

(1)加工精度(1分)和工件加工表面质量(1分);

(2)生产效率(1分);

(3)刀具使用寿命(1分)和机床功率(1分)。

4. 答:粗加工钢件时,一般选用乳化液(1分);精加工钢件时,一般选用低压切削液(1分);加工铸铁、铜、铝等脆性材料时,一般不加切削液(1分);只有在精加工时,为细化表面粗糙度,才采用煤油或含量较小的乳化液(1分),同时应注意,加工有色金属时,不宜采用含硫的切削液,以免腐蚀工件的表面(1分)。

5. 答:确定工件在机床上(1.5分)或夹具中(1.5分)占有正确位置的过程(2分),称工件的定位。

6. 答:在夹具中,用分布适当的(1分)与工件接触的(1分)六个支承点(1分),来限制工件六个自由度的原理(2分),称为工件的六点定位原理。

7. 答:(1)牢 夹紧后,应保证工件在加工过程中的位置不发生变化(1分);

(2)正 夹紧时,应不破坏工件的正确定位(1分);

(3)快 操作方便,安全省力,夹紧迅速(1分);

(4)简 结构简单紧凑,有足够的刚性和强度,且便于制造(2分)。

8. 答:所谓找正,就是将工件安装后,用划针(1分)或其他找正工具(1分)确定工件与刀具之间合理的(1分)镗削角度(1分)和位置(1分)。

9. 答:(1)在看清、看懂图样和工艺的基础上(1分),根据工件的形状、精度、技术要求进行分析(1分),合理选择基准面,拟定工件的装夹和找正的方法(1分);

(2)确定方法后,利用合适的工、夹、量具对工件进行安装、找正并夹紧(2分)。

10. 答:(1)底平面面积大,安装和夹持均较稳固,能承受较大的切削力(1.5分);

(2)利用大面积作为定位安装来加工小面积和镗孔,可减小加工误差和安装定位误差(1.5分);

(3)支座类和箱体类工件的底平面作为安装面符合夹紧力与工件重力统一的原则,从而减小加工误差(2分)。

11. 答:用侧平面安装时,必须注意工件重力的作用(1分),并且安装面必须填平(1分)、贴紧(1分)以防止镗削加工时引起振动(2分)。

12. 答:(1)工件夹紧时,不应破坏工件安装、找正时的正确位置(1.5分);

(2)夹紧力不应过大或过小,应保证工件在镗削过程中不发生走动(1.5分);

(3)必须选择合理的夹紧装置和合适的夹紧位置,使夹紧变形处于最小状态(2分)。

13. 答:一个完整的镗床夹具,由夹具体(1分)、定位装置(1分)、夹紧装置(1分)、带有引导元件(1分)的导向支架及套筒、镗杆等部件(1分)组成。

14. 答:镗模的结构类型取决于镗杆的引导方式,基本类型有三种:

(1)单支承前引导(1.5分);

(2)双支承前引导(1.5分);

(3)双支承前后引导(2分)。

15. 答:(1)建立和遵守镗模的借、还制度(2分);

(2)操作者必须明确镗模的正确使用方法(1.5分);

(3)对镗模进行定期检查和维修(1.5分)。

16. 答:镗削的基本过程是通过镗床上的镗刀与工件间的相对运动(1分),对工件加工表面进行切削(1分),使一层金属被切离加工表面(1分),并使所加工表面获得一定的加工精度(1分)和表面粗糙度的切削过程(1分)。

17. 答:(1)积屑瘤对刀具的切削刃和前刀面都得到保护,从而减少了刀具的磨损(1.5分);

(2)使刀具的实际前角增大,减小了切削变形,降低了切削力,有利于切削加工(1.5分);

(3)积屑瘤使表面粗糙度受到影响,也影响了工件的尺寸精度,故降低了工件的表面质量(2分)。

18. 答:粗镗时,要求镗刀锋利(0.5分),前角稍小些(0.5分),后角也取较小些(0.5分),主偏角取稍大些(0.5分),使之有较大的刀尖角(0.5分),刃倾角取负值(0.5分)。精镗时,前角取大些(0.5分),以降低切削力和切削变形(0.5分),后角取大些(0.5分),刃倾角取正值(0.5分)。

19. 答:T68卧式镗床最常用的附件有:

(1)平旋盘刀杆及刀杆座(2分);

(2)大孔镗削头(1分);

(3)镗大孔定中心附件(1分);

(4)对刀表座附件(1分)。

20. 答:

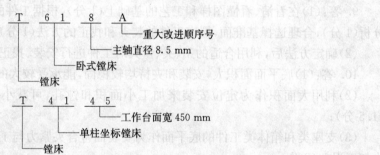

注:T(0.5分)、61(1分)、8(0.5分)、A(1分)及T(0.5分)、41(1分)、45(0.5分)。

21. 答:(1)用一端带90°锥度的检验心轴检测同一平面内的两垂直孔轴线的垂直度(2分);

(2)用90°角尺检测同一平面内的两垂直孔轴线的垂直度(1.5分);

(3)用检验心轴和百分表检测不在同一平面内的两垂直孔轴线的垂直度(1.5分)。

22. 答:(1)孔系轴线在垂直剖面内的平行度(2.5分);

(2)孔系轴线在水平剖面内的平行度(2.5分)。

23. 答:(1)用回转工作台镗削法(2.5分);

(2)用心轴校正法(2.5分)。

24. 答:是指平行孔轴线之间(0.5分)、孔轴线与基准面之间(0.5分)的距离精度和平行度要求(1分);孔的尺寸精度(1分)、形状精度(1分)和表面粗糙度(1分)。

25. 答:(1)工件已加工表面的残留面积(1.5分);

(2)在切削塑性金属时形成的积屑瘤(1.5分);

(3)切削加工过程中,工艺系统产生的振动(1分);

(4)工件材料的可加工性(1分)。

26. 答:(1)改进刀具的几何角度(1分);

(2)选择合理的切削用量(1分);

(3)选择适当的冷却方式和切削液(1.5分);

(4)安排合理的热处理工序,改善工件材料的加工性能(1.5分)。

27. 答:(1)利用内卡钳测量(1分);

(2)利用塞规测量(1分);

(3)利用内径百分表测量(1.5分);

(4)利用内径千分尺或游标卡尺测量(1.5分)。

28. 答:包括孔轴线的直线度、孔的圆度和圆柱度三个项目(5分)。

29. 答:镗刀头是采用一小块合金钢(1分)或硬质合金刀片焊接(1分)而成的刀头。镗刀块是一种矩形薄片刀块(1分),采用整体合金钢(1分)或在切削部分用硬质合金刀片焊接(1分)而成。

30. 答:镗刀主要由刀杆(1分)和刀头(1分)两部分组成,刀杆是刀具的夹持部分,也叫刀体(1.5分)。刀头是切削部分,切削时起着切削、形成切屑和排屑的作用(1.5分)。

31. 答:粗镗主要是对有关的毛坯孔、面(1分)或对钻、扩孔后的孔用较大的切削用量(1分)切去工件表面不规则余量(1分),使孔达到一定的精度(1分),为下道工序精镗孔创造条件(1分)。

32. 答:主轴送进镗削法是主轴一方面旋转作主运动(2.5分),另一方面沿轴向作送进运动(2.5分)。

33. 答:工作台送进镗削法是主轴只作旋转运动(2.5分),工作台连同工件沿机床导轨作送进运动(2.5分)。

34. 答:在机床及钻头刚度、强度允许的情况下(2分),应尽可能选取较大的直径钻头一次钻孔(1分),其次是选择较大的进给量(1分),最后合理地选择切削速度(1分)。

35. 答:(1)尺寸精度(1.5分);(2)位置精度(1.5分);(3)形状精度(1分);(4)表面粗糙度(1分)。

36. 答:单孔镗削的基本方法是试切法镗孔(2分)。它是利用镗床的坐标读数装置(1.5分)和试切等加工手段(1.5分)来进行镗削加工。

37. 答:主要有三种方法:(1)试切法镗平行孔(1.5分);(2)坐标法镗平行孔(1.5分);(3)用镗模镗平行孔(1.5分)。

38. 答:主要有两种方法:(1)回转法镗垂直孔系(2.5分);(2)心轴校正法镗垂直孔(2.5分)。

39. 答:(1)利用铣刀盘加工端面(2.5分);(2)利用机床平旋盘加工端面(2.5分)。

40. 答:(1)铰孔前的孔形应正确,铰孔余量应均匀、适当,铰孔前孔的表面粗糙度不应大于 $Ra\ 6.3\ \mu m$(1.5分);

(2)当铰孔结束时,严禁铰刀在退刀时倒转,必须先使主轴停转后,才可进行(1.5分);

(3)铰削前应检查铰刀尺寸及铰刀切削部分的表面粗糙度以及与机床主轴的联接刚性(2分)。

41. 答:(1)利用百分表测量装置找正定位(1.5分);

(2)利用检验棒找正定位(1.5分)；

(3)利用孔的分界面找正定位(1分)；

(4)利用样板找正定位(1分)。

42. 答：镗刀安装位置的高度对镗削有直接的影响(1分)，如果镗刀装得低于所加工孔的轴心线(1分)，则会由于切削力的作用使刀尖楔入工件(1分)；若镗刀装得高于所加工孔的轴心线很大(1分)，则使镗刀实际前角减小(1分)，从而影响切削加工。

43. 答：常用镗刀按其结构，可分为整体式单刃镗刀(1.5分)、镗刀头(1分)、镗刀块(1分)、浮动镗刀(1.5分)四类。

44. 答：调整浮动镗刀尺寸时，应将千分尺的两侧量砧与浮动镗刀的校正部切削刃接触(1分)，然后轻轻摆动千分尺，测出浮动镗刀的直径尺寸(1分)，当拧紧浮动镗刀时，一般将镗刀的直径尺寸调整到工件孔径的下限尺寸(1分)，经镗削的孔径会稍有扩大(1分)，即可达到孔的中间公差(1分)。

45. 答：(1)以工件底平面为基准，直接将工件装夹在镗床工作台上(2分)；

(2)利用镗床专用的大型角铁侧平面装夹工件(1.5分)；

(3)用镗模等专用夹具装夹工件(1.5分)。

46. 答：必须合理分配每次试切时的加工余量(1分)，一般开始时加工余量较大些(1分)，以后可适当减小(1分)，但每次切削深度不低于0.1 mm(1分)，进给量不宜低于0.03 mm/r(1分)。

47. 答：主要问题是如何保证孔系的相互位置精度(1.5分)，孔与基准面的坐标位置精度(1.5分)，以及孔本身的尺寸(1分)、形状精度(1分)。

48. 答：调头镗削时，镗杆伸出长度较短(1分)，刚性好(1分)，镗孔时可以选用较大的切削用量(1分)，故生产效率较高(2分)。

49. 答：所谓镗削原则，是指对具体的加工对象(工件材料、形体、结构)(2分)，加工性质(粗镗、半精镗、精镗)等镗削要素(2分)提出综合性的判断(1分)。

50. 答：使用悬伸的单镗刀杆(2分)，对中等孔径和不通孔的同轴孔进行镗削加工(2分)，此方法叫悬伸镗削法(1分)。

51. 答：利用一根镗杆(2分)，从孔壁一端进行镗孔(2分)，逐渐深入，这种镗削法称为穿镗法(1分)。

52. 答：精镗是在粗糙、半精镗的基础上(2分)，以较高的速度、较小的进给量切去粗镗和半精镗留下来的较少的余量(2分)，以得到正确的尺寸精度、形状精度和表面粗糙度的镗削作业(1分)。

53. 答：镗削时从工件的表面切去一层金属所必须的运动称镗削时的主运动(3分)。主运动是由夹持镗刀的主轴或镗刀杆来实现的(2分)。

54. 答：镗削是利用镗床及安装在镗床上的金属切削刀具(2分)，对工件上的孔或其他一些加工表面进行切削加工的一种基本方法(3分)。

55. 答：有两种：(1)工作台的横向、纵向进给(2.5分)；(2)主轴沿轴向进给(2.5分)。

56. 答：(1)注意槽与其他零件相配合的尺寸精度和槽的表面粗糙度(2分)；

(2)注意槽与其他表面之间的相对位置及精度要求，特别要注意槽的对称性要求(2分)；

(3)选择切削用量时，必须统筹考虑(1分)。

57. 答：(1)镗孔时能自动定心、定位(2分)；
(2)镗孔质量较高，能获得良好的尺寸精度、形状精度以及表面粗糙度(2分)；
(3)适合镗削大孔(1分)。

58. 答：是将被加工孔系的位置尺寸换算成直角坐标的尺寸关系后的镗孔方法(5分)。

59. 答：并不是任何零件都要求表面粗糙度值越小越好(1分)，粗糙度值太小，会引起加工成本提高(2分)，应选择合理的粗糙度要求以达到即能满足适用要求，又能达到加工经济目的(2分)。

60. 答：是以油液作为工作介质(1分)，依靠密封容积的变化来传递运动(2分)，依靠油内部的压力来传递动力(2分)。

61. 答：疲劳点蚀(1分)、齿面磨损(1分)、齿面胶合(1分)、轮齿折断(1分)和塑性变形(1分)。

62. 答：是为了搞清零件的结构形状(1分)，了解各个尺寸的作用和要求(1分)，掌握各项技术要求的内容和实现这些要求应采取的措施(2分)，以便按图加工出符合图样要求的零件(1分)。

63. 答：退火的主要目的是：降低钢的硬度，便于切削加工(2分)；消除不良组织和细化晶粒(1分)；消除内应力(1分)。常用的冷却方式是随炉冷却(1分)。

64. 答：单一实际要素的形状所允许的变动量，称为形状公差(2.5分)。关联实际要素的位置对流基准在方向上允许的变动全量，称位置公差(2.5分)。

65. 答：切削时，在刀具切削刃的切割和前刀面的推挤作用下(2分)，使被切削的金属产生变形、剪切、滑移而变成切屑(2分)，这个过程称金属的切削过程(1分)。

66. 答：(1)可获得很高的加工精度和表面粗糙度(2.5分)；(2)能加工软材料，更善于加工硬材料(2.5分)。

67. 答：用研具和研磨剂对工件表面进行光整加工的操作叫研磨(2分)。为了使磨料能嵌入研具而不嵌入工件，研具的材料要比工件软，而且，其材料的组织必须均匀并具有较好的耐磨性(3分)。

六、综 合 题

1. 解：已知 $D=100$ mm (1分)，$v=25$ m/min (1分)

根据 $v=\dfrac{\pi D n}{1\,000}$ 得(3分)

$n=\dfrac{1\,000v}{\pi D}=\dfrac{1\,000\times25}{3.14\times100}=79.6$ r/min(4分)

答：主轴转速应在 79.6 r/min 范围之内(1分)。

2. 解：每分钟进给量 $v_f=f \cdot n$(3分)

题中铣刀转速 n 未给出，而铣削 $v=6.28$ m/min

所以 $n=\dfrac{1\,000v}{\pi D}=\dfrac{1\,000\times6.28}{3.14\times20}=100$ r/min(3分)

于是可得 $v_f=f \cdot n=0.4\times100=40$ mm/min(3分)

答：每分钟进给量为 40 mm/min(1分)。

3. 答:根据图样,确定被加工孔的形状位置尺寸,镗削加工 $\phi 60H9$ 的孔(3 分),在加工过程中,除了控制孔的尺寸、精度外,还要控制孔距的尺寸,平行度等公差要求(3 分)。

由于支架工件一般已有预制孔,可直接进行镗削加工,为此,其加工工艺路线为:粗镗→半精镗→孔口倒角→精镗(4 分)。

4. 答:(1)随着主轴悬伸量的不断增加,主轴的刚度随之减弱,孔的尺寸精度、形状精度降低(3 分)。

(2)由于主轴悬伸量的增加,使得主轴的挠度也随之增加,这将影响孔的孔系轴心线的直线度(3 分)。

(3)由于上述原因,这种方法降低和影响了镗削精度,故通常适用于粗镗或镗削精度要求不高的孔(4 分)。

5. 答:(1)镗刀杆只作旋转运动,工作台送进,保证了镗刀杆在加工中悬伸长度始终保持不变(2.5 分)。

(2)镗刀的刀具系统刚度较主轴送进镗削法好,挠度保持稳定的值(2.5 分)。

(3)在镗床工作台导轨和床身导轨直线度良好的基础上,采用工作台进给,能提高孔的轴心线的直线度(2.5 分)。

(4)工作台送进法适用于精度要求较高的孔的加工,也适用于精镗加工(2.5 分)。

6. 答:(1)按划线找正:按划线工所划出的孔径线,镗削加工面的划线进行找正(2 分)。

(2)按粗加工面进行找正:对有一定精度要求的镗削工件,镗孔前应先在工件侧面或端面(俗称工件的纵向和横向)上刨出或铣出一窄长面,作为镗削加工找正用的粗基准面(2 分)。

(3)按精加工面找正:精度要求高的磨床及坐标镗床就是按精加工的定位及基准面找正的(2 分)。

(4)按已加工好的孔找正:当镗削工件精度要求较高,又无侧面及端面工艺找正基准面,而且工件已有粗加工或精加工的各种孔体时,镗削加工可以按已加工好的孔找正(2 分)。

(5)按支承板或支承块找正:若所镗削工件精度要求一般,又属于批量生产,则可利用支承块预先在镗床工作台上作好调整及找正,然后将工件合理的定位面紧靠支承板或支承块进行定位及找正,这样方便易行,符合批量生产的加工原则(2 分)。

7. 解:由于 $\gamma_0 + \alpha_0 + \beta_0 = 90°$(2 分)

$\beta_0 = 90° - \gamma_0 - \alpha_0 = 90° - 20° - 8° = 62°$(3 分)

又 $K_r + K'_r + \varepsilon_r = 180°$(2 分)

$K_r = 180° - K'_r - \varepsilon_r = 180° - 10° - 95° = 75°$(3 分)

答:楔角 β_0 为 62°,主偏角 K_r 为 75°。

8. 答:粗加工时,除留下精加工余量外,应尽可能一次或几次将粗加工余量全部切除(2.5 分);特别是在工艺系统刚性好的前提下,切削深度应尽可能地选择大一些,若不能一次切去,应按先多后少的原则选择(2.5 分)。当镗削表面有硬皮或冷硬层的工件时,选择切削深度应使它尽量超过硬皮或冷硬层厚度,以保护刀刃的切削性能(2.5 分)。精加工时,应逐步减少切削深度,以利于提高工件的加工精度和表面质量(2.5 分)。

9. 答:粗加工时,由于限制进给量提高的因素是切削力,所以,进给量应根据机床及工艺系统的刚性和强度来确定(2.5 分)。在刚性和强度好的情况下,可选择大一些的进给量;当刚性和强度较差时,可适当减少进给量(2.5 分)。

精加工时,进给量应根据表面粗糙度来选择,若表面粗糙度要求细,则进给量选小一些,反之,可选大一些(2.5分)。但进给量不宜过小,因为过小时,容易引起振动,并使刀刃实际切削厚度不均匀,影响工件的表面质量(2.5分)。

10. 答:切削速度主要应根据工件材料和刀具材料进行选择(2.5分)。粗加工时,在切削深度和进给量已选定的基础上,切削速度应考虑刀具耐用度和机床功率的限制,不宜选过大(2.5分);精加工时,由于切削深度和进给量小,切削力不大,机床功率一般足够(2.5分),因此,切削速度的选择主要应考虑刀具的耐用度,一般可选较高的切削速度(2.5分)。

11. 答:下料(1分)→锻造(1分)→退火(正火)(1分)→粗加工(1分)→调质(1分)→半精加工(1分)→淬火(1分)→粗磨(1分)→低温时效(1分)→精磨(1分)。

12. 答:最初的工序中只能以毛坯表面定位(或根据某毛坯表面找正),这种基准面称为粗基准。

粗基准的选择原则如下:

(1)应选择不加工表面作为粗基准(2分)。

(2)对所有表面都要加工的零件,应根据加工余量最小的表面找正(2分)。

(3)应该选用比较牢固可靠的表面作为基准,否则会使工件夹坏或松动(2分)。

(4)粗基准应选择平整光滑的表面,铸件装夹时应让开浇冒口部分(2分)。

(5)粗基准不能重复使用(2分)。

13. 答:根据图样分析:Ⅰ孔对底面有孔距尺寸和平行度公差的要求,所以Ⅰ孔作加工起始孔,以确保在加工过程中各孔精度要求(3分)。Ⅰ孔是起始孔,Ⅱ孔是以已选择加工过的Ⅰ孔为基准,按孔距尺寸来找正(3分)。Ⅲ孔是以Ⅱ孔为基准,也用孔距尺寸来找正,以这种方法来找正各孔孔位,可消除坐标尺寸累计误差的产生,有利于控制各孔的位置精度(4分)。

14. 解:由公式 $S=\sqrt{8(D-d)d}$ (3分)

得 $D=\dfrac{S^2}{8d}+d=\dfrac{6^2}{8\times40}+40=40.11$ mm (6分)

答:该内孔的直径为 40.11mm(1分)。

15. 解: $S=\sqrt{8(D-d)d}=\sqrt{8(50.20-50)\times50}\approx9$ mm(8分)

答:测量时卡爪摆动量不得超过 9 mm(2分)。

16. 解:根据公式 $S=\sqrt{8ed}$ (2分)

所以实际测得的孔径 $e=\dfrac{S^2}{8d}=\dfrac{3^2}{8\times100}\approx0.011$ mm

$D=d+e=100+0.011=100.011$ mm (5分)

而孔的要求为 $\phi100^{+0.05}_{0}$,故该孔在要求范围内,孔径合格(2分)。

答:实际孔径为 100.011 mm,孔是合格的(1分)。

17. 解:镗削孔的合格尺寸 $D=160.04$ mm,$d=160$ mm (2分)

间隙 $e=D-d=160.04-160=0.04$ mm (3分)

所以摆动量 $L=\sqrt{8ed}=\sqrt{8\times0.04\times160}=7.16$ mm (4分)

答:当量棒摆动量不超过 7.16 mm 时,该工件的孔才合格(1分)。

18. 解:根据 $\delta=BC'-BC$ (2分)

$BC=80\sin30°=40\text{ mm}$

$BC'=\sqrt{AC'^2-AB^2}=\sqrt{80.20^2-(80\cos30°)}=40.402\text{ mm}$

$\delta=40.402-40=0.402\text{ mm}$（7分）

答：坐标误差 δ 为 0.402 mm（1分）。

19．解：极坐标变换成直角坐标的变换关系为：

$x=R\cos\varphi$

$y=R\sin\varphi$

$\tan\varphi=\dfrac{y}{x}$（5分）

直角坐标变换成极坐标的变换关系为：

$R=\sqrt{x^2+y^2}$（5分）

20．解：$\tan\varphi=\dfrac{y}{x}=\dfrac{50}{70}=0.714\ 29$

$\varphi=35°32'16''$（4分）

$R=\sqrt{x^2+y^2}=\sqrt{70^2+50^2}=\sqrt{7\ 400}=86.02\text{ mm}$（4分）

答：极坐标位置为：极角 $35°32'16''$（1分），极半径 86.02 mm（1分）。

21．解：$x=R\cos40°=100\cos40°=76.6\text{ mm}$

$\quad\quad y=R\sin40°=100\sin40°=64.3\text{ mm}$（8分）

答：x、y 分别为 76.6 mm、64.3 mm（2分）。

22．解：由正弦定理

$\dfrac{a}{\sin A}=\dfrac{b}{\sin B}=\dfrac{c}{\sin C}$（2分）

得 $b=\dfrac{a\sin B}{\sin A}=\dfrac{50\sin30°}{\sin45°}=\dfrac{50\times\dfrac{1}{2}}{\dfrac{\sqrt{2}}{2}}=35.35$

$c=\dfrac{a\sin C}{\sin A}=\dfrac{50\sin(180°-45°-30°)}{\sin45°}=68.30$（6分）

答：b、c 分别为 35.35 和 68.30（2分）。

23．解：从图可知

各孔坐标为 $A(50,150)$，$B(190,130)$，$C(90,50)$（2分）

设 D 点坐标为 (x,y)，利用中点坐标公式：

$x=\dfrac{x_1+x_2}{2}$，$y=\dfrac{y_1+y_2}{2}$（2分）

得 $x=\dfrac{50+190}{2}=120\text{ mm}$

$\quad y=\dfrac{130+150}{2}=140\text{ mm}$（2分）

所以孔的坐标为（120,140）

$CD=\sqrt{(120-90)^2+(140-50)^2}=94.87\text{ mm}$（2分）

答:D 孔的坐标为(120,140),CD 的距离为 94.87 mm (2 分)。

24. 解:应用余弦定理得(2 分):

$$L=\sqrt{70^2+55^2-2\times70\times55\cos120°}=108.55\ \text{mm}(6\ \text{分})$$

答:两个小孔的中心距为 108.55mm(2 分)。

25. 解:在△ABE 中

$BE=AB\sin\alpha=50\sin30°=25$

$AE=AB\cos\alpha=50\cos30°=43.3(4\ \text{分})$

在△ACD 中

$AD=\sqrt{AC^2-CD^2}=\sqrt{35^2-15^2}=31.62$

$DE=AE-AD=43.3-31.62=11.67(4\ \text{分})$

答:AD、DE、BE 的长度分别为 31.62、11.67、25(2 分)。

26. 解:根据直角坐标与极坐标的关系式得(2 分):

$x=R\cos\varphi=120\cos30°=103.92\ \text{mm}$

$y=R\sin\varphi=120\sin30°=60\ \text{mm}(6\ \text{分})$

答:镗床主轴应在 x 方向移动 103.92 mm,在 y 方向移动 60 mm(2 分)。

27. 解:根据 $\tan\varphi=\dfrac{60}{80}=0.75$ 得:

$\varphi=36.87°(3\ \text{分})$

极径:$R=\sqrt{60^2+80^2}=100\ \text{mm}(5\ \text{分})$

答:孔 K 的极角 φ 为 36.87°,极径 R 为 100 mm(2 分)。

28. 解:由公式 $h=\dfrac{D}{20}=\dfrac{80}{20}=4\ \text{mm}\ (8\ \text{分})$

答:镗刀刀尖高于工件孔轴心线的距离为 4 mm(2 分)。

29. 解:根据三角函数关系式:

$CB=OC\sin30°=\dfrac{20}{2}\times\dfrac{1}{2}=5\ \text{mm}$

$x=120+CB=120+5=125\ \text{mm}(8\ \text{分})$

答:x 为 125 mm(2 分)。

30. 解:根据三角函数关系式:

$A=\dfrac{D}{2}\cos30°=\dfrac{240}{2}\times0.866=103.92\ \text{mm}$

$B=\dfrac{D}{2}\sin30°=\dfrac{240}{2}\times\dfrac{1}{2}=60\ \text{mm}$

$C=2\times\dfrac{D}{2}\sin30°=2\times\dfrac{240}{2}\times0.5=120\ \text{mm}\ (8\ \text{分})$

答:A、B、C 三个尺寸分别为 103.92 mm、60 mm、120 mm(2 分)。

31. 答:(1)钻孔加工钻头处在半封闭的实体零件内部,切削刃处在工件已加工表面的包围之中,加工条件较严劣(2.5 分)。

(2)钻孔的孔径尺寸主要由钻头的尺寸来决定,一般钻孔精度为 IT11～IT12,表面粗糙度

为 $Ra\ 2.5\sim6.3\ \mu m$(2.5分)。

(3)钻削时,钻头近钻心处,特别是横刃处由于刀具有较大的负前角,所以变形剧烈,排屑困难(2.5分)。

(4)钻头后刀面钻孔时要与工件孔壁和已加工表面发生摩擦,加工塑性材料时易产生积屑瘤,同时,钻孔时冷却、润滑较困难,这就降低了钻孔的精度(2.5分)。

32. 答:(1)利用镗削纠正:如扩孔前发现孔轴心线位置偏移较大,可先用镗刀镗出一段与扩孔钻直径相同的台阶孔(2.5分),然后扩孔钻通过台阶孔的引导,纠正钻孔所产生的偏移,若孔轴心线偏移很大,那么只能采用镗孔来解决孔的轴心线位置偏移(2.5分)。

(2)利用导套纠正:用钻模导套装置来准确引导扩孔钻(2.5分),可以纠正钻孔产生的孔的轴心线偏移(2.5分)。

33. 答:采用镗刀镗孔有许多优点,所以被广泛采用。其主要优点是:

(1)加工工艺性广,能加工扩孔钻、铰刀不能加工的孔,如盲孔、阶梯孔、交叉孔等(2.5分)。

(2)加工精度较高、表面粗糙度较小,并能保证孔的形状精度(2.5分)。

(3)能保证孔的位置精度(2.5分)。

(4)使用硬质合金刀片,能够进行高速切削,生产效率高(2.5分)。

34. 解:已知 $B=20\ mm$ (2分)

根据公式 $L=(1\sim1.5)B$(3分)

得 $L=(1\sim1.5)\times20=20\sim30\ mm$(3分)

答:镗刀头安装时最大悬伸量约为 $20\sim30\ mm$(2分)。

35. 答:试切法镗孔适用于单件、小批量生产(2分)。由于它无需精密的测量装置和对刀装置,无需复杂的工艺装备,简单易行,所以应用广泛(2分);但此法操作费时,孔的镗削精度低,对镗工的技能要求较高(2分)。

选择切削用量时,切削深度不宜过小,一般不应低于 $0.1\ mm$,进给量也不宜过小,一般不低于 $0.03\ mm/r$(2分)。如果两者过小,则镗刀头在工作时不是处在切削状态,而是处在摩擦状态,会使镗刀头磨损并严重影响镗削表面质量(2分)。

镗工(中级工)习题

一、填空题

1. 在机械制图中,为保证圆滑地连接圆弧,必须准确求出连接圆弧的圆心和与被连接线段的( )。

2. 三视图反映一个物体的有"三等"关系,即:主俯两图长对正,主左两图高平齐,俯左两图( )。

3. 用剖切平面切开零件的某一部分,以表达这部分的内部形状,并且以波浪线为界表示其范围,这种图形称为( )。

4. 机械制图时零件的真实大小应以图样上所标注的( )为依据,与图形大小及绘图的准确程度无关。

5. 一个完整的尺寸一般应包括尺寸线、( )、尺寸数字和箭头四项要素。

6. 某一尺寸减其基本尺寸所得的( ),简称偏差。

7. 配合种类分为间隙配合、过渡配合、( )三种。

8. 形位公差标注中,当被测要素为轴线、球心线、或对称平面时,指引线箭头应与该要素的尺寸线箭头( )。

9. 圆锥销和圆柱销表面粗糙度 Ra 的数值一般为( )。

10. 在通常情况下,零件淬火后强度和硬度有很大的提高,但塑性和韧性却有明显降低。为了获得良好的强度和韧性,可以选择适当的温度进行( )。

11. 45 号钢属于( ),经过热处理后,具有较为良好的综合机械性能,主要用来制造齿轮、套筒、轴类等零件。

12. 普通青铜是( )的合金,是制作轴套、滑动轴承、衬垫等机器零件的主要材料。

13. 凸轮与从动件直接接触处表面的轮廓线称为( )。

14. ( )现象不仅使传动带丧失传递载荷的能力,并且使传动失稳,传动带的磨损加剧,最终会造成带传动失效。

15. 螺旋传动的主要缺点是摩擦损失大,因而效率低,不宜用在( )传动中。

16. 链传动中,设主动轮的齿数为 Z_1,从动轮的齿数为 Z_2,则链传动的传动比 $i =$( )。

17. 一对渐开线标准齿轮正确啮合的条件是两齿轮的( ),压力角相同。

18. 机床的类别用( )字母表示型号的首位。

19. X62W 型卧式铣床的升降台内装有进给运动和( )传动机构。

20. 在金属切削过程中伴随有切削热、积屑瘤、加工表面硬化、( )等现象。

21. 刀具磨损到一定程度必须重磨,这时的磨损限度称为( )。

22. 刀具材料的硬度应( )工件材料的硬度。

23. 9SiCr的高温硬度、耐磨性和韧性都较高,是一种( )工具刀具材料。

24. ( )刀面是直接切入和挤压被切削层使切屑沿着它排出的表面。

25. 较大( )角可减少切削变形,使切削抗力减小,故刀具磨损减慢。

26. 砂轮的粒度是指磨料的( )尺寸。

27. 工业上常用恩氏黏度计测定润滑油的黏度,称为恩氏黏度,其数值越大,油就越( )。

28. 注入冷却润滑液有利于( )的传导,限制积屑瘤的生长和防止已加工表面硬化。

29. 切削用量中,切削深度对切削抗力的影响最( )。

30. 液压传动是以( )作为介质来传递能量的。

31. 黏性是液体( )的指标,对泄漏和油的润滑能力有很大影响。

32. 齿轮泵的泄漏较多,故其容积效率较( )。

33. 溢流阀有直动式和( )两种。

34. 千分尺的传动装置是由一对( )副组成的。

35. 千分尺量具在使用时,事先要校对( ),以便检查它的起始位置是否正确。

36. 保证工件在夹具中确定位置的元件称为( )元件。

37. 重复限制工件的一个或几个自由度的情况称为( )。

38. 在划线过程中,通过试划和调整可以使加工表面有足够的加工余量,排除毛坯的误差和缺陷的方法,称为( )。

39. 手锯是在向( )时进行切削的,所以锯条安装时要保证锯齿方向正确。

40. 钻通孔时,在将要钻穿时,必须( )进给量。

41. 熔断器在电路中的主要作用是( )。

42. 交流接触器的触点电流一般必须( )所控负载的额定电流。

43. 在电路图中,所有的触点位置都是( ),即线圈没有通电,没有进行人为操作时的位置。

44. 人体同时和两根火线接触,形成( )触电。

45. 带状切屑是车削( )时产生的,切屑成连绵不断的带状,极易伤人。

46. 优良的产品质量是设计、制造出来的,而不是( )出来的。

47. 装配图中相邻两零件剖面的剖面线应( )。

48. 工件图样上的平行孔系的位置尺寸一般应按( )标注。

49. 图样中尺寸标注选定的基准称为( )。

50. 焊接结构的箱体加工前进行退火的目的是( )。

51. 镗削减速箱各轴孔时,若减速箱的分界面与安装基面有一定的倾角,将( )安装成与工作台平行的位置有利于加工精度提高。

52. 工序是指在一个工作地点,对( )工件所连续完成的那部分工艺过程。

53. 对相互位置精度和表面粗糙度要求较高工件是采用( )的加工原则。

54. 镗削加工时,切削液有利于( )的传导,限制积屑瘤的生长和防止已加工表面硬化。

55. 镗削加工工件时,常使用角铁装夹工件,校验角铁的顺序是先( ),后水平方向。

56. 利用定位元件定位,工件的定位面必须是( )。

57. 镗削加工薄壁工件时,选择定位基准应首先考虑( )的面作为定位基准。

58. 在镗削加工中,经常遇到那些压紧部位狭小和表面较圆滑的工件,对这些工件常采用( )来夹紧。

59. 夹紧力的作用点应尽量靠近( ),减小切削力对夹紧力作用点的力矩。

60. 箱体工件毛坯精度不高时,若以主轴孔为初基准,可能会使箱体工件外形偏斜过大,影响外观和平面的加工余量,因此,必须由( )找正。

61. 分度头的作用是可以将工件放置成( ),以便加工。

62. F 功能为进给功能,表示进给速度,用字母( )和其后面的若干位数字表示。

63. 采用循环指令加工圆锥面,( )的确定至关重要。若确定不慎,有可能导致扎刀事故。

64. 子程序执行过程中,还可以调用其他子程序,这种方法称为( )。

65. 镗削铝合金材料时,外圆镗刀以锋利为主,应增大刀( ),一般取前角为 30°。

66. 内沟槽镗刀前角一般取 20°～25°,加工铸铁件时前角取( )。

67. 加工内沟槽的刀口宽度不易较宽,一般取 5 mm,如果工件图样的槽宽要求要比镗刀刀刃口宽,可以用( )进行加工。

68. 镗刀镗孔的优点是加工工艺性好,适用范围广,不仅能加工通孔,还能加工不通孔、( )等。

69. 直角矩形槽可用三面刃铣刀铣削,也可用立铣刀和( )铣削。

70. 镗铣削平面用的铣刀有平面铣刀和( ),较小的平面也可以用立铣刀和三面刃铣刀。

71. 镗削外圆柱面时,刀具呈悬伸状态,刚性较差,切削时容易产生振动,一般采用( )以上的主偏角。

72. 带刀库的自动换刀系统由( )和刀具交换机构组成。

73. 转塔主轴通常只适用于工序较少,精度要求( )的数控机床。

74. 卧式镗床是以( )为结构特点。

75. T68 由床身、下滑座、上滑座、工作台、主轴、平旋盘、立柱、( )等部件组成。

76. T4145 坐标镗床的加工精度是( )mm。

77. T4145 坐标镗床工作台进给传动系统采用( ),不仅可以达到很大的变速范围,而且也简化了传动系统。

78. 空心主轴后端的螺母松动会导致主轴径向跳动超差,从而使镗削的工件表面( )。

79. 径向刀架的镶条间隙超差会使加工的孔的尺寸精度不稳定,排除方法是调整( )。

80. 在加工工件前,须先对各( )检测,复查程序,经模拟试验后再正式开始加工。

81. 润滑装置要保持( )、油路畅通、各部位润滑良好。

82. 由于采用了滚珠丝杠等装置和元件使得数控机床在高进给速度下( ),定位精度高。

83. 机床电源开关旁标有"OFF"字样的中文意思是( )。

84. 在精镗加工时,镗刀刀头要有足够的( )。

85. 用镗刀镗孔时,吃刀深度不宜过浅,一般不低于( )mm。

86. 采用浮动镗刀镗孔,孔的尺寸精度一般可达( )。

87. 镗削不通孔工件,应采用单刃镗刀和( )的镗刀杆用悬伸法加工。

88. 在主轴进给方式中,主轴在作旋转运动的同时还作( )运动。

89. 深孔加工镗杆细长,强度和刚度比较差,在镗削加工时容易弯曲、变形和( )。

90. 在卧式镗床上加工高精度深孔宜采用( )法加工。

91. 所谓同轴孔系就是在箱体工件的同一轴线上有一组相同孔径或( )的孔。

92. 同轴孔系除孔本身的尺寸精度和表面粗糙度要求外,最主要的技术要求还有各孔之间的( )误差。

93. 同轴孔系的工件在单件、小批量生产时,常采用( )和调头镗来加工。

94. 多刀多刃镗削是在( )生产中常采用的加工方法。

95. 平行孔系常采用( )和坐标法加工。

96. 平行孔系镗削时,由于镗孔较多,累积误差大,要求镗削前工件应具有加工面积较大、精度较高的( ),以保证镗削加工的精度要求。

97. 用坐标法镗削平行孔系时,有时孔与孔之间的中心距尺寸不是直角坐标尺寸,在这种情况下,应用( )换算成直角坐标尺寸。

98. 试切法镗削平行孔系时,首先应镗削一孔以达到( )的尺寸要求和表面粗糙度要求。

99. 采用坐标法加工平行孔系时,各孔间的中心距是依靠坐标尺寸来保证的,正确地选择起始孔和镗孔顺序,消除或减少( )的产生,有利于保证加工孔的加工精度。

100. 垂直孔系加工方法基本上采用回转法和( )法。

101. 回转精度较低的工作台上采用检验棒校正法可以( )镗削垂直孔系的精度。

102. 空间相交孔的技术要求除自身精度外,还要保证相交轴线的夹角符合图样规定要求和两孔中心线的( )。

103. 与平行孔系相比,空间相交孔系在镗削中除了要控制好工件孔轴线的距离外,还要调整好( )旋转的角度。

104. 工件上斜孔中心线一般与某个( )成一定的角度关系。

105. 为了调整方便,主轴的定位一般需借助于( )进行找正定位。

106. 斜孔工件镗削前一般需在( )钻出斜孔的底孔。

107. 镗削直角矩形槽时,直角矩形槽应与卧式镗床( )垂直。

108. 平面环形槽加工时弯头刀所加工的槽为( )。

109. V 形槽面可用双角铣刀加工,双角铣刀的角度应( )V 形槽的角度。

110. 对带有斜度的燕尾槽,应先铣出( )的一侧。

111. 在镗床上加工内沟槽必须采用具有( )的刀架。

112. 周铣是利用分布在铣刀( )的切削刃来加工平面的铣削方法。

113. 铣刀每转过一个齿,工件相对铣刀在进给方向上所移动的距离称为( )。

114. 镗床铣削刀具一般分为两类,一类是通用单刃弯头镗铣刀,另一类是( )铣刀。

115. 利用平旋盘进行铣削的方法能使刀具获得较大的刚性,对镗床的精度影响最小,通常被认为是( )铣削方法。

116. 采用主轴上装铣刀进行铣削,主轴悬伸得( )越好。

117. 如果同一工件上需要铣削加工几个带角度的平面,可利用( )进行分度。

118. 铣削用量的选择原则是在加工工艺都能满足工件上的加工表面的各种技术要求的前提下,选择( )铣削用量。

119. 箱体的轴孔尺寸误差和几何形状误差会造成( )的配合不良。

120. 粗加工要保证所有轴孔都有适当的加工余量,保证加工表面相对于( )有相对正确的位置。

121. 带有同轴度要求的( )面是镗床加工外圆面的一种。

122. 在镗床上加工外圆柱面通常采用( )镗刀进行切削。

123. 夹紧外圆柱面工件时,待加工外圆面离工作台平面应有( ),保证刀具回转时刀具附件和刀杆不与工作台相碰。

124. 用平旋盘装刀法镗削外圆柱面,加工直径可在( )变化。

125. 外圆镗刀可分为单刃外圆镗刀和( )的外圆镗刀。

126. 测量外圆柱面的测量工具有游标卡尺和( )。

127. 所谓螺距是沿( )方向相邻两牙上对应点间的轴向距离。

128. 螺纹镗削加工时,试切的目的是为了检查切出的( )是否符合规定的要求。

129. 信息载体上记载的加工信息要经程序输入设备,输送给( )。

130. 程序是由若干个程序段组成的,在程序开头写有程序( )。

131. 运动轨迹坐标计算是根据零件图的( )、走刀路线以及设定的坐标系计算粗、精加工各运动轨迹的坐标值。

132. 一个零件的轮廓可以由不同的几何元素组成,各个几何元素间的联结点称为( )。

133. 机床的最小设定单位是机床的一个重要技术指标,又称最小指令增量或( )。

134. 回参考点检验指令执行后,刀架朝( )快速移动。

135. 为了便于编程,应建立一个( )坐标系。同时,编程人员应确定刀尖在这个坐标系中的位置,然后才能编程。

136. 为保证内径百分表在测量中的灵敏度,将百分表安装在测量杆上时,应使表头有一定的预压量,一般这个值在( )mm 范围。

137. 在测量箱体孔距时,常用( )和量块配合使用,可以达到较高的测量精度。

138. 测量范围 25～50 mm 的千分尺分度值为( ),示值误差不大于 0.008 mm。

139. 斜孔中心线与基面的夹角,可以在测量平板上用正弦规来测量,其实际夹角 $\alpha = \arcsin H/L$,其中 L 为正弦规两圆柱跨距,H 为一圆柱下面垫的( )。

140. 孔与平面的平行度检验中误差值是通过测量检验棒两侧高度后( )得到的。

141. 表面粗糙度检验可用( )或用仪器测量。

142. 在测量圆度时,最好在同一截面上多测量几点,最大值减去最小值的( )即为圆度值。

143. 测量螺纹的方法有单项测量法和( )法。

144. 孔与平面的垂直度检验的方法有圆盘涂色检验、塞尺测间隙检验和( )检验。

145. 铣削薄壁齿轮箱结合面时,平面度超差的主要原因是夹紧齿轮箱体时,箱体弹性变形引起的,预防的办法是在箱体内增加( )。

146. 在深孔镗削加工中,切削力越大,镗杆伸出越长,越容易造成孔的圆度误差、( )、同轴度误差超差。

147. 镶齿面铣刀刃磨后应进行（　　），否则将影响铣削表面的平度。

148. 支承镗削法在加工较深较大的孔和孔间距离较大的（　　）系中发挥着良好的作用。

149. 工作台进给悬伸镗削的孔的精度取决于（　　）的精度。

150. 用水平仪校正床身导轨面水平时,在每一个检测位置的（　　）各测一次,是为了避免水平仪自身的偏差。

151. 在镗床上进行不锈钢材料镗削加工时,当工艺系统刚度好时,镗刀主偏角应取（　　）。

152. 装夹刚性差的工件时,应加（　　）,并且夹紧力要适当,以防工件装夹变形。

153. 镗削有位置公差要求的孔或孔组时,应先镗（　　）,再以其为基准一次加工其余各孔。

154. 双刃镗刀块分整体式和可调式两大类,装卡方式有（　　）和浮动装两种形式。

155. 浮动铰刀一般用于孔的终加工,铰孔后孔的精度可达到（　　）。

156. 夹紧装置是将工件夹紧和定位的机床附件。根据使用场合分为卡盘、夹头、吸盘、（　　）等。

157. 调质是指淬火加高温回火的操作工艺,其高温回火的温度范围指（　　）。

158. 齿轮的（　　）是指其分度圆至尺根圆的径向距离。

159. 确定（　　）的原则是保证前一道工序确定的尺寸能使后一道工序有足够的余量,且余量不能过多。

160. 利用镗床回转工作台旋转180°后,从工件的两端分别进行镗削,这种加工方式称为（　　）。

161. 在镗削加工时,如何提高（　　）、防止变形是薄壁工件夹紧中的重要问题。

162. 镗床上加工不锈钢材料时,粗加工镗刀的前角取（　　）。

163. 在镗床上可用（　　）对台阶孔进行精镗加工。

164. 镗床操作人员利用某些附件、量具,通过找正办法对工件进行定位,称为（　　）。

165. 当工件斜孔中心线与基准面的（　　）精度要求高时,在加工斜孔时工艺基准孔一般应选在斜孔的中心线上。

166. 接触式测量零件表面粗糙度的主要方法是（　　）。

167. 镗削工件表面出现波纹,总的原因是由于（　　）的影响。

168. 数控镗床不但能完成复杂箱体件的钻、镗、扩、铰、攻螺纹等多种工序加工,而且能够进行各种平面轮廓或立体轮廓的（　　）加工。

169. （　　）主要受工艺系统刚度的限制,在刚度允许的情况下,尽可能使之等于工件的加工余量。

170. 当发现镗床平旋盘各支点不同轴时,可修复各支点,使它们同轴,要求支点的同轴度不得大于（　　）mm。

二、单项选择题

1. 比例为图样中机件要素的线性尺寸与（　　）的线性尺寸之比。

(A)实际机件相应要素　　　　　　　　(B)实际机件要素

(C)图样中相应要素　　　　　　　　　(D)图样中要素

2. 投影线互相平行,并与投影面成直角,这样所得物体在投影面上的投影称为（　　）。

　　(A)斜角投影　　　　(B)直角投影　　　　(C)中心投影　　　　(D)正投影

3. 用一个剖切平面,把零件完全剖开后,所得剖视图形称为(　　)。

　　(A)半剖视　　　　　(B)局部剖视　　　　(C)全剖视　　　　　(D)阶梯剖视

4. 直齿圆柱齿轮的规定画法中规定,齿根圆及齿根线用(　　)表示。

　　(A)细实线　　　　　(B)粗实线　　　　　(C)虚线　　　　　　(D)双点划线

5. 新国家标准把配合种类分为三种,即间隙配合、过渡配合、(　　)。

　　(A)紧配合　　　　　(B)动配合　　　　　(C)过盈配合　　　　(D)过盈偏差

6. $\phi 30H7/n6$ 表示的配合为(　　)。

　　(A)基孔制间隙配合(B)基轴制过渡配合(C)基孔制过盈配合(D)基孔制过渡配合

7. 当被测要素为轴线、球心线或对称平面时,指引线箭头应与该要素的尺寸线箭头(　　)。

　　(A)错开　　　　　　(B)对齐　　　　　　(C)取消　　　　　　(D)重叠

8. 零件表面实际形状与(　　)所允许的变动量称为形状公差。

　　(A)基准　　　　　　(B)轴线　　　　　　(C)理想形状　　　　(D)理想位置

9. 40Cr 钢是(　　)中最常用的一种。

　　(A)碳素调质钢　　　(B)合金调质钢　　　(C)合金弹簧钢　　　(D)合金工具钢

10. 铸造锡青铜是制造滑动轴承的主要材料之一。普通锡青铜的含锡量一般在(　　)。

　　(A)3%～14%　　　(B)5%～20%　　　(C)7%～25%　　　(D)10%～25%

11. 保持刚体平衡的必要和充分条件是:这两力大小相等,方向相反,作用在(　　)。

　　(A)两个物体上　　(B)不同直线上　　　(C)同一直线上　　　(D)主对角线上

12. 三角带传动在机械传动中使用广泛,它的主要缺点是(　　)。

　　(A)噪声大　　　　(B)成本高　　　　　(C)传动不平稳　　　(D)传动比不固定

13. 链传动中,普通链条是标准件,它的最主要参数是(　　)。

　　(A)内链板宽度　　(B)滚子直径　　　　(C)销轴直径　　　　(D)节距

14. 齿轮传动中,周节与无理数 π 之比称为(　　)。

　　(A)模数　　　　　(B)齿数　　　　　　(C)分度圆　　　　　(D)节圆

15. CA6140 型车床的主要参数为(　　)。

　　(A)最大车削直径　(B)中心高　　　　　(C)床身长度　　　　(D)主轴最大转数

16. 在 X62W 型铣床上可采用多种类型的铣刀来加工(　　)、沟槽和成形面等。

　　(A)内圆柱面　　　(B)外圆柱面　　　　(C)平面　　　　　　(D)齿轮齿廓面

17. 在切削用量中,对刀具磨损影响最大的是(　　)。

　　(A)进给量　　　　(B)切削速度　　　　(C)切削深度　　　　(D)每齿进给量

18. 满足切削要求的刀具材料在高温切削条件下其高温硬度须在(　　)以上。

　　(A)HAC30　　　　(B)HRC20　　　　　(C)HRC40　　　　　(D)HRC50

19. 高速钢其高温硬度、耐磨性都较好,在 600 ℃高温下仍能维持其切削性能。常用牌号为(　　)。

　　(A)T10A　　　　　(B)W18Cr4V　　　　(C)YT15　　　　　(D)9SiCr

20. 在车削外圆时,若车刀刀尖安装得高于工件轴线,由于基面与切削平面的位置发生变化,使(　　　)。

(A)前角增大,后角增大　　　　　　　　(B)前角减小,后角减小

(C)前角减小,后角增大　　　　　　　　(D)前角增大,后角减小

21. 磨削硬质合金刀具的砂轮常采用(　　　)磨料砂轮。

(A)白刚玉　　　　(B)绿色碳化硅　　　　(C)人造金刚石　　　　(D)棕刚玉

22. 凡配合面间隙较大或表面较粗糙时,应当用(　　　)的油。

(A)导热性差　　　　(B)流动性好　　　　(C)低黏度　　　　(D)黏度较大

23. 钻削钢、铜、铝合金及铸铁等工件材料时,一般都可用(　　　)的乳化液。

(A)10%～15%　　　　(B)2%～8%　　　　(C)10%～20%　　　　(D)15%～20%

24. 液压缸内的平衡液体中,(　　　)。

(A)各点的压力不等　　　　　　　　　　(B)各点的压力相等

(C)活塞的推力与面积无关　　　　　　　(D)压力与外负载无关

25. 液压油的黏度(　　　)。

(A)与温度无关　　　　(B)与压力无关　　　　(C)随压力变化大　　　　(D)随温度变化大

26. 齿轮泵属于(　　　)泵。

(A)定量　　　　(B)变量　　　　(C)定量高压　　　　(D)变量高压

27. 溢流阀在液压油路中经常起(　　　)作用,故称安全阀。

(A)卸荷　　　　(B)稳定压力　　　　(C)过载保护　　　　(D)外控

28. 为了测出孔的圆度偏差,可在(　　　)的不同位置上测量几次。

(A)同一个径向平面内　　　　　　　　　(B)不同径向平面内

(C)同一个轴向平面内　　　　　　　　　(D)不同轴向平面内

29. 内径百分表是个细长形量具,应避免受到(　　　)。

(A)撞击和摔碰　　　　(B)油污进入　　　　(C)水进入　　　　(D)灰尘进入

30. 在机床夹具制造中,由于采用(　　　),使得工件具有确定的位置,从而保证加工精度稳定,操作方便。

(A)夹紧装置　　　　(B)定位元件　　　　(C)引导元件　　　　(D)夹具体

31. 同时在工件上几个不同方向的表面上划线,才能明确表示出加工界线的,称为(　　　)。

(A)立体划线　　　　(B)平面划线　　　　(C)检查线　　　　(D)基准线

32. 用丝锥攻丝前应按照螺纹类别规格及工件材料计算(　　　)。

(A)螺距　　　　(B)螺纹直径　　　　(C)底孔直径　　　　(D)螺纹中径

33. 机床电路中热继电器的作用是(　　　)保护。

(A)电器线路过载　　　　(B)电动机过载　　　　(C)欠压　　　　(D)失压

34. C620-1车床主轴电机容量不大,所以采用(　　　)。

(A)降压起动　　　　(B)星-三角起动　　　　(C)直接起动　　　　(D)自耦变压器起动

35. 当熔断器用于异步电动机的短路保护时,熔断体的额定电流应是异步电动机的额定电流的(　　　)倍。

(A)3.5～4.5　　　　(B)4.5～5.5　　　　(C)0.5～1.5　　　　(D)1.5～2.5

36. 特种作业操作证在全国通用,十年工龄以下的执证者要求每(　　　)年复审一次。

(A)半　　　　　　(B)一　　　　　　(C)两　　　　　　(D)三

37. 大气污染的主要来源有:燃煤污染、(　　　)。

(A)工业污染源　　　　　　　　　(B)工业污染源、汽车尾气

(C)化工废气　　　　　　　　　　(D)汽车尾气、化工废气

38. 产品的质量的定义概括为产品的(　　　)。

(A)适用性　　　　(B)可靠性　　　　(C)经济性　　　　(D)使用寿命

39. 影响质量的五个因素是人、机器、材料、方法和(　　　)。

(A)环境的温度　　(B)技术水平　　　(C)工艺装备　　　(D)环境

40. 《劳动法》规定禁止用人单位招用未满(　　　)周岁的未成年人。

(A)十五　　　　　(B)十六　　　　　(C)十七　　　　　(D)十八

41. 箱体零件上要求高的轴孔的几何形状精度应不超过轴孔尺寸公差的(　　　)。

(A)1/3　　　　　(B)1/2~2/3　　　(C)2/3~1　　　　(D)1/5

42. 同轴孔系除孔本身的尺寸精度和表面粗糙度要求外,最主要的技术要求还有各孔之间的(　　　)误差。

(A)平行度　　　　(B)同轴度　　　　(C)垂直度　　　　(D)位置度

43. 绘制套类零件图时,视图一般采用(　　　)。

(A)剖视图　　　　(B)局剖视图　　　(C)视图　　　　　(D)后视图

44. 利用夹具定位使工件定位迅速、正确,加工方便、夹紧可靠,它一般用于(　　　)。

(A)单件生产　　　(B)新产品试制　　(C)大批大量生产　(D)小批量生产

45. 在镗削加工中,为了使工件保持良好的稳定性,应该选择工件上(　　　)表面作为主要定位面。

(A)最大的　　　　(B)任意的　　　　(C)最小的　　　　(D)未加工

46. 利用定位元件安装时,工件上的基准面应该选用(　　　),这样可使定位可靠稳定,加工误差较小。

(A)任意表面　　　(B)较大毛坯表面　(C)未加工表面　　(D)已加工表面

47. 箱体上加工面毛坯余量的大小,应根据(　　　)来确定。

(A)工件壁厚　　　(B)铸件精度　　　(C)工件精度　　　(D)工件材料

48. 在镗削三要素中,(　　　)起着主要作用,对刀具寿命影响最大。

(A)进给量　　　　(B)切削速度　　　(C)吃刀深度　　　(D)走刀量

49. 机床箱体的材料常采用(　　　)。

(A)铸钢　　　　　(B)铝合金　　　　(C)钢　　　　　　(D)铸铁

50. 把工件放在镗床工作台或夹具水平面上,它能获得(　　　)个自由度。

(A)一　　　　　　(B)两　　　　　　(C)三　　　　　　(D)四

51. 粗基准原则上能使用(　　　)次。

(A)一　　　　　　(B)两　　　　　　(C)三　　　　　　(D)四

52. 镗削工件的夹紧力作用点与加工处应(　　　),这样可以减小切削力对作用点的倾翻力矩。

(A)不大于两者距离的二倍　　　　　(B)大大远离

(C)远离　　　　　　　　　　　　　(D)靠近

53. 在夹紧锅炉蒸汽包等大型薄壁圆形工件时,常采用( )来夹紧工件。

(A)压紧法　　　　(B)挤推法　　　　(C)过定位　　　　(D)链、索拉紧法

54. 用等高块及平尺找正定位镗床主轴中心线的方法一般适用于( )。

(A)大批大量生产　　　　　　　(B)单件、小批量生产
(C)成批大量生产　　　　　　　(D)流水生产线

55. 辅助功能也称 M 功能,这类指令与控制系统插补器运算无关,一般书写在程序段的( )。

(A)前面　　　　(B)后面　　　　(C)中间　　　　(D)T 功能之前

56. T 功能是刀具工能,表示换刀功能。用字母"T"和其后的( )位数表示。

(A)一　　　　(B)两　　　　(C)三　　　　(D)四

57. 在数控铣床上钻孔的编程中,固定循环前需选择( )和钻孔轴。

(A)定位平面　　　　(B)定位轴　　　　(C)定位基准　　　　(D)定位初始值

58. 程序中如果有固定的顺序和重复模式,可以将其作为一个固定的程序,使用时将其调出。这个固定的程序被称为( )。

(A)固定循环　　　　(B)子程序　　　　(C)刀补程序　　　　(D)嵌套

59. 在编程时,要计算出节点的坐标,并按节点划分( )。

(A)加工曲线　　　　(B)逼近线段　　　　(C)程序段　　　　(D)联结点

60. 空间相交孔系的镗削加工,一般采用( )。

(A)回转工作台法　　　(B)心棒校正法　　　(C)坐标法　　　(D)划线找正法

61. 镗削脆性材料时,切屑常呈( )状。

(A)碎粒　　　　(B)带　　　　(C)片　　　　(D)不规则形

62. 螺纹镗刀的刀尖角必须与螺纹牙型角相等,普通螺纹的牙型角为( )。

(A)60°　　　　(B)90°　　　　(C)30°　　　　(D)45°

63. 在悬伸镗削法中,半精加工、精加工孔时宜采用( )来加工。

(A)轴向进给法　　(B)工作台进给法　　(C)进给法　　(D)切向进给法

64. 悬伸法镗削加工的主要对象是( )。

(A)深孔　　　　　　　　　(B)平行孔系
(C)垂直孔系　　　　　　　(D)单孔和孔中心线不长的同轴孔

65. 浮动镗刀镗孔,只能镗削( )。

(A)穿通的　　　　(B)不穿通的　　　　(C)平行的　　　　(D)垂直的

66. 燕尾槽铣刀的切削部分角度一般有( )两种规格。

(A)30°和 45°　　(B)45°和 55°　　(C)55°和 60°　　(D)60°和 90°

67. 利用平旋盘铣削较大平面时,如果径向刀架是从外向里进行铣削,加工出来的平面容易出现( )的现象。

(A)中间凹下　　　　(B)中间凸起　　　　(C)凹凸不平　　　　(D)平整无差别

68. 为了减少外圆镗刀在切削过程中径向切削力引起的振动,一般采用( )以上的主偏角。

(A)45°　　　　(B)60°　　　　(C)75°　　　　(D)90°

69. 内螺纹镗刀的刀尖角平分线必须与镗刀杆中心线( )。

(A)垂直 　　　　　　　　　　　(B)水平

(C)倾斜一个螺纹升角 　　　　　(D)倾斜一个后角

70. 刀具的交换方式通常分为由刀库与机床主轴的相对运动实现刀具交换和采用( )交换刀具两类。

(A)回转刀架 　　(B)转位油缸 　　(C)转塔主轴 　　(D)机械手

71. 刀具的编码选择方式采用了一种特殊的刀柄结构,并对每把刀具进行( )。

(A)编码 　　　　(B)识别 　　　　(C)顺序选择 　　(D)取刀动作

72. T68卧式镗床平旋盘的转速范围为( )r/min。

(A)10~100 　　　(B)10~200 　　　(C)10~50 　　　(D)10~300

73. T68卧式镗床的主运动变速系统采用( ),具有操作方便、传动正确的特点。

(A)单手柄集中操纵 　　　　　　(B)双手柄联合操纵

(C)多手柄操纵 　　　　　　　　(D)液压变速系统

74. T68卧式镗床的主轴直径为( )mm。

(A)80 　　　　　(B)85 　　　　　(C)68 　　　　　(D)120

75. T4145坐标镗床上滑板下导轨部分是( )压板。

(A)两个平 　　　(B)两个斜 　　　(C)一平一斜两个 　(D)无

76. 镗床负载运转工作试验是为了确定机床的( )。

(A)承载能力 　　　　　　　　　(B)工作性能

(C)承载能力和工作性能 　　　　(D)润滑状况

77. 卧式镗床主轴与工作台两次进刀接不平,与立柱床身、工作台部件的几何精度( )。

(A)一定有关 　　(B)一定无关 　　(C)无关仅要 　　(D)可能有关。

78. 卧式镗床主轴上的两根导键配合间隙过大或歪斜,会使镗孔出现( )。

(A)不匀螺旋线 　　(B)波纹 　　　(C)均匀螺旋线 　　(D)锥度

79. 操作者必须在机床起动后进行"归零"操作。停机( )周以上时应及时给机床通电,防止数据丢失。

(A)1 　　　　　　(B)2 　　　　　(C)3 　　　　　(D)4

80. 机床( )不能随意修改,以免影响机床性能发挥。误操作时要即时向维修人员说明情况,进行即时处理。

(A)参数设置 　　(B)数控装置 　　(C)储存器数据 　　(D)程序

81. 滚动丝杠副的传动效率高达90%~96%,约为一般滑动丝杠副的( )倍。

(A)3~5 　　　　(B)1~2 　　　　(C)2~4 　　　　(D)5~8

82. 数控机床工作粉尘过多,则会严重损坏和侵蚀系统的( ),引发事故。

(A)CNC系统 　　(B)电控箱 　　　(C)液压系统 　　(D)外露部分

83. 用穿镗法加工同一轴线上两个以上的孔,而且孔与孔的同轴度要求较高时,宜用( )。

(A)长镗杆 　　　　　　　　　　(B)长镗杆与尾座联合

(C)支承套 　　　　　　　　　　(D)模板

84. 用敲刀法调整吃刀深度时,调整量可控制在( )mm精度内。

(A)0.05　　　　　(B)0.02　　　　　(C)0.01　　　　　(D)0.10

85. 支承镗削法适于加工（　　）同轴孔系。

(A)通孔的　　　(B)不通孔的　　　(C)孔间距较小的　　　(D)不是整圆的

86. 镗孔时,应尽量保证（　　）处于最佳状态,以减少镗孔时的振动,减小变形。

(A)工艺系统刚性　　　　　　　　(B)镗杆镗削中的应力

(C)工艺系统受力状态　　　　　　(D)刀具系统

87. 镗削工件在夹紧时,夹紧力方向应向着（　　）定位表面,以减少单位面积压力和工件的变形。

(A)较大　　　(B)较小　　　(C)任意　　　(D)粗糙

88. 用悬伸镗削法镗孔时,镗杆长度越长,由于其自重引起的镗杆下垂就会随悬伸长度而加剧,使同轴孔产生（　　）误差。

(A)平行度　　　(B)垂直度　　　(C)同轴度　　　(D)圆度

89. 单件、小批量生产时箱体类工件时,首先应进行（　　）。

(A)划线找正　　　(B)镗孔　　　(C)加工平面　　　(D)制作夹具

90. 在箱体工件上,同轴孔的同轴度不应超过孔径尺寸公差的（　　）。

(A)1/5　　　(B)1/3　　　(C)1/2　　　(D)1/4

91. 用坐标法镗削平行孔系时,必须正确选择（　　）以消除或减少累积误差的产生,有利与加工孔位的找正和保证加工精度。

(A)起始孔和镗孔顺序　　　　　　(B)镗孔方法

(C)镗削顺序　　　　　　　　　　(D)加工基准

92. 箱体零件上如（　　）将影响齿轮啮合的精度,产生噪声和振动。

(A)孔中心线不平行　　　　　　　(B)孔径过小

(C)孔距尺寸过小　　　　　　　　(D)孔距尺寸过大

93. 机床箱体零件上轴孔中心距公差常为（　　）mm。

(A)±0.05～±0.1　　　　　　　　(B)±0.01～±0.05

(C)±0.01～±0.025　　　　　　　(D)±0.2～±0.3

94. 用一根镗杆从孔壁一端对箱体上同一轴线的孔逐个进行镗削,直到同一轴线上的所有孔全部镗出来为止的方法称为（　　）。

(A)镗模法　　　(B)穿镗法　　　(C)调头镗法　　　(D)检验棒校正法

95. 在成批或大批生产时,箱体零件同轴孔系的加工一般采用（　　）加工。

(A)镗模法　　　(B)坐标法　　　(C)划线法　　　(D)旋转找正法

96. 箱体零件上（　　）常作为轴孔位置尺寸的设计基准、安装基准、工艺基准。

(A)底面　　　(B)侧面　　　(C)端面　　　(D)上面

97. 孔轴线不在同一平面内,且空间相交成一定角度的孔系称为（　　）孔系。

(A)空间相交　　　(B)垂直　　　(C)平行　　　(D)同轴

98. 用回转法镗削垂直孔系时,其垂直度取决于镗床（　　）。

(A)镗杆刚度　　　　　　　　　　(B)工作台的平面度

(C)工作台的粗糙度　　　　　　　(D)工作台的回转精度

99. 加工斜孔工件时,常把与斜孔中心线有一定角度关系的平面作为（　　）。

(A)主要定位面　　　(B)止推面　　　(C)限位面　　　(D)辅助支承面

100. 在加工斜孔工件时,为了调整方便,一般需借助(　　)进行找正定位。

(A)主轴孔　　　(B)基准孔　　　(C)通孔　　　(D)中心孔

101. 斜孔中心线与基准面的夹角,可在测量平板上用(　　)来测量。

(A)角铁　　　(B)角尺　　　(C)正弦规　　　(D)角度规

102. 镗削斜孔时,为了确定主轴的正确位置应将工件基准孔内插入相对应的(　　)。

(A)钻头　　　(B)正弦规　　　(C)检验棒　　　(D)刀杆

103. 为了提高精镗的加工质量,在半精镗加工结束后,最好(　　),然后再用较小的力对工件进行夹紧。

(A)将压板松一下　　(B)将压板紧一下　　(C)测量孔的尺寸　　(D)清理内孔

104. 直角矩形槽的槽壁和槽底(　　)。

(A)倾斜45°　　　(B)倾斜30°　　　(C)相垂直　　　(D)倾斜55°

105. 利用(　　)可加工轴向平键槽。

(A)平旋盘

(B)内孔不通槽铣刀

(C)自动径向进给刀架

(D)专用镗孔刀

106. 在镗削平面环形T形槽时,需调整主轴位置,使镗床主轴中心线与环形T形槽的圆周中心(　　)。

(A)平行　　　(B)垂直　　　(C)在一个平面　　　(D)重合

107. 孔用退刀槽、密封槽、挡圈槽等属于(　　)。

(A)外沟槽　　　(B)内沟槽　　　(C)内外曲面槽　　　(D)螺旋槽

108. 利用分布在铣刀圆柱面上的切削刃来加工平面的铣削方法称为(　　)。

(A)端铣　　　(B)顺铣　　　(C)逆铣　　　(D)周铣

109. 铣刀的切削速度方向与工件的进给运动方向相反的铣削方式称为(　　)。

(A)端铣　　　(B)顺铣　　　(C)逆铣　　　(D)周铣

110. 铣削加工中工件上已加工表面与待加工表面之间的垂直距离称为(　　)。

(A)进给量　　　(B)吃刀深度　　　(C)铣削量　　　(D)铣削速度

111. 在镗床上用三面刃铣刀加工精度要求高的槽时(　　)。

(A)可一次切出　　　　　　　　(B)要分粗、精加工进行切削

(C)可不分粗、精加工进行切削　　(D)可不分半精加工、精加工进行切削

112. 在镗床上进行铣削加工时,铣刀的加工提前量和切出量为(　　)。

(A)1 mm　　　(B)3~5 mm　　　(C)10~20 mm　　　(D)0.5 mm

113. 卧式镗床可利用(　　)铣削相互垂直角度的平面。

(A)平旋盘

(B)尾座联合支承套模板

(C)主轴

(D)回转工作台

114. 直角铣头可在(　　)范围内旋转。

(A)0~90°　　　(B)0~180°　　　(C)0~270°　　　(D)0~360°

115. 在铣削过程中,单位时间内工件相对于铣刀所移动的距离称为(　　)。

(A)铣削长度　　　(B)进给量　　　(C)进给速度　　　(D)吃刀深度

116. 镗削空间相交孔系箱体时,常将工件的安装基准面作为镗孔加工工序的(　　)。

(A)辅助基准面 (B)主要定位基准面 (C)导向面 (D)测量面

117. 齿轮箱中齿轮的啮合精度除了同齿轮本身精度有关之外,还决定于箱体镗孔的( )误差的大小。

(A)直线度 (B)位置度

(C)中心距及中心线平行度 (D)平行度

118. 在薄壁工件加工时,要充分冷却、润滑工件,主要是为了( )。

(A)提高切削性能 (B)排除切屑 (C)减少热变形 (D)振动

119. 在镗削加工外形已加工过的箱体类工件时,为了不碰伤加工面,在压板与工件的压紧点处要( )。

(A)垫木板 (B)垫钢块 (C)垫薄铜片或厚纸 (D)不许垫任何东西

120. 在镗床上镗削外圆柱面的工件主要是那些在车床上加工比较困难的( )零件。

(A)大型 (B)小型 (C)特型 (D)精度要求高的

121. 一般来说在镗床上加工的外圆面长度( )。

(A)较长 (B)较短 (C)一般 (D)特长

122. 带圆柱体的长方体工件,待加工外圆柱面轴线与安装基准面( )。

(A)垂直 (B)转过一个角度 (C)同轴 (D)平行

123. 镗削脆性材料时,切削力指向刀尖附近,一般取( )前角。

(A)较大 (B)较小 (C)较大负 (D)较大正

124. 当用高速钢刀具切削钢材时,正常的切屑颜色应呈( )。

(A)蓝色 (B)白色 (C)黄色 (D)紫色

125. 卡钳的测量误差一般由测量者的手感来确定,一般可达( )。

(A)0.015 (B)0.1 (C)0.05 (D)0.5

126. 用双侧进刀法加工螺纹时,在所使用的镗刀刀尖角不改变的前提下,要比用直进法加工螺纹时的镗刀磨得( )。

(A)相同 (B)稍窄一点 (C)稍宽一点 (D)牙型角角度略小点

127. 在镗削螺纹前必须使镗床主轴的( )等于需要加工的螺纹的螺距。

(A)进给量 (B)吃刀深度 (C)切削量 (D)切削速度

128. 在精加工螺纹时,如采用( )进刀可提高螺纹牙型的精度。

(A)双侧进刀法 (B)直进法 (C)平旋盘镗削法 (D)丝锥

129. 外圆槽面镗刀的两侧切削刃上所受切削力相等时,可避免刀刃崩裂。为此,切削刃必须同中心线( )。

(A)不对称 (B)垂直 (C)对称 (D)平行

130. 刀具或机床运动位置的坐标值是相对于前一位置给出的,则称为( )系统。

(A)绝对坐标 (B)增量坐标 (C)极坐标 (D)变量坐标

131. 常用程序输入设备有光电阅读机、( )和磁带机。

(A)穿孔机 (B)穿孔带 (C)磁盘驱动器 (D)CNC 系统

132. 在数控机床上通过参数设定可以确定为直径编程方式或( )。

(A)半径编程方式 (B)小数点输入方式

(C)最小设定单位 (D)最小指令当量

133. 在编写或修改加工程序时,应在程序段前添加程序段的顺序号,在其后加程序段的( )符号。

(A)程序　　　　　(B)坐标值　　　　　(C)辅助功能指令　　(D)结束

134. 为了提高加工精度,对刀点应选在零件的设计基准或工艺基准上。使"刀位点"与"对刀点"( )。

(A)远离工件原点　(B)远离机床原点　(C)远离参考点　　　(D)重合

135. 用( )的方法可以检查加工精度是否符合要求。

(A)图形模拟刀具轨迹　　　　　　(B)工件试切

(C)手工编程　　　　　　　　　　(D)数值计算

136. 较复杂图形的零件的基点,可在计算机上采用( )软件迅速的分析出来。

(A)CAD/CAM　　　(B)CRT　　　　　　(C)CNC　　　　　　(D)MDI

137. 在编程时,所有编程尺寸都应转化成( )。

(A)直径编程　　　　　　　　　　(B)半径编程

(C)最小设定单位相应数量　　　　(D)小数点输入方式

138. S功能为主轴控制功能,主要表示主轴( )控制指令。

(A)恒线速度　　　(B)转数　　　　　　(C)转数和速度　　　(D)最高转速限定

139. 在成批生产中要考虑对刀点的重复精度,该精度可用对刀点相距( )的坐标值来校核。

(A)绝对坐标　　　(B)增量坐标　　　　(C)工件原点　　　　(D)机床原点

140. 用样板找正定位,样板上孔距公差应为工件孔距公差的( )。

(A)两倍　　　　　(B)三分之一　　　　(C)相同　　　　　　(D)一倍

141. ( )是坐标镗床加工中一个不可忽视的重要原因。

(A)表面粗糙　　　(B)温差和热变形　　(C)切削力　　　　　(D)夹紧力

142. 测量镗床主轴的径向圆跳动时,千分表测头应顶在主轴( )上。

(A)内锥孔检验棒表面　　　　　　(B)表面

(C)内锥孔检验棒端面　　　　　　(D)内锥孔表面

143. 因为薄壁工件的形状不规则,所以很难利用工件的( )来找正和夹紧。

(A)定位基准　　　(B)原有的形状　　　(C)工艺基准　　　　(D)设计基准

144. 为了保证台阶孔的镗孔同轴度精度,长度较长的孔常采用( )进给。

(A)镗杆　　　　　(B)主轴　　　　　　(C)工作台　　　　　(D)平旋盘刀架

145. 在镗床上可用( )对台阶孔进行精镗加工。

(A)定尺寸双刃镗刀　　　　　　　(B)定尺寸单刃镗刀

(C)浮动镗刀　　　　　　　　　　(D)单刃镗刀

146. 使用( )在镗床上镗孔时,当切削刀到达孔口时应注意进给要缓慢,镗刀对准中心要仔细,防止单刃切入孔壁。

(A)定尺寸双刃镗刀　　　　　　　(B)定尺寸单刃镗刀

(C)浮动镗刀　　　　　　　　　　(D)单刃镗刀

147. 当加工同一轴线上两个以上的孔,而且孔与孔的同轴度精度要求较高时,可以采用( )加工。

（A）用长镗杆与后立柱支承联合镗孔　　　　（B）用支承套镗孔
（C）用镗模法镗孔　　　　　　　　　　　　　（D）调头镗

148. 当工件孔壁间距离较大或在同一轴线上有多个孔需要镗削时,可采用（　　）加工。
（A）长镗杆与后立柱支承联合镗孔　　　　　（B）支承套镗孔
（C）镗模法镗孔　　　　　　　　　　　　　　（D）调头镗

149. 镗床上采用（　　）的加工精度高,各孔同轴度好。
（A）长镗杆与后立柱支承联合镗孔　　　　　（B）支承套镗孔
（C）镗模法镗孔　　　　　　　　　　　　　　（D）调头镗

150. 在镗床上若采用（　　）,由于每一种零件都要准备一套镗模,因此生产准备周期长、成本高,一般仅用于成批量生产。
（A）长镗杆与后立柱支承联合镗孔　　　　　（B）支承套镗孔
（C）镗模法镗孔　　　　　　　　　　　　　　（D）调头镗

151. 在镗床上若采用（　　）,由于镗杆支承长度几乎不变,系统刚度好,因此镗出来的三层孔比用其他镗削方法同轴度精度要高得多。
（A）长镗杆与后立柱支承联合镗孔　　　　　（B）支承套镗孔
（C）镗模法镗孔　　　　　　　　　　　　　　（D）调头镗

152. 采用镗模法镗削机床主轴箱的主轴孔系时,为了提高镗杆的刚度,夹具中间增加了（　　）。
（A）辅助定位　　　（B）辅助支承　　　（C）支承套　　　（D）悬挂镗模

153. 采用镗模法镗孔时,镗杆与镗床主轴采用（　　）。
（A）浮动连接　　　（B）精密配合　　　（C）刚性连接　　　（D）直接传动

154. 镗模上设置有（　　）,以使工件装夹方便、定位可靠、省力安全。
（A）定位元件　　　（B）夹紧元件　　　（C）对刀元件　　　（D）机动夹紧装置

155. 采用镗模法加工时（　　）采用了浮动连接,因此减少了机床精度的影响,保证了孔的镗削质量。
（A）镗杆与主轴　　　（B）镗杆与镗模　　　（C）镗模与主轴　　　（D）镗模与机床

156. 镗床操作人员利用某些附件、量具,通过找正办法对工件进行定位,称为（　　）。
（A）加工定位　　　（B）工艺定位　　　（C）机床坐标定位　　　（D）安装基准定位

157. 凡在镗床上的移动部件都可以采用（　　）,其定位精度可达 0.03 mm。
（A）普通刻度尺和游标卡尺测量定位　　　（B）量规和百分表测量定位
（C）金属线纹尺和光学读数头测量定位　　　（D）数显装置测量定位

158. 镗床上的（　　）操作方便,精度可达 0.02 mm。
（A）普通刻度尺和游标卡尺测量定位　　　（B）量规和百分表测量定位
（C）金属线纹尺和光学读数头测量定位　　　（D）数显装置测量定位

159. 在卧式铣镗床上加工相交孔系时,可以通过采用回转工作台、指示表找正工件或角铁夹持工件,以保证回转工作台的（　　）。
（A）回转精度　　　（B）定位精度　　　（C）安装精度　　　（D）找正精度

160. 当工件斜孔中心线与基准面的（　　）精度要求高时,在加工斜孔时工艺基准孔一般应选在斜孔的中心线上。

(A)平行度　　　　　(B)垂直度　　　　　(C)位置度　　　　　(D)同轴度

161. 对于某些不允许在工件上设立工艺基准孔的斜孔工件,在镗孔时可在(　　)上设立工艺基准孔。

(A)料头　　　　　(B)加工余量　　　　　(C)定位块　　　　　(D)辅助块

162. 在镗床上加工平画环形、T 形槽时一般采用(　　)进行切削。

(A)微调镗刀　　　　　　　　　　　(B)单刃弯头镗铣刀

(C)平旋盘径向刀架　　　　　　　　(D)主轴上装 T 形槽铣刀

163. 被镗削工件(　　)时,可采用平旋盘镗削内沟槽,在平旋盘的燕尾导轨内装有径向刀架,通过齿轮、齿条传动,使刀架作径向运动进行加工。

(A)孔径较大　　(B)孔径较小　　(C)孔深较深　　(D)孔深较浅

164. 镗床上采用径向刀架固定方式加工,是将径向刀架固定在(　　)上,由工作台或主轴箱作进给运动,径向刀架的位置可按工件的宽度进行调节。

(A)平旋盘　　(B)镗床主轴　　(C)镗床主轴套筒　　(D)镗床主轴箱

165. 采用径向刀架固定方式在镗床上精铣平面时,由于加工余量小,可采用较宽的修光刃,其刃口与加工平面平行,适当加大(　　),能获得一个光洁平整的加工平面,而且工作效率也得到提高。

(A)切削速度　　(B)进刀量　　(C)切削深度　　(D)切削力

166. 在镗床上采用径向刀架进给方式加工平面时,随着刀架的径向运动,刀具的(　　)在不断变化,使得同一加工表面的粗糙度里外不一。

(A)切削力　　(B)切削深度　　(C)角速度　　(D)线速度

167. 在镗床上用径向刀架进给方式铣削平面时,如果径向刀架是(　　)进行铣削,则铣外圈时,刀具线速度大,刀尖容易磨损。

(A)从里向外　　(B)从外向里　　(C)从上向下　　(D)从下向上

168. 镗床采用(　　)铣削大平面,刀具行程最短,生产效率最高,但在工件四角处由于要从主轴箱进给和工作台进给进行切换,造成刀具停在一个位置无进刀切削,使工件四角被多切一薄层,从而影响了加工面的平面度精度。

(A)周边进刀方式　　(B)回形进刀方式　　(C)平行进刀方式　　(D)顺序进刀方式

169. 在镗床上采用(　　)铣削大平面,就是在一个方向(横向移动工作台或垂直移动主轴箱)进行切削,切削时所有接刀痕迹都是方向平行的直线。

(A)周边进刀方式　　(B)回形进刀方式　　(C)平行进刀方式　　(D)顺序进刀方式

170. 对于斜面与基准面夹角精度要求不太高的工件,可以按(　　),然后用压板压紧工件,即可进行镗削加工。

(A)回转工作台找正工件　　　　　　(B)划线找正工件

(C)水平转台或交叉万能转台找正工件　　(D)角度铣刀直接铣成

171. 对于倾斜角度精度要求较高的斜平面,可以采用在镗床上设置(　　)进行加工。

(A)回转工作台　　　　　　　　　　(B)镗模夹具

(C)水平转台或交叉万能转台　　　　(D)光学分度头

172. 选择 45°悬臂式镗刀杆和主偏角为(　　)的镗刀头,将镗刀杆装入镗床平旋盘中的装刀座内,选择好切削用量后就可进行孔端面铣削。

(A)45° (B)60° (C)75° (D)90°

173. 由于( )时刀杆受拉力,容易从主轴锥孔中脱落,所以刀杆要装夹牢靠,切削进给量要小。

(A)正面刮削 (B)反面刮削
(C)以内孔支承刮削 (D)不以内孔支承刮削

174. 对于某些工件只有半个或小于半个圆周,在进行这些工件的镗削加工时,主要难点是工件在镗床上找正、装夹和加工后的( )。

(A)尺寸测量 (B)形状测量 (C)位置测量 (D)孔径测量

175. 杠杆式卡规的外形、结构和使用方法与杠杆千分尺相同,只是在其测微部分变成了一个量程可调的( )。

(A)量棒 (B)测砧 (C)限位块 (D)测头

三、多项选择题

1. 识读零件图的目的是根据零件工作图样各视图( ),以便根据零件工作图样加工出符合图样要求的合格零件来。

(A)想象出零件的结构形状
(B)理解各个尺寸的作用和要求
(C)懂得各项技术要求的内容和实现这些要求应采取的措施
(D)推断出零件的配合尺寸和配合要求
(E)预测出零件的工作状况和使用寿命
(F)计算出零件的质量和制造成本

2. 只有通过对图样标题栏的阅读,才能了解零件的( )。

(A)名称 (B)材料 (C)比例
(D)重量 (E)数量 (F)技术要求

3. 无论多么复杂的零件,都是由( )等几种简单的几何体组成的。

(A)平面立体 (B)空间立体 (C)二维体
(D)三维体 (E)多维体 (F)曲面立体

4. 曲面立体包括( )。

(A)棱柱体 (B)棱锥体 (C)圆柱体
(D)圆锥体及圆锥台 (E)圆球 (F)圆环

5. 在分析零件形体中不难发现,简单几何体组合形式有( )。

(A)叠加型组合体 (B)切割型组合体 (C)相切型组合体
(D)相交型组合体 (E)综合型组合体 (F)复合型组合体

6. 分析零件时,应先分析零件的( )3个方向的尺寸基准。

(A)切向 (B)法向 (C)轴向
(D)长 (E)宽 (F)高

7. 分析零件图时,应以结构为线索,找出各组成部分的( )尺寸和这些尺寸的偏差,弄懂这些尺寸的主要作用。

(A)定形 (B)定位 (C)定长

(D)定径　　　　　　　　　　(E)外形　　　　　　　　　　(F)内部

8. 零件图样上所标注的公差主要包括(　　)。

(A)尺寸公差　　　　　　　　(B)形状公差　　　　　　　　(C)位置公差

(D)配合公差　　　　　　　　(E)装配公差　　　　　　　　(F)加工公差

9. 零件按其形体结构大致可分为(　　)，每类零件工作图样都有各自的特点。

(A)壳体类　　　　　　　　　(B)板类　　　　　　　　　　(C)轴类

(D)轮盘类　　　　　　　　　(E)叉架类　　　　　　　　　(F)箱体类

10. 轴套类零件各轴上的结构常采用(　　)来表示，较长的轴线采用断裂画法以缩短占有图画的长度。

(A)移出剖面　　　　　　　　(B)移出剖视　　　　　　　　(C)斜视图

(D)局部放大　　　　　　　　(E)局部剖视　　　　　　　　(F)旋转剖视

11. 轴套类零件如有螺纹，需在图样上说明螺纹的(　　)。

(A)牙型　　　　　　　　　　　　　　(B)大径、中径、小径

(C)线数、导程　　　　　　　　　　　(D)旋向、旋入长度

(E)加工表面粗糙度值　　　　　　　　(F)精度等级

12. 轴套类零件上如有花键，须在图样上说明花键的(　　)，如果是渐开线花键则还要注明模数、齿高系数、中径等。

(A)外径、内径　　　　　　　(B)齿数　　　　　　　　　　(C)键宽

(D)键长　　　　　　　　　　(E)定心方式　　　　　　　　(F)配合长度

13. 齿轮类零件包括(　　)。

(A)直齿圆柱齿轮　　　　　　(B)斜齿圆柱齿轮　　　　　　(C)圆锥齿轮

(D)蜗杆和蜗轮　　　　　　　(E)齿条　　　　　　　　　　(F)螺旋齿轮

14. 叉架类零件有一个或几个主要孔，中间用(　　)连接。

(A)肋板　　　　　　　　　　(B)杆体　　　　　　　　　　(C)轮辐

(D)辐条　　　　　　　　　　(E)支架　　　　　　　　　　(F)支柱

15. 叉架类零件的肋板或杆体的剖面有多种形状，主要有(　　)等。

(A)一字形　　　　　　　　　(B)T字形　　　　　　　　　(C)工字形

(D)十字形　　　　　　　　　(E)圆形　　　　　　　　　　(F)方形

16. 叉架类零件图的尺寸标注较为复杂，通常以(　　)作为尺寸基准。

(A)主要端面　　　　　　　　(B)支架侧面　　　　　　　　(C)支架底面

(D)支架顶面　　　　　　　　(E)主要孔的中心线　　　　　(F)主要孔的端面

17. 箱体类零件上有(　　)，底部常有凹坑。

(A)轴承孔　　　　　　　　　(B)空腔　　　　　　　　　　(C)箱壁

(D)凸台　　　　　　　　　　(E)键槽　　　　　　　　　　(F)减重孔

18. 箱体类零件主要采用(　　)进行加工。

(A)车床　　　　　　　　　　(B)铣床　　　　　　　　　　(C)刨床

(D)磨床　　　　　　　　　　(E)镗床　　　　　　　　　　(F)钻床

19. 箱体类零件在图样上的尺寸主要是以(　　)作为基准。

(A)轴线　　　　　　　　　　(B)对称面　　　　　　　　　(C)装夹基准面

(D)顶面   (E)侧面   (F)底面

20. 要使图样画得又快又好,必须( )。

(A)熟悉制图标准   (B)掌握几何作图的方法

(C)正确使用绘图工具   (D)采用合理的工作程序

(E)正确确定图样的比例   (F)合理安排视图的分布

21. 手工绘图前,要根据图样的( )选择图幅,用胶带纸将图纸固定在图板的左上方。

(A)尺寸   (B)大小   (C)形状

(D)结构   (E)比例   (F)视图数量

22. 识读装配图应达到的基本要求是了解部件或机器的( )。

(A)名称   (B)功用   (C)结构

(D)工作原理   (E)装配关系   (F)操作特点

23. 识读装配图应达到的基本要求是弄清零件的( )。

(A)数量   (B)采用材料   (C)作用

(D)相互位置   (E)装配连接关系   (F)装拆顺序

24. 从镗工需要出发,识读装配图还要了解加工、装配的工艺性,以及( )等要素。

(A)使用   (B)调整   (C)检修

(D)操作   (E)保养   (F)安全

25. 拟定加工方法就是在其中选择最优的( )。

(A)方法   (B)方案   (C)加工工艺

(D)工艺流程   (E)工序   (F)加工方式

26. 确定工序加工余量过多,会( )。

(A)造成浪费   (B)降低生产效率

(C)增加机床、刀具、工装及动能的消耗   (D)增加工人劳动量

(E)造成加工余量偏置   (F)使生产成本上升使生产成本上升

27. 零件粗加工应在( )机床上进行。

(A)功率大   (B)规格大   (C)体积人

(D)强度高   (E)刚度高   (F)精度不太高

28. 对于大批量生产时,选择加工设备宜选用( )。

(A)数控机床   (B)自动化机床   (C)专用设备

(D)万能设备   (E)组合机床   (F)通用设备

29. 在进行刀具选择时,主要根据工件的( )等选择适当的刀具。

(A)结构   (B)尺寸   (C)材料

(D)加工方法   (E)加工精度   (F)表面粗糙度

30. 镗削加工中量具的选择,主要根据( )来确定。

(A)工件材料   (B)工件结构   (C)零件批量

(D)生产类型   (E)加工尺寸   (F)工件精度

31. 可在落地镗床或落地铣镗床上进行镗削加工( )工件。

(A)复杂   (B)大型   (C)精密

(D)加工工作量大   (E)加工面多   (F)重型

32. 大型、重型工件的调头镗削方法主要有(　　　)镗削。

(A)利用回转工作台旋转工件　　　　　　(B)利用工件上的定位基准二次找正

(C)利用镗削前精密划线找正　　　　　　(D)利用机床上的标尺找正

(E)利用回转夹具找正　　　　　　　　　(F)利用坐标法找正

33. 当进行孔径大于 800 mm,长度小于 2 000 mm,精度为 H9,表面粗糙度为 $Ra3.2$ 的大孔、长孔镗削加工时,可采取(　　　)等措施。

(A)随动支承　　　　　(B)双刀或多刀平衡切削　　　　(C)差动镗杆

(D)立式镗削　　　　　(E)大孔镗削刀架　　　　　　　(F)浮动镗刀精镗

34. 复杂、畸形、精密工件加工中,在选择夹具时应尽可能采用(　　　)的结构,以便提高劳动生产率。

(A)快速　　　　　　　(B)高效　　　　　　　　　　　(C)简便

(D)省力　　　　　　　(E)准确　　　　　　　　　　　(F)有效

35. 复杂、畸形、精密工件在镗床上加工时,对镗床夹具的操作要求是(　　　)。

(A)快速　　　　　　　(B)高效　　　　　　　　　　　(C)方便

(D)省力　　　　　　　(E)安全　　　　　　　　　　　(F)可靠

36. 工件在镗床的回转工作台上直接装夹时,为了不碰伤加工表面,可在工件与压板夹紧点之间垫以(　　　)。

(A)等厚垫铁　　　　　(B)平行垫铁　　　　　　　　　(C)可调垫铁

(D)薄铜片　　　　　　(E)橡胶板　　　　　　　　　　(F)纸片

37. 薄壁工件在镗削加工过程中常因(　　　)的影响而引起变形,因而影响工件的加工精度。

(A)夹紧力　　　　　　(B)切削力　　　　　　　　　　(C)重力

(D)惯性力　　　　　　(E)应力变形　　　　　　　　　(F)热变形

38. 在镗床上加工薄壁工件时,装夹这类不规则的薄壁工件,压板作用力点的下方应有(　　　)。

(A)支承　　　　　　　(B)辅助支承　　　　　　　　　(C)支点

(D)受力点　　　　　　(E)垫板　　　　　　　　　　　(F)浮动支撑

39. 在坐标镗床上加工精密工件的找正定位方法有(　　　)。

(A)以工件侧面找正定位

(B)以工件上的对称轴线找正定位

(C)按工件上已半精加工好的孔及侧面找正定位

(D)以工件已精加工的底向找正定位

(E)以工件已精加工的顶面找正定位

(F)以工件已精加工的定位键槽找正定位

40. 镗床夹具产生基准位移误差的主要原因有(　　　)。

(A)工件定位表面的误差　　　　　　　　(B)工件定位表面与定位元件间的间隙

(C)夹具定位元件的误差　　　　　　　　(D)夹具定位机构的误差

(E)夹具定位元件与定位机构间的间隙　　(F)工件定位表面与夹具定位机构间的间隙

41. 定位元件(如 V 形架、定位销等)的(　　　),也会造成工件的基准位移误差。

(A)设计误差　　　　　　　(B)加工误差　　　　　　　(C)装配误差
(D)制造误差　　　　　　　(E)使用中的磨损　　　　　(F)间隙

42. 涂层刀具就是在韧性较好的硬质合金或高速钢刀具基体上,涂覆一层厚约 $4\sim5~\mu m$ 的耐磨性好的难熔金属化合物,从而大大提高了刀具材料的(　　)。

(A)强度　　　　　　　　　(B)硬度　　　　　　　　　(C)韧性
(D)耐高温性　　　　　　　(E)耐磨性　　　　　　　　(F)粗性

43. 涂层刀具的主要涂层材料有(　　)。

(A)碳化钛　　　　　　　　(B)氮化钛　　　　　　　　(C)氧化钛
(D)氧化铝　　　　　　　　(E)立方氮化硼　　　　　　(F)金刚石

44. 涂层刀具显著的特点是(　　)。

(A)韧性比基体高得多　　　　　　　(B)耐热性比基体高得多
(C)硬度比基体高得多　　　　　　　(D)较高的抗氧化性能
(E)较高的抗黏结性能　　　　　　　(F)摩擦系数低

45. 由于涂层刀具具有较高的(　　)性能,故它有较高的耐磨性和抗月牙洼磨损能力。

(A)抗氧化　　　　　　　　(B)抗腐蚀　　　　　　　　(C)抗黏结
(D)抗疲劳　　　　　　　　(E)抗冲击

46. 由于涂层刀具摩擦系数低,因而可降低(　　),大大提高了刀具的耐用度。

(A)切削力　　　　　　　　(B)切削应力　　　　　　　(C)切削变形
(D)凹削抗力　　　　　　　(E)切削功率　　　　　　　(F)切削温度

47. 微调镗刀常用于孔的(　　)。

(A)粗加工　　　　　　　　(B)半精加工　　　　　　　(C)精加工
(D)光整加工　　　　　　　(E)加工后的修光　　　　　(F)加工后孔的直径修正

48. 难加工材料加工时的特点是(　　)。

(A)切削力大　　　　　　　　　　　(B)切削温度高
(C)加工工件表面硬化严重　　　　　(D)容易粘刀
(E)刀具氧化严重　　　　　　　　　(F)刀具磨损快

49. 精加工不锈钢材料时可采用(　　)类硬质合金刀具材料。

(A)YT14　　　　　　　　　(B)YT12　　　　　　　　　(C)YT10
(D)YT8　　　　　　　　　 (E)YT5　　　　　　　　　 (F)YT3

50. 五尖九刃麻花钻是近年来创造的一种新型群钻,它增加了(　　)。

(A)2 个尖　　　　　　　　(B)3 个尖　　　　　　　　(C)5 个尖
(D)2 个刃　　　　　　　　(E)5 个刃　　　　　　　　(F)9 个刃

51. 双机夹刀片微调镗刀的优点是(　　),因此可以加工直径 $180\sim200~mm$ 范围内的孔。

(A)直径调整方便　　　　　(B)直径调整精确　　　　　(C)使用可靠
(D)调整范围大　　　　　　(E)切削效率高　　　　　　(F)加工精度高

52. 外排屑枪钻是一种(　　)的小直径深孔加工刀具。

(A)安全　　　　　　　　　(B)可靠　　　　　　　　　(C)高效
(D)经济　　　　　　　　　(E)大功率　　　　　　　　(F)大切削量

53. 外排屑枪钻是由带 V 形的(　　)的钻头、钻杆及钻柄组成。

(A)切削槽　　　　　　　　(B)切削刃　　　　　　　(C)容屑槽

(D)排屑槽　　　　　　　　(E)钻芯　　　　　　　　(F)切削液孔

54. 整体硬质合金小直径镗刀短而粗,(　　)采用整体硬质合金制成。

(A)刀头　　　　　　　　　(B)刀杆　　　　　　　　(C)刀柄

(D)刀尖　　　　　　　　　(E)切削刃　　　　　　　(F)刀把

55. 小直径镗刀应尽量短而粗,(　　)要有较高的同轴度。

(A)刀头　　　　　　　　　(B)刀杆　　　　　　　　(C)刀柄

(D)刀尖　　　　　　　　　(E)切削刃　　　　　　　(F)刀把

56. 镗床进行镗削加工时,被加工工件表面产生波纹的原因是(　　)。

(A)电动机振动　　　　　　(B)机床振动　　　　　　(C)刀具振动

(D)工件振动　　　　　　　(E)刀杆振动

57. 发现镗床电动机发生严重振动时,可对(　　)进行检查。

(A)供电电压的稳定性　　　　　　(B)供电的电压值

(C)电动机的平衡情况　　　　　　(D)前后轴承的同轴度

(E)前后轴承的精度　　　　　　　(F)轴承损坏情况

58. 镗削加工时,引起机床振动的主要原因是(　　)。

(A)电动机支架松动

(B)主轴箱内传动齿轮有缺陷

(C)主轴箱内柱塞润滑泵磨损而引起振动

(D)传动 V 带长短不一或调整不当

(E)主轴套上轴承松动,主轴套后支承点与支座孔不同轴

(F)夹紧力不够

59. 镗床用平旋盘刀架镗孔与用主轴镗孔二者同轴度出现超差,其产生原因是(　　)。

(A)平旋盘镶条配合过松　　　　　　(B)送刀蜗杆啮合不佳

(C)平旋盘各支点不同轴　　　　　　(D)主轴套和主轴配合间隙过大

(E)平旋盘定位锥孔与平旋盘轴锥体配合不良 (F)主轴弯曲

60. 镗床(　　)部件几何精度超差,将导致主轴与工作台两次进刀加工表面接刀不平。

(A)主轴箱　　　　　　　　(B)立柱　　　　　　　　(C)后立柱

(D)床身　　　　　　　　　(E)下滑座　　　　　　　(F)工作台

61. 当发现镗床主轴、床身、工作台部件的几何精度超差时,应以床身为基准分别测量各项精度,并对于超差项目及时进行(　　)。

(A)调整　　　　　　　　　(B)调试　　　　　　　　(C)恢复

(D)修复　　　　　　　　　(E)修整　　　　　　　　(F)改善

62. 镗床运转时,若发现主轴箱内有周期性的声响,则其产生原因是(　　)。

(A)主轴箱内柱塞润滑泵磨损而引起振动

(B)主轴套上的轴承松动

(C)主轴弯曲

(D)电动机支架松动

(E)主轴上大齿轮中某齿槽内嵌入切屑、毛刺或脏物

(F)传动齿轮上的三联齿轮副中某一个齿轮受冲击载荷掉齿

63. 镗床导轨( )是造成下滑座以最低速度运动时有爬行现象的主要原因。

(A)有脏物 (B)有毛刺 (C)调整过紧

(D)调整过松 (E)接触情况不好 (F)润滑不良

64. 当纵向移动镗床下滑座时,主轴箱与上滑座会出现同时或分别移动,其产生原因是( )。

(A)下滑座中离合器的间隙调整不当,在脱开位置离合器仍然接触

(B)离合器套内有毛刺

(C)蜗杆副间隙过松

(D)蜗杆副间隙过紧

(E)下滑座上各齿轮滑动套与轴配合不当

(F)机床上各轴的螺母拧得过紧

65. 由于( )的导向压板、镶条滑动部分装配过紧,会使镗床在小负荷切削时离合器快速打滑。

(A)镶条 (B)导向压板 (C)导向键

(D)导向导轨 (E)支承导轨 (F)滑动导轨

66. 精密坐标镗床加工工件孔距超差的主要原因是( )。

(A)刻线尺的螺旋线在全长上任意两刻线间螺距误差超差

(B)刻线尺自重使其中部产生挠度

(C)机床导轨直线度及 x 轴与 y 轴的垂直度超差

(D)机床床身及滑座刚度不足

(E)光学系统调整、定位不好

(F)滑座及工作台镶条调整不当

67. 精密坐标镗床( )超差时,应局部修研导轨面使之达到要求。

(A)导轨平行度 (B)导轨平面度

(C)导轨直线度 (D)x 轴与 y 轴的垂直度

(E)x 轴与 z 轴的垂直度 (F)y 轴与 z 轴的垂直度

68. 重新( )精密坐标镗床的光学系统,有利于控制加工工件的孔距误差。

(A)调整 (B)定位 (C)安装

(D)保养 (E)维修 (F)擦拭

69. 在显微镜下观察调整精密坐标镗床滑座或工作台镶条的松紧度时,用手移动滑座或工作台,直到刻线在显微镜的视野中( )地移动,镶条才算调整合适。

(A)明显 (B)清晰 (C)平稳

(D)无跳动 (E)缓慢 (F)均匀

70. 通过精密坐标镗床光屏观察线纹质量时,有可能在全行程上线纹出现( ),此时应调整线纹尺相对导轨的平行度精度。

(A)一端清晰、另一端模糊 (B)中间清晰、两端模糊

(C)时而清晰、时而模糊 (D)中间模糊、两端清晰

(E)全程均模糊不清 (F)根本看不到刻线

71. 精密坐标镗床加工工件表面的表面粗糙度,不符合图样要求的原因有(　　)。

(A)主轴轴向跳动太大

(B)主轴进给量不均匀

(C)进给用主轴套筒、齿条与齿轮啮合状况不良

(D)主轴套筒与主轴箱体孔间隙过大,主轴套筒下端锁紧套筒的卡圈未卡紧

(E)切削液太脏

(F)刀具角度选择不当,刀杆刚度不足及装夹不正确

72. 当发现精密坐标镗床主轴进给量不均匀时,可稍微拧紧变速箱中调节(　　)的松紧螺母。

(A)蜗轮　　　　　　　　　(B)蜗杆　　　　　　　　　(C)丝杠

(D)轴承　　　　　　　　　(E)摩擦锥　　　　　　　　(F)摩擦环

73. 精密坐标镗床进给用主轴套筒上(　　)啮合状况不良,会导致工件加工表面的表面粗糙度不符合要求。

(A)蜗杆　　　　　　　　　(B)蜗轮　　　　　　　　　(C)齿条

(D)齿轮　　　　　　　　　(E)丝杠　　　　　　　　　(F)螺母

74. 精密坐标镗床的(　　)间隙过大会导致工件加工时,表面粗糙度不符合要求。

(A)主轴　　　　　　　　　(B)主轴套筒　　　　　　　(C)主轴箱体孔

(D)导轨　　　　　　　　　(E)镶条　　　　　　　　　(F)压板

75. 精密坐标镗床刀具系统的(　　),都会造成工件的加工表面粗糙度值超差。

(A)刀具角度不对　　　　　(B)刀杆刚度不足　　　　　(C)刀具装夹不正确

(D)刀具材料不对　　　　　(E)刀具寿命低　　　　　　(F)刀具耐磨性差

76. 造成精密坐标镗床加工孔的同轴度、平行度及基准的垂直度超差的原因是(　　)。

(A)坐标床面各导轨的直线度超差　　　　(B)主轴箱体导轨的直线度超差

(C)主轴对坐标床面的垂直度超差　　　　(D)工作台或滑座镶条调整不当

(E)机床床身刚度不足　　　　　　　　　(F)坐标床画纵横向移动导轨垂直度超差

77. 使精密坐标镗床工作台滑座进给失灵,有爬行现象的主要原因有(　　)。

(A)片式摩擦离合器的摩擦片磨损,造成进给运动时打滑

(B)工作台或滑座纵、横向镶条调整不当

(C)工作台沿 x 向移动时齿轮、齿条啮合不良

(D)工作台沿 y 向移动时齿轮、齿条啮合不良

(E)滑座沿 x 向移动时齿轮、齿条啮合不良

(F)滑座沿 y 向移动时齿轮、齿条啮合不良

78. 若发现精密坐标镗床工作 1 h 后,主轴套筒垂直移动时有卡紧现象时,可以从(　　)着手排除。

(A)改善润滑条件　　　　　　　　　(B)更换新的润滑油

(C)增加冷却效果　　　　　　　　　(D)采用强制冷的冷却液切削

(E)重新调整主轴套筒与主轴箱孔的间隙　(F)减少切削用量和切削力

79. 由于精密镗床有较好的防振、隔振措施,所以(　　)的振动传不到镗头上,故镗削加工表面粗糙度值小。

(A)床身 　　　　　(B)工作台 　　　　　(C)主轴箱

(D)电动机 　　　　　(E)变速机构 　　　　　(F)夹具

80. 在精密镗床上,(　　)在高速回转时产生的动不平衡引起的自振常采用减振机构减小其影响。

(A)刀具 　　　　　(B)刀头 　　　　　(C)刀杆

(D)主轴 　　　　　(E)轴承 　　　　　(F)电动机

81. 当圆柱单刃镗刀在刀杆上装夹时,由于(　　)将会使圆柱镗刀绕其自身轴线旋转一个角度,导致刀具实际角度发生了变化。

(A)顶紧螺钉孔与镗刀孔中心线不垂直

(B)顶紧螺钉孔与镗刀头中心线不垂直

(C)镗杆与镗刀头中心线不垂直

(D)螺钉端面与圆柱镗刀上的小平面不全面接触

(E)刀杆在主轴上定位不准确

(F)圆柱镗刀在切削力作用下发生弹性变形

82. 镗工装夹工件时,一定要仔细将残留在夹具定位面上的(　　)清除干净,否则会降低调整精度,甚至使工件尺寸超差。

(A)切削液 　　　　　(B)润滑油 　　　　　(C)切屑

(D)污物 　　　　　(E)铁锈 　　　　　(F)水渍

83. 金刚镗床镗削加工中产生的自激振动是由切削力所致,它的影响因素有(　　)。

(A)工艺系统的刚度 　　　　　(B)切削用量的变化

(C)刀具的几何角度 　　　　　(D)刀头的装夹角

(E)刀杆的悬伸长度 　　　　　(F)工件的切削热变形

84. 镗削斜孔工件的工艺特点是(　　)。

(A)工件上斜孔中心线与某个平面或某个孔中心线成一定的角度关系

(B)孔端截面为椭圆

(C)工件形状多为箱体或非回转体

(D)工件一般采用角铁支承

(E)切削时镗杆悬伸较长

(F)镗削形成单边切削

85. 镗削斜孔时,工件上斜孔中心线与某个平面或某个孔的中心线成一定的角度关系,这给工件的(　　)造成了许多困难。

(A)找正 　　　　　(B)装夹 　　　　　(C)定位

(D)夹紧 　　　　　(E)调整 　　　　　(F)测量

86. 特别是对薄壁的(　　),镗削加工前应进行去应力处理,充分消除内应力,以防止加工后工件变形。

(A)铸造工件 　　　　　(B)锻造工件 　　　　　(C)焊接工件

(D)大型工件 　　　　　(E)箱体类工件 　　　　　(F)非回转体工件

87. 镗削薄壁孔时,要选择合适的切削用量,以减少(　　)对加工工件的影响。

(A)切削加工 　　　　　(B)夹紧力 　　　　　(C)切削力

(D)切削变形　　　　　　　(E)切削热　　　　　　　　(F)切削应力

88.薄壁工件往往形状不规则,为方便镗削加工时的找正和夹紧,可以在工件上设置( ),待加工完毕后再予去除。

(A)工艺余量　　　　　　　(B)工艺料头　　　　　　　(C)工艺堵头

(D)辅助支承　　　　　　　(E)活动支点　　　　　　　(F)辅助定位

89.薄壁工件的毛坯材料常采用( )。

(A)铝合金　　　　　　　　(B)精密铸造件　　　　　　(C)无缝钢管

(D)耐热合金　　　　　　　(E)耐腐蚀合金　　　　　　(F)耐磨合金

90.在镗床上镗削三层孔的主要加工方法有( )。

(A)用长镗杆与后立柱支承联合镗孔　　(B)用支承套镗孔

(C)用镗模法镗孔　　　　　　　　　　(D)调头镗

(E)用划线找正镗孔　　　　　　　　　(F)用样板找正镗孔

91.平行孔系主要的技术要求是保证孔中心线与基准面之间的( )。

(A)距离　　　　　　　　　(B)形状精度　　　　　　　(C)尺寸精度

(D)相互位置精度　　　　　(E)联系尺寸　　　　　　　(F)坐标精度

92.平行孔系镗削加工方法一般有( )。

(A)样板对中法　　　　　　(B)找正法　　　　　　　　(C)中心指示器对准法

(D)定心显微镜对准法　　　(E)镗模法　　　　　　　　(F)坐标法

93.在镗床上镗削平行孔系的工件找正方法主要有( )。

(A)划线找正　　　　　　　(B)孔距测量找正　　　　　(C)样板找正

(D)顶尖找正　　　　　　　(E)定心显微镜找正　　　　(F)中心指示器找正

94.镗模镗削法的主要缺点是( )。

(A)镗削深度受到一定限制　　　　　　(B)镗削速度受到一定限制

(C)镗削加工质量受到一定限制　　　　(D)镗套磨损较快

(E)镗模寿命低　　　　　　　　　　　(F)镗模制造周期长、成本高

95.采用镗模法加工时,镗模的制造周期长、成本高,所以镗模法加工一般适用于( )上成批镗削箱体零件孔系。

(A)精密镗床　　　　　　　(B)坐标镗床　　　　　　　(C)数控镗床

(D)组合机床　　　　　　　(E)专用机床　　　　　　　(F)万能镗床

96.在镗床上采用坐标法镗削工件时,必须掌握工件的( )以及合理选用起始孔和确定镗孔的顺序。

(A)定位方式　　　　　　　　　　　　(B)工艺基准的找正方法

(C)加工精度　　　　　　　　　　　　(D)各孔位的垂直、水平坐标关系

(E)安装基准选定　　　　　　　　　　(F)切削用量

97.镗床移动坐标镗削平面孔系的方法主要有( )。

(A)普通刻度尺和游标尺测量定位　　　(B)量规和百分表测量定位

(C)金属线纹尺和光学读数头测量定位　(D)数显装置测量定位

(E)试切法测量定位　　　　　　　　　(F)划线法找正测量定位

98.在镗床上加工相交孔系时,为了保证工作台的回转精度,可以采用( )。

(A)以回转工作台保证角度精度　　　　(B)以指示表找正保证角度精度
(C)以角铁对工件进行装夹、找正　　　　(D)以机床坐标找正
(E)以量规、百分表测量定位　　　　(F)以工艺基准面找正

99. 镗削相交孔系和交叉孔系时,镗床控制斜孔坐标位置的方法主要有(　　)。
(A)回转工作台旋转法　　　　(B)工艺基准法　　　　(C)球形检具法
(D)辅助基准法　　　　(E)机床坐标法　　　　(F)指示表找正法

100. 沟槽的形式很多,按沟槽的横截面槽形来分有(　　)。
(A)直角矩形槽　　　　(B)T 形槽　　　　(C)V 形槽
(D)燕尾槽　　　　(E)圆弧形槽　　　　(F)键槽

101. 燕尾槽铣刀有(　　)等规格,其角度应与被加工燕尾槽的加工角度相同。
(A)30°　　　　(B)45°　　　　(C)55°
(D)60°　　　　(E)75°　　　　(F)90°

102. 所谓内沟槽,就是沟槽在孔的里面,且沟槽直径比孔径大的沟槽,如(　　)等。
(A)键槽　　　　(B)排屑槽　　　　(C)退刀槽
(D)密封槽　　　　(E)孔用挡圈槽　　　　(F)定位槽

103. 在镗床上采用平旋盘镗削内沟槽时(　　),但缺点是不能镗削离孔口位太远的内沟槽。
(A)系统刚度好　　　　(B)切削平稳　　　　(C)操作方便
(D)加工效率高　　　　(E)加工精度高

104. 利用镗床平旋盘进行平面铣削的加工方法又可以分为(　　)等加工法。
(A)切向刀架固定　　　　(B)切向刀架进给　　　　(C)径向刀架固定
(D)径向刀架进给　　　　(E)主轴进给　　　　(F)工作台进给

105. 在镗床上进行大平面铣削时,工件的进给方式有(　　)。
(A)回形进刀方式　　　　(B)周边进刀方式　　　　(C)平行进刀方式
(D)纵向进刀方式　　　　(E)横向进刀方式　　　　(F)圆周进刀方式

106. 在镗床上转动工件镗削斜面的主要方法有(　　)。
(A)用机床坐标找正工件　　　　(B)按划线找正工件
(C)回转工作台找正工件　　　　(D)水平转台找正工件
(E)交叉万能转台找正工件　　　　(F)角度铣刀铣削斜平面

107. 采用角度铣刀铣削斜平面的方法仅能用于(　　)的平面加工。
(A)宽　　　　(B)窄　　　　(C)长
(D)短　　　　(E)厚　　　　(F)薄

108. 在镗床上对孔口端面镗削的主要方法有(　　)。
(A)镗床主轴进给加工端面　　　　(B)镗床工作台进给加工端面
(C)镗床平旋盘径向刀架加工端面　　　　(D)利用直角弯头镗刀加工端面
(E)利用铣刀盘加工孔端面　　　　(F)利用端铣刀加工端面

109. 对于大型工件的机体、床身、立柱、主轴箱体,其(　　),加工时需要较大的场地和能承受其重力及切削力作用的大型机床。
(A)结构复杂　　　　(B)加工表面多　　　　(C)精度要求高

(D)形体尺寸大   (E)质量大   (F)装夹困难

110. 大型箱体件有许多孔、面及其他要素,分布在箱体不同的部位,加工时需要进行多次(   ),致使工作量增加,找正困难。

(A)搬运   (B)翻转   (C)定位

(D)装夹   (E)找正   (F)对中

111. 铸铁的(   )都比较优越,是制造箱体的首选材料。

(A)耐磨性   (B)耐热性   (C)抗振性

(D)稳定性   (E)可塑性   (F)可切削性

112. 金属材料的切削性能是从(   )等几个方面来综合衡量的。

(A)刀具耐用度   (B)刀具寿命

(C)允许最高切削速度   (D)允许最大切削功率

(E)已加工表面完好性   (F)切屑排除难易程度

113. 难加工材料一般(   ),因而切削力大。

(A)硬度高   (B)强度大   (C)切削后残余应力大

(D)切削时应力大   (E)韧性好   (F)切削塑性变形大

114. 属于奥氏体组织,切削时硬化倾向较大,通常是中碳钢的数倍的材料有(   )。

(A)高锰钢   (B)奥氏体不锈钢   (C)高温合金

(D)高碳工具钢   (E)低合金刃具钢   (F)耐磨材料

115. 材料的切屑强韧,切削温度高,当强韧的切屑流经前刀面时,将产生黏结、熔焊等粘刀现象的材料有(   )。

(A)高锰钢   (B)奥氏体不锈钢   (C)高温合金

(D)高碳工具钢   (E)低合金刃具钢   (F)耐磨材料

116. 高锰钢切削加工困难的主要原因是(   )。

(A)韧性高   (B)粘刀严重   (C)硬化严重

(D)导热性差   (E)切削热量大   (F)塑性变形大

117. 半圆孔镗削加工以后的直接测量方法主要有(   )。

(A)工艺余料法   (B)工艺余块法   (C)平尺百分表法

(D)机床坐标法   (E)机床回转工作台测量法   (F)弓高计算法

118. 直角铣头主要由(   )组成,铣头可以360°范围内回转,它不仅可以铣平面、侧面,也可以铣齿轮、槽等。

(A)主轴   (B)刀杆   (C)锥柄

(D)连接法兰   (E)铣头   (F)支座

119. 生产中使用的比较仪有(   )。

(A)齿轮齿条式比较仪   (B)丝杠螺母式比较仪

(C)扭簧比较仪   (D)小型扭簧比较仪

(E)杠杆齿轮比较仪   (F)小型杠杆齿轮比较仪

120. 数字式万能工具显微镜可用(   )进行测量。

(A)影像法   (B)轴切法   (C)投影法

(D)角坐标法   (E)极坐标法   (F)光切法

121. 数字式万能工具显微镜可按角坐标法或极坐标法精确测量工件的( )及零件的形状等。

    (A)长度   (B)角度   (C)孔中心距离

    (D)轴和孔的距离   (E)孔的圆度   (F)平行度

122. 测长仪是一种光学机械式长度计量仪器,按其结构可分为立式测长仪和卧式测长仪,按其读数方式可分为( )。

    (A)机械式测长仪   (B)光学式测长仪   (C)回镜式测长仪

    (D)投影式测长仪   (E)数字式测长仪   (F)物镜式测长仪

123. 典型的测长仪是由( )等部件组成的。

    (A)底座   (B)万能工作台   (C)测量座

    (D)尾座   (E)目镜   (F)读数装置

124. 测长仪的基本附件包括( )。

    (A)内测装置   (B)电眼装置   (C)内、外螺纹中径测量装置

    (D)顶尖架   (E)螺母   (F)光学读数头

125. 利用测长机本身的标尺和测微读数装置,可对( )进行直接绝对测量,借助量块等标准件,也可进行微差测量。

    (A)千分尺校正棒   (B)内径千分尺   (C)卡板

    (D)圆柱体直径   (E)精密内孔   (F)螺纹

126. 角度量块是成套供应的,有 94 块组、26 块组和 19 块组等,常用的有( )块组。

    (A)15   (B)12   (C)9

    (D)7   (E)3

127. 镗削加工工件的位置公差主要有( )。

    (A)孔与孔的同轴度   (B)孔与孔或孔与平面的平行度

    (C)孔与孔或孔与平面的垂直度   (D)孔与孔或孔与平面的倾斜度

    (E)孔与孔或孔与平面的对称度   (F)孔的位置度

128. 斜孔中心位置度的检测方法主要有( )。

    (A)用工艺孔检测   (B)用标准圆柱检测

    (C)在坐标镗床上检测   (D)用正弦规检测

    (E)用量棒找正检测   (F)用平板直尺检测

129. 斜孔中心线倾斜度的检测方法主要有( )。

    (A)用工艺孔检测   (B)用标准圆柱检测   (C)在坐标镗床上检测

    (D)用正弦规检测   (E)用量棒找正检测   (F)用甲板直尺检测

130. 接触式表面粗糙度测量仪根据传感器原理不同,仪器可分为( )。

    (A)机械传动类   (B)电感比较类   (C)电子转换类

    (D)光电转换类   (E)激光光电转换类   (F)电磁转换类

131. 以镗削加工为主的数控机床称为自动换刀数控镗铣床,它可在零件一次装夹中完成( )等加工工序,是一种高效自动化设备。

    (A)铣   (B)镗   (C)钻、扩

    (D)铰   (E)锪   (F)攻螺纹

132. 数控加工时,应尽可能选用较大时切削用量,同时选择合适的(   )。

(A)机床   (B)刀具   (C)辅具

(D)量具   (E)夹具   (F)机具

133. 合理安排数控机床的加了工序,确定零件加工的(   )。

(A)定位面   (B)基准面   (C)夹紧面

(D)基准孔   (E)加工余量   (F)切削用量

134. 在数控机床上一次装夹完成的工序内容需考虑零件最后的(   )。

(A)精度要求   (B)表面粗糙度要求   (C)形位公差要求

(D)装配要求   (E)力学性能要求   (F)热处理要求

135. 在数控机床上加工时,对于一些复杂零件,加工过程中由于(   )等原因,可将加工分为两次或多次来完成。

(A)热处理   (B)内应力   (C)零件夹压变形

(D)数控编程过长   (E)加工工序过多   (F)加工表面过于复杂

136. 数控机床加工的每一加工工序均须考虑由粗而精的原则,先进行(   ),除去零件毛坯上大部分的加工余量。

(A)大走刀   (B)余量大的加工   (C)发热量大的加工

(D)精度低的面的加工   (E)重切削   (F)粗加工

137. 数控机床加工时应遵循由粗渐精的原则,先除去毛坯上大部分的加工余量,然后再安排一些(   )的工序。

(A)小走刀   (B)余量小   (C)发热量小

(D)加工要求不高   (E)半精加工   (F)孔加工

138. 在数控机床上进行精加工时,每个工序应尽量减少(   )。

(A)切削速度   (B)进给量   (C)切削深度

(D)空行程移动量   (E)刀具更换次数   (F)工件装夹次数

139. 在数控机床上加工时,建议采用的加工顺序是(   )。

(A)铣大平面   (B)粗镗孔、半精镗孔   (C)立铣刀加工

(D)钻中心孔、钻孔   (E)攻螺纹   (F)孔、面精加工

140. 在数控镗铣床上进行孔、面的精加工主要包括(   )等加工工序。

(A)精车   (B)精磨   (C)铰

(D)镗   (E)精铣   (F)研磨

141. 在数控镗床上完成加工工序时应考虑的因素有(   )。

(A)确定零件的加工基准面、基准孔、加工余量等

(B)凡采用其他机床比采用数控镗床更为经济时,应考虑采用其他机床加工

(C)一次装夹完成的加工工序内容,需考虑零件最后的精度要求和热处理要求

(D)对每一加工工序均须考虑由粗渐精的原则

(E)加工工序应尽可能选用较大的切削用量

(F)若选用机床的刚度好,可采用多刀多刃复合加工

142. 数控镗床的工艺特点及技术措施主要有(   )。

(A)应选择适合于数控镗床加工的工件

(B)要安排其他设备完成数控镗床加工前的准备工序和数控镗床加工后的精化工序

(C)在数控镗床加工前,精化零件毛坯,只留少量加工余量

(D)毛坯材质均匀,铸锻件须消除内应力

(E)尽可能选用较大的切削用量,选择合适的刀具和夹具,主轴刚度好时,可采用多刀多刃复合加工

(F)合理安排加工工序

143. 在进行数控镗床工艺设计时,要安排其他设备完成(　　　)。

(A)数控镗床加工前的准备工序　　　(B)数控镗床加工前的粗加工工序

(C)数控镗床加工前的半精加工工序　(D)数控镗床加工前的去除过多余量工序

(E)数控镗床加工后的精化工序　　　(F)数控镗床加工后的超精加工工序

144. 数控镗床上加工的毛坯材质要均匀,(　　　)须经过高温时效消除内应力,以达到经过多工序加工后工件变形最小目的。

(A)铸件　　　　　　　(B)锻件　　　　　　　(C)结构件

(D)半成品件　　　　　(E)粗加工件　　　　　(F)半精加工件

145. 若所选用的数控机床主轴刚度好,则可采用(　　　)复合加工。

(A)高速　　　　　　　(B)强力　　　　　　　(C)大走刀量

(D)大功率　　　　　　(E)多刀　　　　　　　(F)多刃

146. 选择数控机床夹具时应考虑的因素有(　　　)。

(A)工件定位基准对夹具夹紧的要求

(B)夹具、工件与机床工作台面的连接方式

(C)设计夹具时必须给刀具运动轨迹留有足够的空间

(D)夹具必须保证最小的夹紧变形

(E)夹具必须装卸工件方便、夹紧可靠

(F)夹具底面应与工作台面接触可靠

147. 在设计数控机床夹具时,要考虑(　　　)和机床工作台的连接方式。

(A)刀具　　　　　　　(B)辅具　　　　　　　(C)夹具

(D)镗模　　　　　　　(E)量具　　　　　　　(F)工件

148. 工件对数控机床夹具的要求是(　　　)。

(A)装卸工件方便　　　(B)定位准确　　　　　(C)夹紧变形小

(D)夹具稳定性好　　　(E)夹紧可靠　　　　　(F)排屑顺畅

149. 标准刀具与数控镗床主轴连接的接合面是7:24圆锥面,常用(　　　)号锥柄,国产数控镗床大多数采用(B)T标准。

(A)25　　　　　　　　(B)30　　　　　　　　(C)35

(D)40　　　　　　　　(E)45　　　　　　　　(F)50

150. 当数控镗床采用(　　　)刀柄时,需要综合考虑各种因素。

(A)模块式　　　　　　(B)标准　　　　　　　(C)组合

(D)复合　　　　　　　(E)专用　　　　　　　(F)速换

151. 所谓数控编程,就是把零件的(　　　)等信息,按照数控镗床能识别的语言记录在程序单上的全过程。

(A)工艺过程　　　　　　　(B)工艺参数　　　　　　　(C)机床运动

(D)刀具位移　　　　　　　(E)刀具寿命　　　　　　　(F)切削用量

152.数控镗床的编程方法分为(　　)。

(A)现场编程　　　　　　　　　　(B)远距离编程

(C)手工编程　　　　　　　　　　(D)计算机编程

(E)手工键入　　　　　　　　　　(F)编在纸带上或磁盘上再输入数控系统

153.数控机床导轨没有润滑油或润滑状况不好的原因是(　　)。

(A)供油器、油箱缺油　　　　　　(B)润滑油管堵塞

(C)供油器供油不足　　　　　　　(D)油泵不运转

(E)进油管吸空　　　　　　　　　(F)润滑油变质

154.当发现机床导轨没有润滑油或润滑状况不好时,排除这一故障的方法有(　　)。

(A)更换润滑油　　　　　　　　　(B)更换润滑泵

(C)加长进油管　　　　　　　　　(D)往油箱、供油器补充润滑油

(E)疏通润滑油管　　　　　　　　(F)转动供油器的紧固螺钉,加大供油量

155.当发现数控镗床各坐标轴无法移动时,产生此故障的机械方面原因主要有(　　)。

(A)滚珠丝杠联轴器松动　　　　　(B)导轨压板研伤

(C)移动部件的镶条间隙未调好　　(D)导轨面拉毛、研伤

(E)移动部件润滑不良　　　　　　(F)滚珠丝杠咬死

156.排除数控机床由于机械故障导致 x、y、z 轴不能移动的主要措施有(　　)。

(A)调整压板与导轨间隙　　　　　(B)拧紧联轴器的螺钉

(C)调整镶条间隙合适　　　　　　(D)用油石或砂布打光拉毛的导轨面

(E)改善运动部件的润滑状况　　　(F)重新调整滚珠丝杠与螺母的间隙

157.当数控镗床工作台滑座、主轴箱移动有噪声时,产生此故障的主要原因是(　　)。

(A)导轨润滑情况不良　　　　　　(B)主轴箱传动丝杠轴承盖未压紧

(C)传动丝杠与螺母间隙过小　　　(D)传动丝杠与螺母间隙过大

(E)传动丝杠轴承破损　　　　　　(F)传动丝杠联轴器松动

158.消除数控镗床工作台滑座、主轴箱移动时,噪声大的主要措施有(　　)。

(A)改善导轨润滑条件　　　　　　(B)调整传动丝杠压盖,使其压紧轴承端面

(C)调整滚珠丝杠与螺母的间隙　　(D)调整丝杠滚动轴承间隙

(E)更换破损的轴承　　　　　　　(F)拧紧联轴器的锁紧螺钉

159.数控镗床运行时,由于(　　)将会导致主轴发热。

(A)轴承有损伤　　　　　　　　　(B)轴承及润滑剂不清洁

(C)主轴前端盖与主轴箱体压盖研伤 (D)主轴轴承缺油

(E)主轴轴承润滑脂填充过满　　　(F)主轴轴承松动

160.排除数控镗床运行时主轴发热的主要措施是(　　)。

(A)及时更换损伤的轴承　　　　　(B)仔细清洗变质润滑剂后更换新润滑剂

(C)调整轴承与后盖的间隙至 0.02~0.05 mm (D)加入说明书所要求的润滑油或润滑脂

(E)调整轴承松紧程度　　　　　　(F)调整电动机与主轴连接的传动带张力

161.数控镗床主轴在强力切削时会丢转或停转的主要原因是(　　)。

(A)主轴上的联轴器松动 　　　　　(B)主轴轴承前端盖压紧面松动

(C)主轴轴承缺油 　　　　　　　　(D)电动机与主轴连接的传动带过松

(E)传动带表面有油 　　　　　　　(F)传动带使用时间过长,橡胶老化

162.(　　)是排除数控镗床主轴在强力切削时丢转或停转的主要措施。

(A)移动电动机座,张紧传动带

(B)重新紧固电动机上的联轴器

(C)紧固主轴轴承前盖,使之压紧轴承

(D)按说明书要求加入合适的润滑油、润滑脂

(E)用汽油清洗传动带,擦拭干净后重新装上

(F)更换老化的传动带

163.数控镗床切削加工时,主轴旋转噪声大的主要原因是(　　)。

(A)主轴轴承缺少润滑脂 　　　　　(B)带轮转动时不平衡

(C)主轴与电动机之间传动带张得太紧 (D)主轴轴承前端盖压得太紧

(E)主轴前、后轴承损伤 　　　　　(F)主轴联轴器有松动现象

164.消除数控镗床主轴旋转噪声大的主要措施有(　　)。

(A)调整主轴轴承前端盖间隙 　　　(B)更换损坏的轴承

(C)重新紧固主轴联轴器 　　　　　(D)按机床说明书要求补充润滑油、润滑脂

(E)对带轮重新进行动平衡 　　　　(F)移动电动机位置,使传动带张紧适度

165.数控镗床产生刀具不能夹紧故障的主要原因是(　　)。

(A)压缩空气气压不够 　　　　　　(B)增压器漏气

(C)刀具夹紧油缸漏油 　　　　　　(D)松锁刀弹簧压合过松

(E)刀套上的调整螺钉压合过紧 　　(F)刀套转动轴锈蚀

166.排除数控镗床刀具不能夹紧故障的主要措施有(　　)。

(A)调整松锁刀弹簧的松紧度

(B)调整刀套上的调整螺母的松紧度

(C)调整气压使之在 0.5～0.7 MPa 范围内

(D)修理增压器,使之不漏油

(E)更换压紧油缸密封环,使之不漏油

(F)调整松锁刀弹簧上的螺母,使其最大工作载荷为 1.3 kN

167.控镗床产生刀套不能拆卸或停留一段时间后才能拆卸的原因是(　　)。

(A)操纵刀套拆卸的 90°气阀没有动作 (B)供气气压不足

(C)刀套上的转动轴锈蚀 　　　　　(D)刀具质量过大

(E)机械于夹紧销损坏 　　　　　　(F)伺服电动机轴与蜗杆轴的联轴器松动

168.数控镗床刀具从机械手中脱落的主要原因是(　　)。

(A)操纵刀套拆卸的 90°气阀没有动作 (B)供气气压不足

(C)刀套上的转动轴锈蚀 　　　　　(D)刀具质量过大

(E)机械手夹紧销损坏 　　　　　　(F)伺服电动机轴与蜗杆轴的联轴器松动

169.排除数控镗床刀套不能拆卸或停留一段时间才能拆卸故障的主要措施有(　　)。

(A)修理气阀 　　　　　　　　　　(B)提高气压至 0.5～0.7 MPa

(C)更换轴套

(E)更换弹簧

(D)要求每套刀具的总质量不得大于 10 kg

(F)紧固联轴器工的螺钉

170. 排除数控镗刀刀具交换时掉刀的主要措施有(　　　)。

(A)修理气阀

(C)更换轴套

(E)更换弹簧

(B)提高气压至 0.5～0.7 MPa

(D)要求每套刀具的总质量不得大于 10 kg

(F)紧固联轴器上的螺钉

171. 数控机床液压系统维护的主要措施是(　　　)。

(A)保持油液的清洁

(B)控制液压油的温度

(C)防止液压系统内、外泄漏

(D)防止液压系统的振动和噪声

(E)严格执行日常点检制

(F)严格执行定期检查、清洗、过滤和更换液压油制度

172. 数控机床气动系统维护的主要措施是(　　　)。

(A)保证供给洁净的压缩空气

(B)保证压缩空气内含有适量的润滑油

(C)保持气动系统的密封性

(D)保证气动元件中运动件的灵敏性

(E)保证气动装置中合适的工作压力和运动速度

(F)严格执行日常点检制度

173. 数控机床出现(　　　)等属于机床品质下降的故障,它们可以通过检测仪器来检测,从而发现其产生的原因。

(A)噪声加大

(C)定位精度差

(E)机床起停有振荡

(B)振动较强

(D)反向死区大

(F)机床开机时整机无法启动

174. 数控机床出现软件故障,可能是由于(　　　)等原因造成的。

(A)程序编制错误

(C)程序输入错误

(E)程序分析错误

(B)参数设置不正确

(D)程序处理错误

(F)反馈信息错误

175. 在编制箱体类零件在数控镗床上的加工走刀路线时,应在保证零件质量的前提下(　　　)程序编写要简捷,确保机床运行安全可靠。

(A)尽可能减少加工工序

(C)尽可能加大切削用量

(E)尽可能减少刀具交换次数

(B)尽可能减少零件装卸次数

(D)尽可能采取最短路线

(F)尽可能减少工件测量次数

176. 数控机床切削用量的选择往往受到(　　　)等的制约,因此在工艺设计时应充分考虑这些因素,选择合理的切削用量。

(A)机床

(C)零件的材质和热处理状况

(E)工艺系统刚度

(B)刀具

(D)零件加工要求

(F)机床功率

177. 数控镗床不但能够完成复杂箱体件的(　　)等多种工序加工,而且能够进行各种平面轮廓和立体轮廓的铣削加工。

(A)钻　　　　　　　　　　(B)镗　　　　　　　　　　(C)扩

(D)铰　　　　　　　　　　(E)攻螺纹　　　　　　　　(F)内孔研磨

178. 对于复杂型面在数控镗床上加工时要进行适当的工艺处理,以(　　)。

(A)简化运动轨迹的计算　　　　　　(B)减少机床运动次数

(C)减少换刀次数　　　　　　　　　(D)减少工件装夹次数

(E)减少编程的难度　　　　　　　　(F)减少编程的错误

179. 平面轮廓多数由(　　)组成,这类零件编程时不需要复杂的计算即可完成轮廓加工的编程工作。

(A)单点　　　　　　　　　　(B)直线　　　　　　　　　(C)平面

(D)圆　　　　　　　　　　　(E)曲线　　　　　　　　　(F)圆弧

180. 当平面轮廓是任意曲线时,由于目前尚无实现任意曲线加工的数控系统,因此可以采用逼近法来解决这类型面的加工,主要方法有(　　)。

(A)用直线插补的方法来逼近曲线　　　(B)用圆插补的方法来逼近曲线

(C)用圆弧插补的方法来逼近曲线　　　(D)用斜率插补的方法来近似逼近曲线

(E)用折线来近似逼近曲线　　　　　　(F)用相贯线来近似逼近曲线

181. 立体轮廓对于两轴联动的数控镗床可以采用(　　)进行加工。

(A)行切法　　　　　　　　　(B)列切法　　　　　　　　(C)分层切法

(D)分段切法　　　　　　　　(E)阶梯逼近法　　　　　　(F)循环逼近法

182. 在两轴联动的数控镗床上用近似加工方法加工立体轮廓,其加工精度与(　　)的密度有直接关系。

(A)分行　　　　　　　　　　(B)分列　　　　　　　　　(C)分条

(D)分线　　　　　　　　　　(E)分层　　　　　　　　　(F)分阶

183. 下列属于常用螺纹的特征代号的为(　　)。

(A)M　　　　　　　(B)G　　　　　　　(C)Tr　　　　　　　(D)N

184. 在机械制图中需用细实线表示的有(　　)。

(A)剖面线　　　　(B)尺寸线　　　　(C) 轴线　　　　(D)轮廓线

185. IRIS 标准中提到的变更包括(　　)。

(A)项目变更　　　(B)过程变更　　　(C)设计变更　　　(D)合同变更

四、判 断 题

1. 同一图样中同类图线的宽度应基本一致。(　　)

2. 物体的正投影图叫做主视图。(　　)

3. 对称的重合剖面及画在剖切平面位置线的延长线上的移出剖面应标注剖切符号。(　　)

4. 灵敏度与精确度两者含义是一致的,只是叫法不同。(　　)

5. 基本偏差为一定的孔的公差带与不同基本偏差的轴的公差带形成各种配合的制度称为基轴制。(　　)

6. 在基孔制中 a～h 用于间隙配合,j～n 用于过渡配合。(　　)

7. 零件表面或轴线的实际位置对基准所允许的变动量称为位置公差。(　　)

8. 同一表面上有不同的表面粗糙度要求时,须用粗实线画出其分界线,并注出相应的表面粗糙度代号和尺寸。(　　)

9. 不锈钢是指在腐蚀性介质中高度稳定的钢种,即不锈钢不生锈。(　　)

10. 不锈钢的含铬量低于 13%。(　　)

11. 铝合金具有良好的铸造性,通过热处理可进一步提高机械性能。(　　)

12. 凸轮机构主要是由凸轮、从动件和机架三个构件所组成。(　　)

13. 由于带传动是通过摩擦力来传递运动的,在相同的条件下,平型皮带的传动能力约为三角皮带的 3 倍。(　　)

14. 螺旋传动中,通过对主动力、摩擦阻力的简化后,可以用重物在斜面上的受力情况进行受力分析。(　　)

15. 链传动的优点是传动平稳性好,瞬时传动比恒定。(　　)

16. 公法线平均长度偏差是评定齿轮齿侧间隙的一项指标。(　　)

17. C6140A 床身上最大工件回转直径为 200 mm。(　　)

18. M131W 型万能外圆磨床可以磨削外圆柱面、外圆锥面、内圆柱面和内圆锥面。(　　)

19. 当用较小前角的刀具,较高的切削速度和较小进给量切削塑性材料时,切屑为带状切屑。(　　)

20. 刀具材料的高温硬度与耐磨性越好越不易磨损。(　　)

21. 在高温切削条件下,刀具材料高温材料硬度须在 HRC40 以上。(　　)

22. 硬质合金刀具硬度高,耐磨性好、耐冲击,刃口比高速钢刀锋利。(　　)

23. 与工件已加工表面相对并相互作用的表面称为后刀面。(　　)

24. 后角过大会削弱刀刃强度,减小导热体积。(　　)

25. 加工硬金属时,应选用软砂轮,加工软金属时,应选用硬砂轮。(　　)

26. 润滑油的温度与黏度的大小有关。(　　)

27. 加工高强度材料时,刀具前刀面承受的压力较大,要求润滑油有足够的强度。(　　)

28. 进给量对切削抗力的影响较大。(　　)

29. 密闭容器内的平稳液体中,各点的压力不相等。(　　)

30. 应选用具有化学稳定性良好、质量纯净、有良好抗乳化性和抗泡沫性的液压油。(　　)

31. 齿轮泵工作压力的提高不受困油现象的限制。(　　)

32. 溢流阀的主要功用是控制和调整液压系统的压力,以保证系统在基本不变的压力下工作。(　　)

33. 百分表即可用作绝对测量,也可用作比较测量。(　　)

34. 为了减小测量力引起的测量误差,要求测量力的大小要适当,稳定性要好。(　　)

35. 利用夹具定位夹紧工件,可降低成本,提高生产率。(　　)

36. 工件在夹具中定位时,必须要限制 6 个自由度。(　　)

37. 通常划线精度要求在 0.25～0.5 mm。(　　)

38. 推挫法能充分发挥手的力量,切削效率高。(　　)

39. 手工铰孔时,孔口处出现喇叭口的原因是两手用力不平衡和铰刀摇摆。(　　)

40. 自动空气断路器常用在低压配电线路中,主要作为过载、失压及短路保护。(　　)

41. 接触器与按钮配合可以实现远距离控制负载电路的接通与分断。(　　)

42. 控制电路基本上是两类部件组成,一类是各种控制电器和保护电器的线圈,另一类是各种触点。(　　)

43. 把电气设备不带电的金属部分接地的目的是防止工作人员发生间接触电事故。(　　)

44. 安装砂轮之前,先要仔细检查砂轮是否有裂纹,对于有裂纹的砂轮应严格禁止使用。(　　)

45. 重要环境因素是指具有或可能具有重大环境影响的环境因素。(　　)

46. 装配基准和定位基准的表面粗糙度值为 $Ra1.6\sim0.8\ \mu m$,轴承孔的表面粗糙度值为 $6.3\sim3.2\ \mu m$。(　　)

47. 在箱体零件上,加工面有底面、端面和轴孔。(　　)

48. 在单件、小批生产箱体零件时,通常选择孔和与孔相距较远的一个轴孔作为粗基准。(　　)

49. 粗加工的质量好坏将不直接影响半精加工和精加工的加工质量。(　　)

50. 镗削加工只能镗削单孔和孔系。(　　)

51. 镗削要素是指切削速度和进给量。(　　)

52. 一般精加工,使用切削液的目的是以冷却为主,即主要是提高刀具的切削能力和耐用度。(　　)

53. 用顶面和两个销孔作为箱体加工的精基准,是符合基准统一原则的。(　　)

54. 在中、小批箱体零件加工时,常把底面和导向面作为统一的工艺基准来加工其他表面。(　　)

55. 镗削工件的夹紧力作用点应尽量远离工件的加工部位。(　　)

56. 箱体零件的找正有直接找正和间接找正两种方法。(　　)

57. 用镗模法镗孔,镗杆与机床主轴采用刚性联接。(　　)

58. 准备功能也称为 G 功能,它由字母"G"和两位数字组成。(　　)

59. 子程序的构成与主程序的构成不相同。(　　)

60. 三点圆法是通过已知三个节点求圆并作为两个圆程序段。(　　)

61. 按镗刀的主切削刃来分,镗削加工可分为单刃镗刀和双刃镗刀两种。(　　)

62. 在精镗加工时,镗刀刀头要有足够的耐磨性。(　　)

63. 螺纹镗刀的左右切削刃必须平直,无崩刀。(　　)

64. 用镗刀镗孔是孔的镗削加工方法中最主要的加工方法,可以加工各种零件上不同尺寸的孔,可以进行粗加工,也可进行精加工,特别适于单件、小批生产。(　　)

65. 用镗刀镗孔可以纠正钻孔、扩孔而产生的孔的各类误差。(　　)

66. 用浮动镗刀镗出的孔的大小同孔块预调尺寸一致。(　　)

67. 用立铣刀加工封闭式矩形直角沟槽时,需在工件上预钻落刀孔。(　　)

68. 镗削不通孔工件,可以采用双刃镗刀及浮动镗刀来加工。(　　)

69. 在镗床上加工外圆面的方法只有平旋盘装刀法和飞刀架装刀法。(　　)

70. 所谓数控机床的可靠性是指在规定条件下(如环境温度、使用条件及使用方法等)有故障工作能力。(　　)

71. 镗床是加工孔和平面为主的机床,不可能进行铣外圆柱面和螺纹加工。（　　）

72. T68 卧式镗床主电机的转速为 1 500～3 000 r/min。（　　）

73. T68 卧式镗床主轴的 18 档转速,通过改变一个三联滑移齿轮的不同啮合位置就可得到。（　　）

74. 要提高数控机床利用率,避免长期闲置,一旦不用时要保持断电。（　　）

75. T4145 坐标镗床主轴转速是通过调节主电机工作电流的大小来变化的。（　　）

76. 镗床在作空载运转试验时,对运动部件运转时间有一定的要求。（　　）

77. 卧式镗床主轴与工作台进刀接不平,有可能是送刀蜗杆副啮合不佳造成的。（　　）

78. 卧式镗床的主轴和主轴套或平旋盘主轴配合不良,都可能使两者所镗孔的同轴度超差。（　　）

79. 在卧式镗床上镗孔时,出现均匀螺旋线是因为主轴有轴向窜动。（　　）

80. 数控机床附近不应有电焊机、高频处理等设备,避免高温对机床精度的影响。（　　）

81. 过滤器要定期清洗更换滤芯,经检验合格才能使用。（　　）

82. 数控机床很少采用滚动导轨和静压导轨。（　　）

83. Computer Numerical Control 中文意思是计算机微处理器。（　　）

84. 镗削实践证明,镗削速度 v 对刀具的使用寿命影响最大。（　　）

85. 镗削不通孔工件,可以采用双刃镗刀和浮动镗刀来加工。（　　）

86. 深孔加工的镗杆细长,强度和刚度比较差,在镗削加工时容易弯曲、变形和振动。（　　）

87. 悬伸镗削法可以广泛用来加工箱体、壳体类工件上的浅孔以及同轴孔系的端面孔。（　　）

88. 在悬伸镗削中,由于镗床主轴不断伸出,镗出来的轴线会随着主轴线弯曲而弯曲。（　　）

89. 悬伸镗削法不适合镗削孔壁间距较大箱体和机架的同轴孔系。（　　）

90. 用长镗杆与尾座联合镗削同轴孔系时,镗出来的孔的同轴度要比悬伸镗削法和支撑镗孔的精度高。（　　）

91. 在卧式镗床上镗削中小型工件的同轴孔系时,除穿镗法外,还可用调头镗来加工。（　　）

92. 用试切法镗削平行孔系时,不仅适用于单件、小批生产,也适用于大批大量生产。（　　）

93. 镗削加工平行孔系中的主要问题是如何保证孔系的相互位置精度、孔与基本面的位置精度以及孔本身的尺寸精度。（　　）

94. 用坐标法加工平行孔系,各孔之间的中心距是依靠坐标尺寸来保证的。（　　）

95. 用心轴较正法镗削垂直孔系比用回转镗削垂直孔系生产率低。（　　）

96. 镗削孔系孔时,只要保证两孔轴线的垂直度就可以了。（　　）

97. 箱体零件上常见的孔有同轴孔系、平行孔系、垂直孔系和相交孔系。（　　）

98. 空间相交孔系中,孔轴线之间的夹角精度一般由回转工作台的分度精度来保证。（　　）

99. 加工斜孔零件时,常把与斜孔有平行度关系的面作为主要定位基准面。（　　）

100. 在精镗加工斜孔时,要特别注意斜孔出口处的加工质量。斜孔在出口处的截面常为椭圆形、单面切削,容易引起振动,造成喇叭口等尺寸误差和形状误差。（　　）

101. 为了提高精镗斜孔的加工质量,在半精镗加工结束后,最好将压板松一下,再用较小的力对工件进行夹紧,然后就可以进行精镗加工。（　　）

102. 在用千分表检验斜孔中心线对测量基准面的平行度时,千分表在检验棒前后两处间的距离应与工件上斜孔长度基本一致。（　　）

103. 圆柱、圆锥上的圆周分度孔系的工件,一般均放在转台上加工。（　　）

104. 在加工平面环形 T 形槽时,应先加工装配时放入 T 形螺栓用的落刀孔。（　　）

105. 加工 V 形槽窄槽时,锯片铣刀的厚度与窄槽宽度尺寸相同。（　　）

106. 加工平面一般用面铣刀和圆柱铣刀,较小的平面也可用立铣刀和三面刃铣刀。（　　）

107. 在镗床上加工内沟槽,必须采用具有径向进给功能的刀架才能获得。（　　）

108. 用周铣来加工平面时,平面度的好坏,主要取决于铣刀的圆柱素线与回转中心线的平行度。（　　）

109. 采用顺铣加工方式时,必须消除丝杠与丝母的间隙。（　　）

110. 影响镗床铣刀寿命的主要原因是铣刀的转数。（　　）

111. 利用平旋盘进行铣削只有径向刀架固定一种方式。（　　）

112. 只有在工作宽度接近于铣刀直径的情况下,才能对称铣削来加工。（　　）

113. 在坐标镗床上铣削平面时,应采用工作台作进给运动,为防止机床变形,铣削用量应较小。（　　）

114. 在铣 T 形槽时为防止铣刀折断,镗工应及时清理切屑,合理使用切削液和合理选择切削用量。（　　）

115. 在箱体工件上,主要加工面有底面、端面和轴孔。（　　）

116. 对薄壁的铸件和焊接零件来说,在加工之前应作去应力处理,主要是为了消除内应力,防止变形。（　　）

117. 对形状复杂的薄壁工件,一般可利用其外形轮廓来进行定位。（　　）

118. 在镗削加工薄壁工件时,因加工余量少,所以可不分粗、精加工,一次镗出。（　　）

119. 切削加工时,切屑排除难的金属材料不能视为特殊材料。（　　）

120. 多数难加工材料的导热性极差,造成切削温度升高,高温度往往集中在切削刃口附近的狭长区内,加快刀具的磨损。（　　）

121. 镗削不锈钢,首先选用强度高、导热性能和黏结性能好、热硬性高的刀具材料。（　　）

122. 镗削不锈钢时,应选择较大的前角,当不锈钢的硬度低,塑性高时前角则应小一些,以减少切削变形及后刀面与加工表面间的摩擦。（　　）

123. 不锈钢具有易黏结和导热性差的特性,所以在选择切削液时,应选择抗黏结和散热性好的切削液。（　　）

124. 淬火钢材料镗削加工时,为了增加切削刃的抗压强度和刀具导热面积,可选用较大的前角。（　　）

125. 喷涂是采用喷枪把特殊低熔点合金粉末喷洒到经过清理的金属表面上,依靠合金粉末的化学反应与基体金属扩散结合,获得牢固的喷涂层。（　　）

126. 在镗床上镗削不完整孔不宜采用浮动镗刀镗削,应采用单刃镗削。（　　）

127. 在采用配圆的工艺方法加工缺圆工件时,为了节省材料,在加工精度要求不高的条件下,可以只配直径不同部分的圆弧。（　　）

128. 镗削缺圆孔时,切削过程是断续的,在切削过程中,刀具受到的切削力是均衡的。（　　）

129. 在加工薄壁工件时粗镗和精镗时的夹紧力是相等的。（　　）

130. 在镗床上只能进行孔的镗削加工和平面的铣削加工。（　　）

131. 用飞刀架镗削外圆柱面时,特别适用于切削面长或者切削面是锥面的工件。( )

132. 用平旋盘装刀法在镗床上加工外圆面时,镗刀刀尖应朝向镗床主轴的回转轴线,并使镗刀的基面通过回转轴线。( )

133. 用平旋盘装刀法进行外圆面的加工时,可用手操纵进给手轮,也可用自动进给来调整吃刀深度。( )

134. 在外圆面的镗削加工中,不允许镗床工作台移动和主轴箱升降。( )

135. 镗削内螺纹前,首先要确定螺纹顶径孔的尺寸。( )

136. 安装内螺纹镗刀时,要使牙型角的角平分线与螺纹升角保持一致。( )

137. 镗螺纹时,应根据粗加工要求,尽可能地加大第一刀的吃刀深度。( )

138. 外圆柱面镗刀的刀体材料常采用调质的 45 号钢。( )

139. 绝对坐标的含义为刀具或机床运动位置的坐标值是相对于固定坐标原点给出的坐标值。( )

140. 手工编制加工程序要求"走刀路线"要短,走刀次数、换刀次数尽可能少。( )

141. "对刀点"就是数控机床上加工零件时,刀具相对于工件运动的终点。( )

142. 用图形模拟刀具相对工件的运动的方法可以检查出编程计算不准而造成工件误差的大小。( )

143. 平时的常规检查有外观的检查、手摸试温、目测以及是否有异常杂音。( )

144. 面板操作键的"单段、连续开关"的作用是:拨向"单段"位置,程序按单段状态运行;拨向"连续"位置,程序将连续运行。( )

145. 目前数控机床上广泛采用直径编程方式。( )

146. 把量块放在工作台上时,可使工作面与台面接触。( )

147. 在用千分尺测量工件时,应仔细校正零位,以消除测量工具的计数误差。( )

148. 测量平行孔系时,工件图样上的孔的位置尺寸一般应按角度法标注尺寸。( )

149. 用机床坐标定位加工孔系,是依靠移动工作台或主轴箱及控制坐标装置确定孔的坐标位置,所以机床坐标定位精度不影响被加工孔距的精度。( )

150. 评定表面粗糙度的参数中最常用的是高度参数轮廓算术平均偏差。( )

151. 在检验平行孔系中心距时,常采用检验棒法进行测量,两检验棒直径分别为 d_1、d_2,量块高度尺寸之和为 h,则平行孔中心距 $L = h - (d_1 + d_2)/2$。( )

152. 测量螺纹的常用方法有单项测量法和综合测量法。( )

153. 在镗床上加工的外圆柱面工件,大都外形尺寸大、重量重,加工面同基准面有尺寸精度和位置精度要求。( )

154. 精镗后在自检中如发现镗出的孔有锥度或比要求的基本尺寸略小 $0.01 \sim 0.03$ mm,一般不用合金镗刀重复进行精镗,而采用高速钢刀具补镗。( )

155. 齿轮掉牙会使卧式镗床主轴箱内产生周期性响声。( )

156. 镗削工件表面粗糙度值达不到要求,有多种原因,但与切削液质量无关。( )

157. 用浮动镗刀镗孔能纠正原有的位置误差和形状误差。( )

158. 温差和热变形是坐标镗床加工中一个不可忽视的重要问题。( )

159. 用调头镗镗孔,孔与孔之间的同轴度误差主要取决于镗床工作台的回转精度。( )

160. 用端铣来加工平面时,平面度的好坏主要取决于镗床主轴轴线与进给方向上的垂直

度。（　　）

161. 在使用双刃对置刀杆镗孔时,应使因切削力造成的工艺系统弹性变形尽可能小。（　　）

162. 调整金刚镗床刀杆回转轴线与夹具位置的准确度时,如在夹具中装夹样件,样件的精度一定要高于工件精度,才能保证加工出来的工件符合要求。（　　）

163. 加工过程中的自激振动比较容易消除,振源一经查明,就可以采取措施予以排除。（　　）

164. 斜孔工件多为箱体或回转体,镗削斜孔前,工件的周边及工艺基准已经加工成形。（　　）

165. 薄壁工件刚度差,加工时容易变形,因此容易对工件的加工精度造成影响。（　　）

166. 镗削薄壁孔时,要划分工序,粗、精加工要分开。（　　）

167. 加工高精度台阶孔时,应将镗床主轴箱锁紧,防止加工时坐标移动。（　　）

168. 镗削高精度台阶孔时,不能用平旋盘加工端面,而要用主轴加工,以免平旋盘与主轴旋转轴线不重合造成加工误差。（　　）

169. 将工件吊入夹具内,正确定位、可靠夹紧,在夹紧时要依次夹紧,不能只在一个点上过于施力。（　　）

170. 孔镗削加工时,应根据零件要求选择合适的切削用量进行镗削。（　　）

171. 镗模的孔系包括所有被加工孔系的尺寸坐标,因此可简化对各孔坐标位置的控制过程。（　　）

172. 镗床上采用镗模镗孔时,可以用多把刀具同时加工箱体上的多个孔。（　　）

173. 坐标法镗孔是按被加工孔系之间在相互位置的水平和垂直坐标尺寸的关系,在镗床上借助坐标调整主轴位置,来保证孔系之间孔距精度的一种加工方法。（　　）

174. 采用坐标法加工时,孔距的加工精度取决于机床坐标定位精度。（　　）

175. 工件镗孔的顺序应将有孔径要求的相邻两孔的加工顺序连在一起。（　　）

176. 在镗床上镗孔时,为了调整坐标尺寸,工作台要朝一个方向移动,避免工作台反复调整产生反向误差。（　　）

177. 在相交或交叉孔系中,中心线与中心线或中心线与平面之间角度精度要求高的工件,可直接放在回转镗床工作台,用工作台圆坐标值找正角度。（　　）

178. 镗床上采用球形检具法找正,是将球形检具根据加工尺寸要求装夹在工件的适当位置上,使球心与空间坐标点位置重合。（　　）

179. 如果 T 形槽的位置在工件的某一圆周上,并呈圆周环形分布,那么此 T 形槽就称为平面环形 T 形槽。（　　）

180. 加工工件上的燕尾槽需用燕尾槽铣刀,燕尾槽铣刀的切削部分与单刃铣刀相似。（　　）

181. 在镗铣床加工燕尾槽时,所选铣刀的锥面宽度应大于燕尾槽斜面的宽度,以避免切削时在斜面上留下接刀痕迹。（　　）

182. 采用镗床平旋盘镗削离孔口太远的内沟槽时,由于镗杆悬伸长度过长,切削时容易振动,从而影响加工效率。（　　）

183. 在镗床上进行大平面铣削加工的关键是工件的装夹方式。（　　）

184. 在镗床上进行平面铣削加工时,将径向刀架装在平旋盘上,单刃弯头镗铣刀装在径向刀架的刀杆上就可以进行铣削加工。（　　）

185. 镗床采用平旋盘进行平面铣削,能使刀具获得较大的刚度,且对镗床精度影响最小,

所以是最佳的平面加工方式。（　　）

186. 在镗床上采用径向刀架固定方式加工大型平面时,由于切削刃的线速度不变,所以加工表面粗糙度值也不会改变。（　　）

187. 在镗床上采用径向刀架进给加工平面时,加工面的宽度不受刀架行程的限制。（　　）

188. 采用径向刀架进给在镗床上加工平面时,径向刀架的进给运动可以从里向外,也可以从外向里。（　　）

189. 镗床采用平旋盘铣削平面之前,应通过斜铁调整径向刀架与平旋盘导轨之间的配合间隙,才能保证铣削时不发生振动,保证加工质量。（　　）

190. 所谓斜平面是指零件上与基准面倾斜的平面,它们之间相交成一个角度。（　　）

191. 采用径向刀架进给加工平面时由于铣削力不变,所以加工时镗床振动小。（　　）

192. 斜度大的斜面一般用比值来表示。例如:楔铁的斜度为 1∶100。（　　）

193. 圆柱孔端面不能采用镗削加工时可采用铣削加工,镗床上常用铣刀盘和 90°弯头刀进行铣削。（　　）

194. 刮削适用于孔径较大的端面加工,刮削刀杆的支承方式分为不以内孔作支承和以内孔作支承两种。（　　）

195. 大多数箱体采用整体铸铁件,这是因为箱体内腔复杂,铸造容易成形,成本较低。（　　）

196. 焊接件做成的箱体结构性能很不稳定,所以焊后要进行去应力处理。（　　）

五、简 答 题

1. 镗削的工艺定位有哪几种形式?

2. 简述箱体类零件的几种铣镗床镗孔方案。

3. 提高镗孔精度的常用方法有哪些?

4. 切削加工所造成的表面硬化对工件表面有何影响? 如何解决?

5. 前角有何作用? 加工韧性材料时,应如何选择前角?

6. 试举一例说明什么是金属加工中的主运动。

7. 简述"六点定位原则"。

8. 什么是研磨,对研具有什么要求?

9. 钻削加工造成伤害事故的形式有哪些?

10. 过定位对加工精度有何影响?

11. 简述剖视的特点。

12. 什么是工艺过程?

13. 镗工在加工工件前应作哪些工艺准备?

14. 箱体加工中为什么要采用粗镗、半精镗、精镗的加工形式?

15. 在用镗刀镗孔时,为什么切削深度和进给量不宜过小?

16. 为什么说提高刚性、防止变形是薄壁工件装夹的重要问题?

17. G 指令的主要作用是什么? 分别说明 G01、G02、G03 的含义。

18. 数控机床的零件加工程序具有什么样的结构?

19. 何谓节点? 编程时为什么要进行节点计算?

20. 为什么要及时刃磨刀具?

21. 在镗削中硬质合金镗刀与高速钢镗刀相比有哪些优点？

22. 在镗床上加工螺纹时,螺纹镗刀应如何安装？

23. 简述数控机床如何选用刀具。

24. 简述卧式铣镗床的结构特点及种类。

25. T68 的主要加工范围有哪些？

26. T68 型卧式镗床的安全离合器有什么作用？ 其进给抗力应如何确定？

27. 坐标镗床加工之前,应做好哪些准备工作？

28. 镗孔时,工作加工表面出现均匀螺旋线。试分析机床的故障原因。

29. 为什么数控机床的传动机构比普通机床传动机构大为简化？

30. 数控机床故障现象分析的基本常识是什么？

31. 在镗削三要素中,哪一要素对刀具寿命影响最大？

32. 简述镗削不通孔的特点。

33. 深孔工件加工应如何保证两端外圆轴线与镗床轴线平行？

34. 为什么说轴孔加工是箱体加工的关键？

35. 什么是穿镗法？

36. 试述悬伸法镗孔的优点。

37. 简述平行孔系的精度要求。

38. 为什么说试切法镗削平行孔系时只宜于单件、小批量生产？

39. 垂直孔系镗削加工的基本方法是什么？ 各有什么特点？

40. 试举一例空间相交孔系的工件,用何种镗削方法？

41. 简述空间相交孔系的特点。

42. 如何装夹定位斜孔工件？

43. 简述镗削斜孔工件时主轴的定位方法。

44. 铣削 T 形槽时,如何预防铣刀折断？

45. 简述燕尾槽的加工步骤。

46. 为什么通常采用逆铣的方式来进行铣削加工？

47. 试述镗床通用铣刀中按用途分类的铣刀种类。

48. 为什么说在镗床主轴上安装铣刀铣削时,主轴悬伸得越短越好？

49. 简述利用回转工作台铣削相互垂直平面的方法。

50. 为什么箱体零件常采用铸件毛坯？

51. 为什么利用定位元件作精基准定位时,工件的定位面必须是已加工过的表面？

52. 为什么镗削外圆面的加工精度要低于孔的加工精度？

53. 简述平旋盘装刀法镗削外圆柱面的优缺点。

54. 镗削外圆柱面时,安装镗刀必须注意哪些方面？

55. 在镗床上螺纹时,螺纹镗刀应如何安装？

56. 镗刀镗孔的特点是什么？

57. 试述数控机床的程序输入设备有哪些。

58. 试述点定位 G00 与直线插补 G01 的区别。

59. 简述程序校验和首件试切的作用。

60. 编程中,锥螺纹如何确定导程螺纹与各轴的关系?

61. 简述内径百分表的使用方法。

62. 试举一例说明平行孔中心距的检测方法,并且说明该方法的精度范围。

63. 简述孔与孔中心线的平行度检测。

64. 简述螺纹的综合测量法。

65. 如何保证薄壁工件的加工精度?

66. 简述镗杆进给悬伸镗削法对工件精度的影响。

67. 为什么说合理选择镗削速度可以保证工件的加工精度和表面粗糙度?

68. 为什么说工作台进给悬伸镗削法镗出的孔的精度取决于镗床本身的精度?

69. 孔检测量具的选用原则有哪些?

六、综 合 题

1. 为什么说增加切削速度会严重影响镗刀的寿命?

2. 乳化液是由什么液体配制而成的?它的浓度对加工有何影响?

3. 简述工件夹紧必须遵循的原则。

4. 简述薄壁工件的工艺特点。

5. 如图 1 所示,画出采用固定循环的路线图。

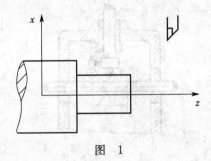

图　1

6. 镶嵌式面铣刀经修磨后,采用什么方法安装才能达到使用要求?

7. 镗削加工对粗镗刀有哪些要求?

8. 试述浮动镗刀镗孔的优点。

9. 加工中心是如何装夹刀具的?

10. 在卧式镗床上,用平旋盘刀架镗孔与用主轴镗孔二者同轴度超差有哪些原因?

11. 机床空载运转时,对主轴温升有什么要求?

12. 简述镗床加工工件时,工件表面产生波纹的原因。

13. 翻译下列句子:

Some machine elements may be very large. Others may be very small. However, each of them plays a part in the construction of a machine.

14. 试比较悬伸镗削法与支承镗削法两种镗削方法各自的特点。

15. 简述不通孔的工艺分析。

16. 用内卡钳测孔径,内卡钳已对好 140 mm(如图 2 中尺寸 d)。已知内卡钳在孔内的最大摆动量为 14 mm(如图 2 中尺寸 S),求孔径尺寸 D 为多少?

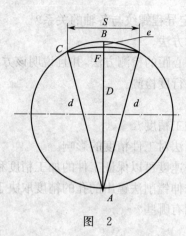

图 2

17. 简述深孔加工的工艺特点。

18. 浮动镗刀镗孔的缺点有哪些?

19. 镗削多层孔的同轴孔系为什么要加中间支承?

20. 如图 3 所示,千分表在心棒前后 180°两个位置上的读数值分别为 0.01 mm 和 0.005 mm,求孔 1 对孔 2 的垂直度误差为多少?

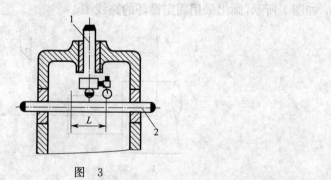

图 3

21. 如图 4 所示,以 B 点为坐标原点,AB 为 x 轴,BC 为 y 轴,求工件上孔的中心点的坐标尺寸(x,y),已知 $R=40$ mm,$\angle ABO=30°$。

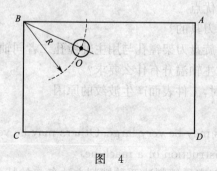

图 4

22. 利用镗床主轴进行平面的铣削加工,已知铣削速度 $v=6.23$ m/min,铣刀直径 $D=\phi40$ mm,铣刀刀齿数 $Z=5$,每转进给量 $f=0.4$ mm/r,求每齿进给量和分钟进给量各为多少?

23. 设标准圆棒直径为 D，工件厚度为 H，V形槽夹角为 $90°$，V形槽开口尺寸为 N，求标准圆棒中心线至底面的距离 T。

24. 如图5所示，分别计算当 $\alpha=55°$ 和 $\alpha=60°$ 时燕尾槽的宽度 A 和 A_1。

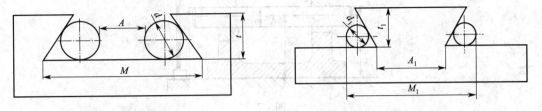

图 5

25. 箱体工件对表面粗糙度有哪些要求？

26. 用飞刀架装刀法将外圆 $\phi260$ mm 镗削至 $\phi250$ mm，若切削是速度选为 40 m/min 时，主轴转速应选为多少？若每分钟进给量为 10 mm，每转进给量为多少？（机床主轴铭牌转速为 20、32、50、64、80、100、125）

27. 已知 A、B 点的坐标值均以固定坐标原点计算，其值为 $x_a=10$，$y_a=12$，$x_b=30$，$y_b=37$，试画出增量坐标系图。

28. 什么是对刀点？对刀点的确定原则是什么？

29. 何谓节点？编程时为什么要进行节点计算？

30. 为什么要进行刀具补偿？

31. 检验斜孔中心至底面的高度距离 H_1 常采用如图6所示的方法进行。先把斜孔工件放在检验平板上，在斜孔内插入与斜孔的孔径相对应的检验心棒 D，再在检验心棒上放一标准圆柱 d，用百分表将圆柱校平，量得圆柱最高点至工件底面的高度 $H=75.5$ mm，已知 $d=\phi10$ mm，$D=\phi30$ mm，$\alpha=30°$，求斜孔孔口中心至底面的高度距离 H_1 为多少？

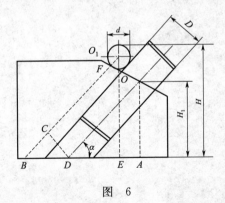

图 6

32. 如图7所示，已知 $h_1=60.01$ mm，$h_2=60.02$ mm，$d=20.00$ mm，求孔中心线对底面的距离 h 和孔中心线对底面的平行度误差为多少？

33. 用千分尺分别量得工件上同一截面内不同方向上的孔径尺寸分别为 $\phi100.05$ mm、$\phi100.06$ mm、$\phi100.08$ mm、$\phi100.10$ mm，求孔的圆度误差为多少？

34. 在镗床上用直径 $D=\phi100$ mm 的铣刀铣削工件，若铣刀转速 $n=100$ r/min，求铣削

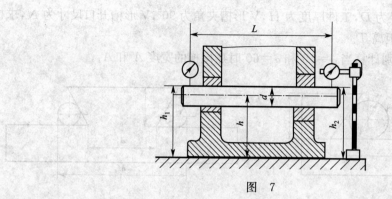

图　7

速度为多少?

35. 用 500 mm×500 mm 的方尺查得镗床立柱导轨和工作台垂直度误差为 0.07 mm/500 mm,问用镗刀进给镗削长度为 350 mm 的孔时,轴线对底面的平行度误差为多少? 若要求镗床平行度误差在 500 mm 长度内小于 0.03 mm 时,镗此孔会产生多大的对底面的平行度误差?

镗工(中级工)答案

一、填 空 题

1. 切点　　　　　　2. 宽相等　　　　　3. 局部剖视图　　　4. 尺寸数据
5. 尺寸界限　　　　6. 代数差　　　　　7. 过盈配合　　　　8. 对齐
9. 1.6　　　　　　 10. 回火处理　　　　11. 调质钢　　　　　12. 铜和锡
13. 工作曲线　　　　14. 打滑　　　　　 15. 高速　　　　　　16. Z_2/Z_1
17. 模数相等　　　　18. 汉语拼音　　　 19. 快速移动　　　　20. 刀具磨损
21. 磨钝标准　　　　22. 高于　　　　　 23. 合金　　　　　　24. 前
25. 前　　　　　　　26. 颗粒　　　　　 27. 稠　　　　　　　28. 切削热
29. 大　　　　　　　30. 液体　　　　　 31. 流动性能　　　　32. 低
33. 先导式　　　　　34. 精密螺旋　　　 35. 零位　　　　　　36. 定位
37. 过定位　　　　　38. 借料　　　　　 39. 前推　　　　　　40. 减小
41. 短路保护　　　　42. 大于或等于　　 43. 起始位置　　　　44. 两相
45. 韧性材料　　　　46. 检查　　　　　 47. 错开或倾斜方向相反
48. 直角坐标法　　　49. 设计基准　　　 50. 消除内应力　　　51. 减速箱分界面
52. 一个或一组　　　53. 先精度,后效率　54. 切削热　　　　　55. 垂直方向
56. 已加工表面　　　57. 刚性好、变形小、面积较大　　　　　58. 挤压法
59. 镗削加工部位　　60. 划线　　　　　 61. 一定的角度　　　62. F
63. 循环起点　　　　64. 子程序嵌套　　 65. 前角　　　　　　66. 0°
67. 镗床主轴的轴向移动分次　　　　　　68. 阶梯孔、交叉孔　69. 键槽铣刀
70. 圆柱面铣刀　　　71. 90°　　　　　　72. 刀库　　　　　　73. 不太高
74. 主轴水平安装　　75. 主轴箱　　　　 76. 0.003　　　　　　77. 伺服电动机驱动
78. 产生波纹　　　　79. 斜塞铁间隙　　 80. 坐标　　　　　　81. 清洁
82. 工作平稳　　　　83. 关闭　　　　　 84. 耐磨性　　　　　85. 0.1
86. IT6~IT7　　　　 87. 斜方孔　　　　 88. 轴向进给　　　　89. 振动
90. 支承镗削　　　　91. 不同孔径　　　 92. 同轴度　　　　　93. 穿镗法
94. 大批大量　　　　95. 试切法　　　　 96. 工序基准　　　　97. 勾股定理
98. 图样规定　　　　99. 累积误差　　　 100. 检验棒校正　　　101. 提高
102. 距离要求　　　 103. 回转工作台　　104. 平面　　　　　 105. 基准孔
106. 摇臂钻床上　　 107. 主轴轴线　　　108. 底槽　　　　　 109. 等于
110. 不带斜度　　　 111. 径向进给功能　112. 圆柱面上　　　 113. 每齿进给量
114. 各种不同的通用　115. 最佳的　　　 116. 越短　　　　　 117. 回转工作台
118. 最大的　　　　 119. 轴承与孔　　　120. 不加工表面　　 121. 圆柱

122. 单刃　　123. 一定的距离　　124. 较大范围内　　125. 各种成形面

126. 千分尺　　127. 轴线　　128. 螺距　　129. 数控装置

130. 编号　　131. 几何尺寸　　132. 基点　　133. 脉冲当量

134. 参考点方向　　135. 工件原点　　136. 1～1.5　　137. 百分表

138. 0.01 mm　　139. 标准量块高度　　140. 计算　　141. 样块比较

142. 二分之一　　143. 综合测量　　144. 百分表旋转180°　　145. 辅助支承

146. 圆柱度误差　　147. 安装调整　　148. 同轴孔　　149. 镗床本身

150. 正反方向上　　151. 30°　　152. 辅助支承　　153. 基准孔

154. 定装　　155. IT6～IT7　　156. 虎钳　　157. 500～650 ℃

158. 齿根高　　159. 工序尺寸　　160. 调头镗削　　161. 刚度

162. 10°～15°　　163. 浮动镗刀　　164. 工艺定位　　165. 位置度

166. 触针法　　167. 机床受振动　　168. 铣削　　169. 切削深度

170. 0.005

二、单项选择题

1. A	2. D	3. C	4. A	5. C	6. D	7. B	8. C	9. B
10. A	11. C	12. D	13. D	14. A	15. A	16. C	17. B	18. C
19. B	20. D	21. B	22. D	23. B	24. B	25. D	26. D	27. C
28. A	29. A	30. B	31. A	32. C	33. B	34. C	35. D	36. C
37. B	38. A	39. D	40. B	41. A	42. B	43. A	44. C	45. A
46. D	47. B	48. B	49. D	50. C	51. A	52. D	53. D	54. B
55. B	56. D	57. A	58. B	59. C	60. A	61. A	62. A	63. B
64. D	65. A	66. C	67. B	68. D	69. A	70. D	71. A	72. C
73. A	74. B	75. C	76. C	77. D	78. C	79. A	80. A	81. C
82. D	83. B	84. B	85. A	86. C	87. A	88. C	89. A	90. B
91. A	92. D	93. C	94. B	95. A	96. A	97. A	98. D	99. A
100. B	101. C	102. C	103. A	104. C	105. B	106. D	107. B	108. D
109. C	110. B	111. B	112. B	113. D	114. B	115. B	116. A	117. C
118. C	119. C	120. A	121. B	122. D	123. A	124. B	125. A	126. B
127. A	128. A	129. C	130. B	131. C	132. A	133. D	134. A	135. B
136. A	137. C	138. C	139. D	140. B	141. B	142. A	143. B	144. C
145. C	146. D	147. A	148. B	149. C	150. C	151. A	152. B	153. A
154. B	155. A	156. B	157. B	158. C	159. A	160. C	161. B	162. C
163. A	164. A	165. B	166. D	167. A	168. B	169. C	170. B	171. C
172. A	173. B	174. D	175. A					

三、多项选择题

1. ABC	2. ABCDE	3. AF	4. CDEF	5. ABCDE	6. DEF
7. AB	8. ABC	9. CDEF	10. ADE	11. ABCDF	12. ABCEF

13. ABCDE	14. AB	15. BCD	16. CE	17. ABCD	18. BCE
19. ABC	20. ABCD	21. BE	22. ABCD	23. CDEF	24. CDF
25. AB	26. ABCF	27. AEF	28. CE	29. ACDEF	30. DF
31. BF	32. AB	33. CD	34. AB	35. CDEF	36. DF
37. ABF	38. AC	39. ABC	40. ABCD	41. DE	42. CE
43. ABDEF	44. CDEF	45. BD	46. AF	47. BC	48. ABCDF
49. AE	50. AD	51. ABCD	52. CD	53. BF	54. AC
55. BC	56. AB	57. CDE	58. ABCDEF	59. CDEF	60. BDF
61. AD	62. EF	63. EF	64. ABCE	65. DE	66. ABCDEF
67. CD	68. AB	69. CD	70. AB	71. ABCDEF	72. EF
73. CD	74. BC	75. ABC	76. ABC	77. ABC	78. AB
79. DE	80. BC	81. AD	82. CD	83. ABCDE	84. ABC
85. BE	86. AC	87. CE	88. BD	89. ABCDE	90. ABCD
91. CD	92. BEF	93. ABCD	94. BCF	95. DEF	96. AB
97. ABCD	98. ABC	99. ABC	100. CDEF	101. CD	102. CDE
103. ABC	104. CD	105. ABC	106. BCDE	107. BC	108. CE
109. DE	110. BDE	111. ACF	112. BEF	113. BDF	114. ABC
115. BC	116. CD	117. AB	118. EF	119. CDE	120. AB
121. ABCD	122. CDE	123. ABCD	124. ABCDE	125. ABCD	126. DE
127. ABCDEF	128. ABC	129. ACD	130. CDE	131. ABCDEF	132. BE
133. BDF	134. AF	135. ABCD	136. EF	137. CD	138. DE
139. ABCDEF	140. CDE	141. ABCD	142. ABCDEF	143. AE	144. AB
145. EF	146. ABCDEF	147. CF	148. AE	149. BCDEF	150. AD
151. ABCD	152. EF	153. ABC	154. DEF	155. ABCDE	156. ABCDE
157. ABEF	158. ABEF	159. ABCDE	160. ABCD	161. DEF	162. AEF
163. ABC	164. DEF	165. ABCD	166. CDEF	167. ABC	168. DE
169. ABC	170. DE	171. ABCDEF	172. ABCDE	173. ABCDE	174. AB
175. DE	176. ABCDE	177. ABCDE	178. AE	179. BF	180. AC
181. AE	182. DF	183. ABC	184. AB	185. ABCD	

四、判 断 题

1. √	2. ×	3. √	4. √	5. ×	6. √	7. √	8. ×	9. ×
10. ×	11. √	12. √	13. ×	14. √	15. ×	16. √	17. ×	18. √
19. ×	20. √	21. √	22. ×	23. ×	24. √	25. √	26. √	27. √
28. ×	29. ×	30. √	31. ×	32. √	33. √	34. √	35. √	36. ×
37. √	38. ×	39. √	40. √	41. √	42. √	43. √	44. √	45. √
46. ×	47. √	48. √	49. ×	50. ×	51. ×	52. √	53. ×	54. √
55. ×	56. √	57. ×	58. √	59. ×	60. ×	61. √	62. √	63. √
64. √	65. √	66. ×	67. √	68. ×	69. ×	70. ×	71. ×	72. √

73. ×	74. ×	75. √	76. √	77. ×	78. √	79. ×	80. √	81. √
82. ×	83. ×	84. √	85. ×	86. √	87. √	88. √	89. √	90. √
91. √	92. √	93. √	94. √	95. √	96. ×	97. √	98. √	99. √
100. √	101. √	102. √	103. √	104. ×	105. √	106. √	107. √	108. √
109. √	110. √	111. √	112. √	113. √	114. √	115. √	116. √	117. ×
118. √	119. √	120. √	121. √	122. √	123. √	124. √	125. √	126. √
127. ×	128. √	129. √	130. ×	131. √	132. √	133. √	134. √	135. √
136. √	137. √	138. √	139. √	140. √	141. √	142. √	143. √	144. √
145. √	146. √	147. √	148. √	149. √	150. √	151. √	152. √	153. √
154. ×	155. √	156. √	157. √	158. √	159. √	160. √	161. √	162. √
163. ×	164. √	165. √	166. √	167. √	168. √	169. √	170. ×	171. ×
172. √	173. √	174. √	175. √	176. √	177. √	178. √	179. √	180. √
181. √	182. √	183. √	184. √	185. √	186. √	187. √	188. √	189. √
190. √	191. √	192. ×	193. √	194. ×	195. √	196. √		

五、简答题

1. 答:(1)顶尖找正定位(1分);
(2)划线找正定位(1分);
(3)孔距测量定位(1分);
(4)按样板找正定位(1分);
(5)夹具定位(1分)。

2. 答:(1)单面镗削(1分);
(2)尾座支承镗杆镗削(2分);
(3)镗模镗削(1分);
(4)调头镗削(1分)。

3. 答:(1)提高镗杆刚性(0.5分);
(2)采用夹具保证有关的相互位置精度(1分);
(3)粗、精镗应分开,各孔的余量应均匀,切削用量基本一致(1分);
(4)镗削有缺口的工件孔或交叉孔时,可先将缺口补齐,待加工完成后再去掉(1.5分);
(5)采用抗振镗刀(0.5分);
(6)采用减(吸)振镗杆镗削(0.5分)。

4. 答:切削加工所造成的工件表面硬化层,还常伴随着残余应力和表面裂纹,使表面质量和疲劳强度下降(1分)。挤压和摩擦是引起工件表面加工硬化的根源(1分)。增大刀具前角、减小刀刃的圆弧半径(刃磨锋利)、限制后刀面的磨损量、提高切削速度以及采用合适的切削液,都可使加工硬化层厚度减小(3分)。

5. 答:前角对刀刃的锋利程度和强度、切削变形和切削抗力等都有明显的影响(2分)。较大的前角可减少切削变形,使切削抗力减小,故使刀具磨损减慢(2分)。一般在加工韧性材料时,应取较大前角(1分)。

6. 答:直接切除工件上的被切削层,使之转变为切屑的运动叫主运动(4分)。如车削时,工件的旋转运动（1分）。

7. 答：任何物体在空间三个坐标轴系中都可以沿三个坐标轴移动和绕三个坐标轴转动（2分）。因此，要使物体在空间占有一定的位置，就必须约束、限制这六个自由度（1分）。这六个自由度是依靠六个支承点来限制的，在夹具中我们称"六点定位原则"（2分）。

8. 答：用研具和研磨剂对工件表面进行光整加工的操作叫研磨（2分）。为了使磨料能嵌入研具而不嵌入工件，研具的材料要比工件软，而且，其材料的组织必须均匀，并具有较好的耐磨性（3分）。

9. 答：钻削加工的主要不安全因素来自旋转的主轴、钻头及装夹钻头用的夹具，还有随钻头一起旋转的带状切屑（1分）。因此，伤害事故常发生在以下几种情况：由于操作者未穿合适的防护服，使旋转主轴、钻头夹具、钻头等卷住操作者的衣服、手套或头发（1分）；工件装夹不牢，钻削时工件松动歪斜而击伤操作者（1分）；随钻头一起旋转的带状切屑伤人（1分）；钻削时用手换钻头或用手清除切屑造成伤害（0.5分）；卸钻头时不慎，钻头脱落而砸脚（0.5分）。

10. 答：过定位是对工件某个方向的自由度重复限制，会导致同一批工件的定位基准发生变化或工件产生变形，因而影响加工精度（5分）。

11. 答：在生产过程中，有许多零件的内外形状都比较复杂，采用一般的投影方法还不能清晰地表达它们的内部结构形状，为解决这个问题，使原来不可见的内部形状设法成为可见，使虚线变成实线，就需要采用剖视的方法（5分）。

12. 答：生产过程中，直接改变原材料（或毛坯）形状、尺寸和性能，使之变为成品的过程，称为工艺过程（5分）。

13. 答：镗工在加工工件前应仔细看清、看懂工件图样，进行工艺分析，明确加工内容，合理选择工艺基准，确定正确的找正、装夹方法和加工方法（5分）。

14. 答：粗镗常作为镗削加工的预加工，粗镗前工件孔一般均为毛坯孔，加工余量大，并且单边余量不均匀，加工时容易引起振动（1分）。此时应采取先效率、后精度，即以提高劳动生产率为主的加工原则（1分）。精镗常作为镗削高精度要求孔的最终加工（1分）。精镗主要是为了达到图样上规定的孔的各项技术要求（1分）。此时，应采用先精度、后效率，即以保证孔的尺寸精度、位置精度、形状精度和表面粗糙度为主的加工原则（1分）。

15. 答：如果吃刀深度和进给量过小的话，镗刀刀头的切削部分不是处于切削状态，而是处于摩擦，这样容易使刀头磨损，从而使镗削后孔的尺寸精度和表面粗糙度达不到图样规定的技术要求（5分）。

16. 答：由于薄壁工件形状复杂、刚性差，在加工过程中常因夹紧力、切削力和热变形的影响而引起变形，影响工件的加工精度，所以说提高刚性、防止变形是薄壁工件装夹的重要问题（5分）。

17. 答：G指令的主要作用是指定数控机床的运动方式，并为数控系统插补运算作好准备，因此在程序段中G指令一般仅位于坐标指令的前面（2分）。

例如：指令G01是直线插补（1分）；指令G02是顺时针圆弧插补（1分）；指令G03为逆时针圆弧插补（1分）。

18. 答：程序是由若干个程序段组成的，在程序开头处写有程序编号，程序结束时，写有程序结束指令（5分）。

19. 答：一个零件的轮廓可以由不同的几何元素组成，如直线、圆弧以及特形曲线等（2分）。

各个几何元素间的联结点称为基点(2分)。基点的坐标是编程中需要的主要数据(1分)。

20. 答:刀具经过初期磨损阶段和正常磨损阶段后,刀具与工件间的摩擦加剧,刀具温度急剧升高,并形成恶性循环,使刀具加速磨损(2分)。因此,在急剧磨损即将到来之前对刀具进行重磨,及时磨刀对保证加工质量,减少刀具材料的消耗和刃磨时间以及提高生产率都有十分重要的意义(3分)。

21. 答:硬质合金镗刀在硬度、耐磨性、红硬性、强度和韧性方面都比高速钢镗刀要好,在用硬质合金镗刀镗削时,其切削速度可以比高速钢镗刀高(5分)。

22. 答:螺纹镗刀的角度要刃磨得正确合理(2分)。安装时使螺纹牙型角平分线与螺纹轴线垂直,螺纹镗刀的刀尖必须与工件螺纹中心线等高(3分)。

23. 答:数控机床上使用的刀具应满足安装调整方便、刚性好、精度高、耐用度好的要求(3分)。选取刀具时要使刀具的尺寸与被加工工件的表面尺寸和形状相适应(2分)。

24. 答:卧式铣镗床以主轴水平安装为结构特点,其规格由主轴的直径大小来区分(3分)。常见的有卧式镗床、落地镗床、卧式铣镗床和落地铣镗床等(2分)。

25. 答:T68的加工范围十分广泛,除进行孔的钻、扩、铰、镗加工外,还可以镗削外圆柱面和内、外螺纹,也可用于平面铣削加工,在机床平旋盘上装刀后可镗削大孔、铣削大型平面等(5分)。

26. 答:T68卧式镗床的安全离合器不仅起接通、断开传动路线的作用,而且还起过载保护作用(3分)。其进给抗力由传动路线中各个进给部件需要的扭矩大小来定,应以工作中最大许用扭矩来调节(2分)。

27. 答:坐标镗床加工之前,必须做好以下几项准备工作:

(1)熟悉图样,做好机床必需的检查和调整工作(1分)。

(2)检查工件的安装及前工序的加工影响(1分)。

(3)工作环境温度的检查。环境温度应控制在 20 ℃±1 ℃范围以内,工件、机床与环境温度要一致,加工环境中不应有其他热源(3分)。

28. 答:(1)送刀蜗杆副啮合不佳(2.5分)。

(2)主轴上两根导键配合间隙过大或歪斜(2.5分)。

29. 答:因为数控机床的主轴驱动与进给驱动系统大多采用了交直流主轴电机和伺服电机驱动,使机床的传动机构大为简化(5分)。

30. 答:面板显示与指示灯的故障分析方法,是发生故障的最直接信息,尤其报警与自诊断系统的显示,必须仔细对待(2.5分)。从报警分析中可以为专业维修人员提供重要的故障源方向,应及时寻根、及时排除(2.5分)。

31. 答:在"镗削三要素"中,切削速度起着主要的作用,它对刀具寿命的影响最大(1分)。其次是进给量(1分)。再次是吃刀深度,它的影响最小(1分)。因此,在镗削加工中应尽可能选用大的吃刀深度,然后根据加工条件和加工要求,选取允许的最大进给量,最后在机床功率允许的情况下,选取最大切削速度(2分)。

32. 答:镗削不通孔工件时不能使用有中心定位的固定尺寸的双尺镗刀及浮动镗刀,而要采用单刃镗刀和斜方孔的镗刀杆,用悬伸法来完成(2.5分)。

镗削不通孔工件时,切屑不易排出,特别在立式镗削加工中更要注意,否则将影响孔深的尺寸精度和表面粗糙度(2.5分)。

33. 答:为了保证深孔工件的加工质量,首先应根据工件的外形结构,毛坯材料正确选择定位基准和装夹方法(2分)。毛坯外圆尺寸精度差时,如果以外圆定位应在镗孔之前安排加工外圆(1分)。用 V 形块定位,使工件两端外圆轴线与镗床主轴轴线平行,如不平行可在 V 形块下或等高垫块下垫铜皮(1分)。调整主轴高低位置和工作台位置,使镗床主轴线与工件镗孔中心线重合(1分)。

34. 答:箱体零件上的轴孔一般是安装轴承的,轴孔的尺寸误差、几何形状误差会造成轴承与孔的配合不良,特别是机床孔,会影响旋转精度和引起轴向跳动,直接影响机床的加工精度,所以说轴孔加工是箱体零件加工的关键(5分)。

35. 答:镗穿法是指用一根镗杆从孔壁一端对箱体上同一轴线的孔逐一进行镗削,直到同一轴线上的所有孔全部镗出来为止的方法(5分)。

36. 答:在镗削箱壁间距不大的中小型箱体工件时,可用不加支承的短镗杆从箱壁一端对箱体上同一轴线的所有孔逐个依次进行镗削(3分)。由于镗杆悬伸长度不大,刚性较好,所以镗孔精度和生产率都比较高(2分)。

37. 答:平行孔系的镗削加工中的主要问题是如何保证孔系的相互位置精度、孔与基准面的坐标位置精度,以及孔本身的尺寸、形状和位置精度、表面粗糙度等(5分)。

38. 答:试切法镗削平行孔系的工艺特点是先按所划加工线镗削起始孔,然后留有余量加工第二孔,逐步试切,计算两孔中心距,最后达到图纸规定的精度要求(3分)。其加工精度和生产率都较低,所以试切法只适于单件、小批生产(2分)。

39. 答:垂直孔系的镗削加工基本上采用两种方法,即回转法和检验棒校正法(1分)。回转法是利用卧式镗床上工作台来镗削工件上的垂直孔系,两孔中心线的垂直误差,取决于回转工作台的回转精度(2分)。在镗削两孔垂直度要求较高的孔时,如镗床工作台的回转精度比较低,需采用检验棒校正法来加工。用检验棒校正法镗削垂直孔系比用回转法镗削垂直孔系增加了找正步骤,辅助时间长,生产率相对低,但镗削加工出来的两孔轴线垂直度要求高(2分)。

40. 答:蜗杆蜗轮箱体孔系就是两孔轴线空间相交成 90° 角的空间相交孔系的典型例子(3分)。一般采用回转工作台法加工,由回转工作台的分度精度来保证所需夹角(2分)。

41. 答:空间相交孔系中孔的轴线一般多平行与安装基面(1分)。在镗孔加工前工件上的安装基面要加工好(1分)。这样,将工件的安装基面作为镗孔加工工序的主要定位基准面进行加工可保证相交轴线的夹角符合图样规定要求和两孔中心线的距离要求(3分)。

42. 答:斜孔工件定位基准选择得是否合理,将直接影响工件的镗削加工质量(2分)。一般来说,总是把与斜孔中心线有一定角度关系的平面作为导向面,利用正弦规等定位辅具装夹,保证斜孔工件的正确安装(3分)。

43. 答:为了保证工件斜孔中心线与主轴轴线重合的要求,必须正确找正主轴中心在工件上的正确位置(2分)。一般需借助于基准孔进行找正定位(1分)。在工件基准孔内插入与基准孔相对应的检验棒,测出基准孔中心离工作台平面的距离,再计算出基准孔中心至斜孔中心线的距离。两者之和即为主轴的定位距离(2分)。

44. 答:镗工在加工时应及时清理切屑,勿使铣刀阻塞(2分)。同时还应合理使用切削液,勿使刀具过热,合理选择铣削用量,特别是进给量宜小不宜大(3分)。

45. 答:采用燕尾槽铣刀进行加工,其规格分为 55° 和 60° 两种(1分)。加工前先把工件安装在工作台上,使加工面与镗床主轴轴线垂直,燕尾槽方向与工作台运动方向一致,用压板压紧工件(3分)。先铣出直槽,然后再铣出燕尾槽(1分)。

46. 答:逆铣是指铣刀的切削速度方向与工件的进给运动方向相反时的铣削方式(2分)。逆铣时,作用在工作台上的切削力与进给推力的方向相反(1分)。在切削力作用下工作台的丝杠与螺母保持紧密接触,而即使工作台的突然移动,也不会产生扎刀现象(1分)。所以,通常都采用逆铣的方式来进行铣削加工(1分)。

47. 答:加工平面用的铣刀:一般用面铣刀和圆柱铣刀,较小的平面也可用立铣刀和三面刃铣刀(1.5分)。

加工直角沟槽用铣刀:一般直角沟槽用三面刃铣刀、立铣刀加工,加工键槽采用槽铣刀和盘形槽铣刀(1.5分)。

加工特种沟槽的特形表面的铣刀:T形槽铣刀、燕尾槽铣刀和凹凸圆弧铣刀等(2分)。

48. 答:因为镗床主轴不像铣床主轴那样是通孔,不能像铣床主轴上安装铣刀那样,拉紧螺杆把铣刀拉紧来增大铣刀的刚性。这也是普通镗床通常不作铣削加工的重要原因(5分)。

49. 答:首先由钳工按照工件图样要求划出加工线,将工件装入镗床工作台上,校正任意一个平面的加工基准线,使加工基准线构成的平面与镗床主轴轴线垂直,压紧工件进行加工(3分)。然后按工件图样上规定的回转角度回转工作台,加工第二个平面(2分)。

50. 答:箱体零件结构复杂,加工面多,精度要求高,又要承受较大的力(2分)。由于铸铁流动性好,容易做成结构复杂的零件,而且铸铁的机械加工性能好,价格便宜,具有良好的吸振性,又能承受较大的力,所以箱体零件常采用铸件毛坯(3分)。

51. 答:因为一般都以加工过的表面作为定位基准中的精基准来使用,同一批工件的已加工部分尺寸,要求均匀一致,有利于减少定位误差和加工误差(5分)。

52. 答:镗削外圆面时,刀杆大都呈悬伸状态,刚性差,切削中容易产生振动,加工的外圆面的圆度、圆柱度较低,表面粗糙度较粗,所以外圆面的加工精度要低于孔的加工精度(5分)。

53. 答:用平旋盘装刀法镗削外圆柱面,其加工直径可在较大范围内变化,切削时刀具系统刚性强,能承受较大的切削力,可操纵微进给手轮作连续调整吃刀深度(3分)。由于滑块在平旋盘上的位置偏离主轴中心,旋转中产生的离心力会影响镗削表面的形状精度和表面粗糙度(2分)。

54. 答:安装外圆镗刀时必须注意以下几点:(1)尽量缩短镗刀的悬伸长度,加强镗刀刚性,夹紧牢固(2分);(2)刀体基面平整光洁(1分);(3)夹紧后检查切削刃同基准面角度是否满足加工要求,是否由切削力引起切削刃偏斜(2分)。

55. 答:螺纹镗刀的角度要刃磨得正确合理(1分)。安装时要使螺纹牙型角平分线与螺纹轴线垂直,螺纹镗刀的刀尖必须与工件螺纹中心线等高(4分)。

56. 答:(1)加工工艺性好,适用范围广,不仅能加工通孔,还能加工不同孔、阶梯孔、交叉孔等(2分)。

(2)加工精度高,表面粗糙度细,能保证孔的形状精度和位置精度。在镗床精度良好的状况下,用镗刀镗孔时孔的尺寸精度可达 IT7～IT6 公差等级,孔的同轴度可达 $\phi0.01\sim\phi0.05$ mm,孔的位置精度可达 $\pm0.01\sim\pm0.05$ mm,孔的表面粗糙度 $Ra3.2\sim0.8$ μm(3分)。

57. 答:信息载体上记载的加工信息要经程序输入设备输送给数控装置(1分)。常用的程序输入设备有光电阅读机、磁盘驱动器和磁带机等(1分)。对于微机控制的机床,可用操作面板上的键盘直接输入加工程序或采用 DNC 直接数控输入方式,即把零件程序保存在上级计算机中,CNC 系统一边加工,一边接收来自上级计算机的后续程序段(3 分)。

58. 答:G00 是以点位控制方式从刀具所在的点以系统最快速度移动到坐标系的另一点而无运动轨迹要求(2 分)。G01 是数控机床的两坐标(或三坐标)以插补联动方式使刀具相对于工件按指定的进给速度 F 作任意斜率的直线运动(2 分)。G01 必须指定进给速度 F(1 分)。

59. 答:用图形模拟刀具相对工件的运动的方法只能检查运动是否正确,不能查出编程计算不准而造成工件误差的大小(2 分)。因此必须用首件试切的方法进行实际切削检查(1 分)。它不仅可以查出程序单和控制介质的错误,还可知道加工精度是否符合要求(2 分)。

60. 答:当锥螺纹斜角 $\alpha < 45°$ 时,导程按 z 轴方向指令进行(2.5 分);$\alpha > 45°$ 时,导程按 x 轴方向指令进行(2.5 分)。

61. 答:内径百分表在使用前需要用千分尺来校对,或用标准圈来比较校对(2 分)。测量时,内径百分表应该与被测孔径垂直放置(1 分)。应掌握活动测头由孔口向里侧摆动的手势,百分表上反映的最小数值就是孔的实际尺寸(2 分)。

62. 答:如图 1 所示(2 分)。用游标卡尺量得孔壁的最小尺寸 L_4 及两孔直径尺寸 D_1 和 D_2,则两孔中心距为 $L = L_4 + (D_1 + D_2)/2$。若两孔端面在同一平面时,该方法的精度约为 0.08 mm(3 分)。

63. 答:在两孔中分别插入检验棒,在箱体的两端同 L 处,分别测得两检验棒的距离为 L_1、L_2,则两孔中心线的平行度误差为 $\Delta = |L_1 + L_2|$,如果 Δ 值在工件的允许范围内,则孔与孔中心线的平行度值合格(5 分)。

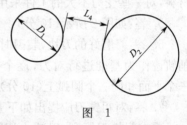

图　1

64. 答:综合测量法就是使用螺纹量规进行综合测量,它有测量外螺纹用的环规和测量内螺纹用的塞规(2 分)。螺纹量规在设计和制造中已考虑了螺纹的各个参数。所以使用时只要通端能通过而止端通不过,就说明该螺纹为合格螺纹。这种方法适用于公称直径较小的螺纹测量。在大批大量生产中常采用这种方法(3 分)。

65. 答:薄壁工件由于壁薄、刚性差,在加工时容易引起变形(1 分)。为了保证薄壁工件的加工精度和表面粗糙度,在镗削各孔时应按粗、精分开的原则来进行。粗镗时切去绝大部分余量,留 0.3~0.5 mm 的精镗余量(1 分)。在各孔粗镗结束后,应将夹紧点松一下,让工件恢复弹性变形。因粗镗时余量大,切削力大,夹紧力大,容易引起工件的变形。在精镗时,加工余量小,切削力小,只要用较小的夹紧力来夹紧工件就可以了,这样有利于保证薄壁工件的镗削加工精度(3 分)。

66. 答:在镗削加工过程中,随着镗杆的送进,镗杆的伸出长度和变形均将增加(2 分)。切削力越大,镗杆伸出越长,则镗杆的挠度也就越大,镗出来的孔的轴线将是弯曲的,造成孔的圆度误差、圆柱度误差以及同轴孔系的同轴度误差(3 分)。

67. 答:随着镗削速度的提高,镗刀的镗削作用随之加强,切屑变形加剧,切削热也急剧增加,镗刀切削部分的温度迅速上升,从而加速切削部分的磨损,引起工件、刀具的热变形,影响工件的加工精度和表面质量(5 分)。

68. 答:在工作台进给悬伸镗削加工方式中,镗杆伸出长度不变,所以这个挠度为定值(2 分)。在工作台送进方向上所有的偏差,都能引起孔的轴线的弯曲和偏移(2 分)。因此,工作台进给悬伸镗削法镗出的孔的精度取决于镗床本身的精度(1分)。

69.答:孔检测量具的选用原则有:(1)根据被测零件尺寸大小选择(1分);(2)根据被测零件精度高低选择(1.5分);(3)根据被测零件表面质量选择(1.5分);(4)根据生产批量选择(1分)。

六、综合题

1.答:随着镗削速度的提高,镗刀的镗削作用随之加强,切屑变形加剧,切削热也急剧增加,镗刀刀头的温度迅速上升,从而加速刀头的磨损,严重影响镗刀的寿命(10分)。

2.答:乳化液是由水和油混合而成的液体,由于油不能溶于水,须要添加乳化剂(5分);浓度低的乳化液含水的比例多,主要起冷却作用,适用于粗加工和磨削;浓度高的乳化液,主要起润滑作用,适用于精加工(5分)。

3.答:夹紧工件时不应破坏工件在定位时所得到的正确位置,夹紧应可靠、适当,夹紧力大小既要使工件在加工过程中不产生移动或振动,又不使工件产生过大的变形和损伤(5分)。工件在夹紧后产生的变形和损伤,不应超过技术文件上规定的要求,同时必须保证不出现因毛坯形状不规则而产生夹不紧的现象(5分)。

4.答:薄壁工件是刚度较低的零件,加工时容易变形,影响工件的加工精度(5分)。对形状不规则的薄壁工件较难利用其外形来定位,对结构复杂、形状不规则的薄壁工件常采用铸铁材料,对一些受力不大的工件采用铝合金材料(5分)。

5.答:如图2所示(10分):

6.答:修磨好的刀块,装刀时要按原来的切削轨迹作为基准进行对刀,逐个把刀块调整到一个平面和同一个圆弧上(10分)。

7.答:对粗镗刀应提出如下要求:

要求粗镗刀锋利,以减小切削力(3分);粗镗刀后角宜取得小些,以使镗刀头部有足够的强度(3分);主偏角宜稍小些,以增加刀尖的强度,使其能承受较大的切削力,并有利于切削刃散热(4分)。

8.答:浮动镗刀在所加工孔中能够自动定心、定位,可获得良好的孔的形状精度和较细的表面粗糙度(10分)。

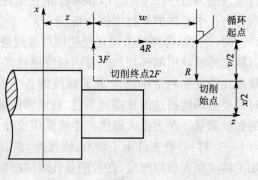

图 2

9.答:在加工中心,各种刀具分别装在刀库上,按程序规定随时进行选刀和换刀工作(5分)。有一套连接普通刀具的接杆,以便使钻、镗、扩、铰、铣削等工序用的标准刀具,迅速、准确地装到机床主轴或刀库上去(5分)。

10.答:(1)平旋盘各点支承不同轴(2.5分);

(2)主轴套和主轴配合间隙过大(2.5分);

(3)平旋盘定位孔与平旋盘配合不良(2.5分);

(4)主轴弯曲(2.5分)。

11.答:在机床空载运转过程中,主轴温度应能保持稳定,滑动轴承温升不超过35℃,滚动轴承温升小于40℃,其他结构温升不超过30℃(10分)。

12. 答:(1)电动机振动。电动机前后轴承支架不同轴,轴承外圈配合过松或轴承损坏(5分)。

(2)机床振动。主轴箱内的传动齿轮有缺陷;主轴箱内的油泵磨损;传动 V 型带长短不一等(5分)。

13. 答:有些机械零件可能很大,有一些可能很小。然而,每种机械零件均在机器的结构中起一定的作用(10分)。

14. 答:悬伸镗削法可以广泛用来加工箱体、壳体类工件上的浅孔,以及同轴孔系的端面孔。在悬伸镗削法中,主轴旋转速度不受镗杆支承的影响,比支承镗削法可提高镗削速度,生产率高。悬伸镗削法大多用于加工工件上的端面孔,调整刀具较方便。试镗和测量直观、方便(5分)。

支承镗削法在加工较深较大的孔和孔间距离较大的同轴孔系中发挥着良好的作用。在配合间隙调整恰当的情况下,可获得较高的孔的同轴度要求。但装卸、调整镗刀较悬伸镗削法麻烦、费时。不能采用端镗工具和通用工具,加工过程中不便于观察,影响了加工范围的扩大,在工艺系统刚度足够的情况下,一般采用悬伸镗削法加工(5分)。

15. 答:镗削不通孔工件,不能用有中心定位的固定尺寸的双刃镗刀及浮动镗刀,而要采用单刃镗刀和斜方孔的镗刀杆用悬伸镗削法来完成(5分)。

镗削不通孔时切屑不易排出,特别在立式镗削加工中更要注意,否则将影响孔深的尺寸精度和表面粗糙度(5分)。

16. 解:设 AF 为 x, $D=d+e$

$Rt\triangle ACB \backsim Rt\triangle AFC$ (2分)

$$\frac{x}{d}=\frac{d}{D}, x=\frac{d^2}{D} (1分)$$

又 $x^2=d^2-\frac{S^2}{4}$ (2分)

$$\frac{d^4}{D^2}=d^2-\frac{S^2}{4}$$

$$\frac{S^2}{4}=d^2-\frac{d^4}{D^2}=\frac{d^2}{D^2}(D^2-d^2)$$

$$S=\frac{2d}{D}\sqrt{D^2-d^2}=\frac{2d}{d+e}\sqrt{(d+e)^2-d^2}=\frac{2d}{d+e}\sqrt{2de+e^2}\approx 2\sqrt{2de} (2分)$$

$$e=\frac{S^2}{8d}=\frac{14^2}{8\times 140}=0.175 \text{ mm} (1分)$$

$$D=d+e=140+0.175=140.175 \text{ mm} (1分)$$

答:孔径 D 为 140.175 mm(1分)。

17. 答:深孔加工的镗杆细长,强度和刚度比较差,在镗削加工中容易弯曲、变形和振动,切屑排除困难(5分)。切削液不易注入切削区,镗刀的冷却散热条件差,使镗刀温度升高,刀具寿命降低(5分)。

18. 答:在浮动镗刀镗孔过程中镗刀是浮动的,它不能纠正原有孔的位置误差和形状误差(1.5分)。这就要求待加工孔在使用浮动镗刀前应有足够的精度,孔的直线度要好,表面粗糙度要控制在 $Ra3.2 \mu m$ 左右,并且孔壁上不允许有明显的切削波纹(2分)。其次是浮动镗刀在镗刀杆方孔槽内镗刀配合要求较高,而且方孔轴线必须和镗刀杆轴线相垂直(2分)。此外,浮动镗刀的刃磨必须保证两切削刃的对称,技术要求高(1.5分)。由于浮动镗刀是由两切削刃产生的切削力自动平衡的,所以对工件的材质、形状均有较高的要求。浮动镗刀只能镗削整圆的通孔。对不通孔和不完整圆的孔是不能采用浮动镗刀来加工的(3分)。

19. 答:在加工多层孔的同轴系时,由于刀杆伸出过长,易于弯曲变形,不能保证轴孔加工精度,这时就必须在箱体内加中间支承,以提高镗杆的刚性,保证镗孔的尺寸精度和位置精度(10分)。

20. 解:0.01－0.005＝0.005 mm(8分)

答:孔 1 相对孔 2 的垂直度误差为 0.005 mm(2分)。

21. 解:$BO=R=40$ mm(2分)

$$x=BO\cos30°=40\times\frac{\sqrt{3}}{2}=34.64 \text{ mm}(3分)$$

$$y=-BO\sin30°=-40\times\frac{1}{2}=-20 \text{ mm}(3分)$$

答:孔的中心点坐标为(34.64,－20)(2分)。

22. 解:

$$f_z=\frac{f}{Z}=\frac{0.4}{5}=0.08 \text{ mm/r}(4分)$$

$$v_f=fn=f\times\frac{1\,000v}{\pi D}=0.4\times\frac{1\,000\times6.28}{3.14\times40}=20 \text{ mm/min}(4分)$$

答:每齿进给量为 0.08 mm/r,每分钟进给量为 20 mm/min(2分)。

23. 答:$T=H+0.707D-0.5N$(10分)。

24. 解:

$$A=M+(1+\cot\frac{\alpha}{2})d-2t\cot\alpha(2分)$$

当 $\alpha=60°$时,$A=M+2.732d-1.154\,7\,t$(1.5分)

当 $\alpha=55°$时,$A=M+2.921d-1.400\,4\,t$(1.5分)

$$A_1=M_1-(1+\cot\frac{\alpha}{2})d_1(2分)$$

当 $\alpha=60°$时,$A_1=M_1-2.732d_1$(1.5分)

当 $\alpha=55°$时,$A_1=M_1-2.921d_1$(1.5分)

25. 答:对于箱体工件来说,表面粗糙度的粗细将会影响连接面的配合性质和接触刚度,主轴孔是传递动力和保证机床设备精度最关键的部位,所以主轴孔的表面粗糙度值要求很高,一般应控制在 $Ra0.4\ \mu m$,其他支承孔的表面度值为 $Ra0.6\sim0.8\ \mu m$,装配基准面和定位基准面的表面粗糙度值为 $Ra0.6\sim0.8\ \mu m$,其他非主要面的表面粗糙度值为 $Ra1.6\sim3.2\ \mu m$(10分)。

26. 解:

$$n=\frac{1\,000v}{\pi D}=\frac{1\,000\times40}{3.14\times260}=49 \text{ r/min}(4分)$$

选主轴转速为 50 r/min

$$f_r=\frac{f}{n}=\frac{10}{50}=0.20 \text{ mm/r}(4分)$$

答：主轴转速为 50 r/min，每转进给量为 0.20 mm（2 分）。

27. 答：如图 3 所示（10 分）。

28. 答：对刀点就是在数控机床上加工零件时，刀尖相对工件运动的起点，对刀点的选择原则是（4 分）：便于数学处理和简化程序编制（2 分）；在机床上找正容易，加工中便于检查（2 分）；引起的加工误差小（2 分）。

29. 答：逼近线段与被加工曲线的交点称为节点（2 分）。当被加工零件轮廓形状与机床的插补功能不一致时，就要采用逼近法加工，用直线或圆弧去逼近被加工曲线（4 分）。计算出逼近线段与被加工曲线的交点即节点，在编程时就可使用这些节点坐标值分段编程（4 分）。

30. 答：在编程时，一般以其中一把刀为基准，并以该刀具刀尖为依据建立工件坐标系（3 分）。当其他刀具转到加工位置时，刀尖不会与原刀尖重合，而存在偏差（3 分）。另外，刀具在加工过程中都有不同程度的磨损（3 分）。因此，就需要对偏差量进行补偿（1 分）。

31. 解：如图 4 所示（3 分）过 O_1 点作斜孔中心线的平行线 O_1B，过 O、O_1 分别作底面垂线 OA、O_1E，则：

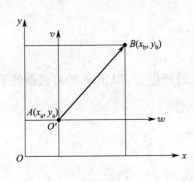

图 3

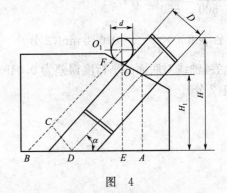

图 4

$$O_1E = 75.5 - \frac{d}{2} = 75.5 - \frac{10}{2} = 70.5 \text{ mm（1 分）}$$

$$O_1B = \frac{O_1E}{\sin 30°} = \frac{70.5}{\frac{1}{2}} = 141 \text{ mm（1 分）}$$

过 D 点作 O_1B 的垂直线 DC

$$CD = \frac{d}{2} + \frac{D}{2} = \frac{10}{2} + \frac{30}{2} = 20 \text{ mm（1 分）}$$

$$CB = CD\cot 30° = 20\sqrt{3} \text{ mm（1 分）}$$

$$OD = CF = O_1B - O_1F - CB = 141 - 5 - 20\sqrt{3} = (136 - 20\sqrt{3}) \text{ mm（1 分）}$$

$$H_1 = OA = OD\sin 30° = (136 - 20\sqrt{3})\frac{1}{2} = 50.7 \text{ mm（1 分）}$$

答：斜孔口中心至底面距离 H_1 为 50.7 mm（1 分）。

32. 解：

$$h = \frac{h_1 + h_2}{2} - \frac{1}{2} = \frac{60.01 + 60.02}{2} - \frac{20}{2} = 50.015 \text{ mm（4 分）}$$

$\Delta = 60.02 - 60.01 = 0.01$ mm(4 分)

答:孔中心线对底面的距离为 50.015 mm,孔中心线对底面的平行度误差为 0.01 mm(2 分)。

33. 解:从测得的数据看 $\phi 100.05$ mm 最小,$\phi 100.07$ mm 最大(3 分)。

$100.07 - 100.05 = 0.02$ mm(5 分)

答:孔的圆柱度误差为 0.02 mm(2 分)。

34. 解:$v = \dfrac{\pi D n}{1\,000} = \dfrac{3.14 \times 100 \times 100}{1\,000} = 31.4$ m/min(8 分)

答:铣削速度为 31.4 m/min(2 分)。

35. 解:$\dfrac{\Delta_1}{L} = \dfrac{0.07}{500}$(2 分)

$$\Delta_1 = L \times \frac{0.07}{500} = 350 \times \frac{0.07}{500} = 0.049 \text{ mm}(2 \text{ 分})$$

$$\frac{0.03}{500} = \frac{\Delta_2}{350}(2 \text{ 分})$$

$$\Delta_2 = 350 \times \frac{0.03}{500} = 0.021 \text{ mm}(2 \text{ 分})$$

答:轴线对底面的平行度误差为 0.049 mm,镗此孔时产生 0.021 mm 的对底面的平行度误差(2 分)。

镗工(高级工)习题

一、填空题

1. 允许零件尺寸的变动量称为（　　）。

2. 基本尺寸相同且相互结合的孔和轴公差带之间的关系称为（　　）。

3. 力的三要素是大小、方向和（　　）。

4. 图样上符号◎是位置公差的（　　）。

5. 图样上表面粗糙度常用的符号是（　　）。

6. Ra 数值越大,零件表面就越（　　）。

7. $\phi 50H7/s6$ 是（　　）配合。

8. 公差带的大小由（　　）确定,公差带的位置由基本偏差确定。

9. 表达机器或部件的图样,称为（　　）。

10. 读装配图就是要读懂各零件之间的连接形式和（　　）关系。

11. 在机械加工过程中,在加工零件的表面产生微小的峰谷。这些微小峰谷的高低程度和间距状况,称为（　　）。

12. （　　）是一种微观几何形状误差,又称微观不平度。

13. 测量误差包括（　　）、随机误差和粗大误差。

14. ZGMn13 是指在冲击载荷下发生硬化的耐磨钢,其主要成分中 C 的含量为 0.9%～1.3%,Mn 的含量为（　　）。

15. 轴承合金具有良好的减磨性,体现在摩擦系数低、磨合性好、（　　）好三个方面。

16. （　　）是以有机合成树脂为基础,加入各种改善性能的添加剂,在一定的温度和压力条件下,可以塑制成型的高分子材料。

17. 橡胶系室温下处于高弹性的（　　）材料具有高弹性,优良的伸缩性和积储能量的能力,成为常用弹性材料、减振材料、密封材料和传动材料。

18. 普通热处理主要包括退火、正火、淬火、回火;而表面热处理主要包括表面淬火和（　　）。

19. 将被研究的物体从其周围的物体中分离出来,单独画出它的简单轮廓图形,并在其上画出它所受的全部力,这样所得的图形就称为（　　）。

20. 加工斜齿齿轮时,刀具是沿齿轮的（　　）方向进刀的。

21. 具有自锁性能的蜗杆传动,其效率为（　　）。

22. 对刀具寿命长短影响最大的是（　　）,其次是切削用量。

23. 砂轮磨损后应进行修整,以切除（　　）和堵塞层,消除外形失真,恢复砂轮的切削性能及正确形状。

24. 砂轮的特性决定于磨料、（　　）、结合剂、硬度、组织及形状尺寸等。

25. 切削液常用的使用方法包括浇注法、高压冷却法和（　　）。

26. 切削液的使用效果除取决于切削液的性能外，还与刀具材料、加工要求、工件材料和（　　）等因素有关，应综合考虑，合理选择。

27. 硬质合金刀具耐热性好，一般不用切削液，如必要，也可用低浓度乳化液或水溶液，应（　　）地浇注，以免高温下刀片冷热不匀，产生热应力，而导致裂纹、损坏等。

28. 机床的润滑工作按照机床说明书上的机床润滑图定期进行（　　）。

29. 在选择测量工具时，应使测量零件的尺寸大小在所选择量具、量仪的（　　）范围内。

30. 在选择测量工具时，要能严格地控制实际尺寸在（　　）范围内。

31. 测量前应将量具的测量面和工件（　　）擦净，以免脏物影响测量精度和加快量具磨损。

32. 液压传动基本回路主要有方向控制回路、（　　）回路、压力控制回路和多油缸顺序动作工作回路。

33. 根据用途和工作特点的不同，液压控制阀主要分为方向控制阀、压力控制阀和（　　）控制阀。

34. 液压控制阀是控制和调节液压系统中液体流动的方向和液体的（　　），从而控制执行元件。

35. 所谓（　　）是活塞将气缸体分为两腔，压缩空气交替地向气缸两腔供气，使活塞能作往复运动。

36. 气压压力继电器是用于把压缩空气的压力信号转换为（　　）的一种发送装置。

37. 速度继电器的作用是与（　　）配合，实现对电动机的反接制动。

38. 低电断路器通常作为机床电源引入的开关，有时也用来作为控制和保护（　　）起动和停止的电动机开关。

39. 电力拖动是指用电动机来带动机械使它运动的一种方法。各种机械运动对电动机运转的主要要求包括启动、改变运动速度大小及方向和（　　）。

40. 从电网向机床的电动机等供电的电路称（　　）。

41. 控制机床操作，并对动力电路起保护作用的电路称（　　）。

42. 常见的触电原因是缺乏电气知识、（　　）和输电线或电气设备的绝缘老化或破损。

43. 齿轮中通过齿根部的圆称为（　　）。

44. 一般情况下三角螺纹起联接作用，梯形螺纹起（　　）作用。

45. 孔的基本偏差 H 为（　　）偏差。

46. 轴的基本偏差 h 为（　　）偏差。

47. 主视图的选择应从主视图的（　　）和零件的位置两方面考虑。

48. 在确定装配体位置时，通常将装配体按工作位置放置，使装配体的主要轴线或主要（　　）面呈水平或垂直位置。

49. 装配图上相邻两个零件的接触面和配合面之间，相邻两零件的不接触面，不论间隙多小，均应留有（　　）。

50. 在装配图的某一视图中，为表达被某些零件遮住的内部构造或其他零件的形状，可假想（　　）一个或几个零件后绘制该视图。

51. 工艺规程是产品在加工、装配和修理过程中所使用的具有指导性的技术文件，其中规定了工艺过程的内容、方法、工艺路线,以及所使用的设备及工、卡、量具。工艺规程是一种技术法规,又称(　　)。

52. 当加工工件主要表面所需的精基准选定以后,(　　)阶段就应考虑将此精基准加工出来。

53. 镗削选用加工方法时,应首先选定被加工面的(　　)加工方法。

54. 工艺装备包括刀具、(　　)和用于检验的量具。

55. 精基准选择时应遵循(　　)和基准统一原则。

56. 确定加工余量的方法包括分析计算法、(　　)和经验法。

57. 对一些精度要求高,结构比较复杂,孔系之间或孔与平面之间有坐标和精度要求的工作,确定加工余量时可用(　　)。

58. 数控加工工艺文件主要有(　　)、刀具调整单、机床调整单和零件加工程序单等。

59. 箱体类零件满足定位要求,常采用的定位方式包括以平面、圆柱孔和(　　)定位。

60. 镗削工件的夹紧力方向应向着较大的定位表面,以减少单位面积压力和工件的(　　)。

61. 工件的加工区域刚性较差时,切削时往往产生振动,采用(　　),并加适度的夹紧力,则可加强工件局部区域的刚性。

62. 按组合夹具元件功能的不同可分为(　　)、支承件、定位件、导向件、夹紧件、紧固件、其他件和合件八大类。

63. 定位误差是由定位基准与工序基准不重合误差和定位基准(　　)误差组成的。

64. 在数控机床加工中,除了由直线与圆弧几何元素组成的轮廓零件外,还常遇到一些(　　)构成的零件。

65. 非圆曲线的二维节点的计算方法包括等间距法、(　　)和等误差法。

66. 用户宏程序也称为(　　),包括转移、变量和运算。

67. 用户宏程序的功能,是把用户编好的宏程序像(　　)一样存储其中,使用时随时调出。

68. 用户在存储宏程序功能的最大特点是在用户宏功能主体中能使用变量;变量间能(　　);用户宏功能还可以把实际值设定为变量。

69. 微调镗刀是单刃镗刀中较为先进的一种镗刀,可用于卧式镗床、坐标镗床和数控镗床。与其他单刃镗刀相比,具有(　　)方便和精度高的优点。

70. 微调镗刀在镗杆上的安装角度有(　　)和倾斜型两种形式。

71. 可调机夹浮动镗刀主要特点是采用了可(　　)不重磨硬质合金机夹刀片,直径尺寸能方便地进行微量调节。

72. 浮动镗刀通过作用在对称刀刃上的切削力来自动平衡其(　　),因此能抵偿镗刀块的制造、安装误差和镗杆的动态误差所引起的不良影响,从而获得较高的加工质量。

73. 在小直径机夹减振镗刀杆内腔,有一块硬质合金重块被支承在两个(　　)中间。在镗削过程中,腔内的组合件在支承面上连续不断的运动,吸收镗杆振动。

74. 单刀机夹硬质合金铰刀,由一个切削刀片和两个导向块组成,它们分别具有(　　)作用。

75. 珩磨能提高孔自身的尺寸精度和表面粗糙度等级,但不能修正孔轴线的(　　)误差。

76. 主电动机运转时,主轴稍受载荷立即中断运转,而主电动机仍在运转,产生原因是电动机与主轴箱之间的( )不够而造成打滑。

77. 调整坐标镗床三个蝶式调整支座,使安装水平至最小位置,然后调整四块垫铁,使之与床身稍微接触,可解决( )对于主轴中心线产生偏斜。

78. 镗床一级保养是指外保养;主轴箱及进给变速箱保养;( )及导轨保养;后立柱保养;润滑系统保养和电器部分保养。

79. 衡量数控机床可靠性的指标有 MTBF( )、MTTR 平均修复时间、AC 有效度三种形式。

80. 数控装置的储存器的电池更换时,要在( )情况下更换。

81. 数控机床的进给驱动系统故障现象包括软件报警、硬件报警和( )显示的故障三种。

82. 数控机床无报警显示的故障现象包括机床失控、( )、机床过冲、噪声过大、快进时不稳定等现象。

83. 数控机床故障显示内容常见的有电池报警、( )、伺服故障、存贮故障、主轴故障和操作错误等。

84. 机床需要的压缩空气( )应符合标准,并保持清洁,要定期检查和维护气、液分离器,严禁水分进入气路。

85. 机床加工中心换刀动力依靠压缩空气,若( )供压不够或贮气柜漏气使气压下降,会使机床换刀动作暂停。

86. 空间斜孔是通过其轴线在空间所处的位置来表达的。它明显的特征是该轴线相对三个坐标面都成倾斜状态,简称( )。

87. 空间双斜孔一般都用万能转台在坐标镗床上加工。在万能转台上通过转直过程,使双斜孔处于与主轴轴线( )的位置进行加工。

88. 加工双斜孔时,先将转台按逆时针方向水平旋转 θ_1 角,再将转台按顺时针方向斜旋转 θ_2 角,经过两次转角,使斜孔位置变为( )孔的位置。

89. 在万能镗床上加工斜孔与直孔轴线间或斜孔轴线与平面间角度精度要求( )的工件,可以直接用工作台找正角度。

90. 对于没有回转工作台的镗床,角度精度可以用( )找正方法来确定。

91. 在有直孔和斜孔的工件上,工艺基准孔一般选在与基准面有( )的直孔的轴线上。

92. 在某些不允许设立工艺基准孔的工件上,可在( )上设立基准孔,等加工和检验合格以后拆除即可。

93. 采用工艺孔加工斜孔,加工和测量均以工艺孔上的( )为基准,操作方便,加工误差小,在可能的条件下,应尽量采用这种方法。

94. 在坐标镗床上加工空间斜孔需借助于万能转台保证斜孔的角度精度,所以,正确掌握万能转台的( )方法是保证斜孔加工精度的关键之一。

95. 用球形检具法加工斜孔,其方法是将球形检具根据工艺要求安装在工件的适当位置上,使球心与( )的位置重合。

96. 对加工形状复杂的薄壁工件来说,一般选取面积最大,而且与各镗削孔有( )要求的平面为该工件的主要定位基准面。

97. 对薄壁工件定位时,定位点尽可能距离大些,以增加接触三角形的面积,增加接触( )。

98. 镗削薄壁工件时,要严格贯彻"粗、精加工分开,先粗后精"的原则,注意( )的选择。

99. 阶梯孔的加工包括孔及阶台平面,其控制尺寸为孔径与( )。

100. 用平旋盘加工( )的阶梯孔及阶台平面,才能精确控制孔的深度。

101. 平行孔系主要技术要求是保证各平行孔轴线之间的尺寸精度和( )精度。

102. 用坐标法加工平行孔系,必须掌握工件的( )和工艺基准的找正方法,以及合理选用原始孔和确定镗孔顺序。

103. 应用机床本身的测量机构对工件定位,称为( )。

104. 由操作者利用某些附件、量具,通过找正的办法对工件进行定位,称为( )。

105. 以金属线纹尺与光学读数测量定位,是移动坐标镗削平行孔系实际操作中常采用的方法,它操作方便,精度可达( )mm 以内。

106. 采用坐标法镗削平行孔系时,各孔距的精度是依靠坐标尺寸保证的,所以,一般都选用标注基准孔为( )。

107. 工程上常用的投影方法是中心投影法和( )。

108. 把合理的工艺过程中的各项内容写成文字用以指导生产,这类文件叫( )。

109. 相互联系且按一定顺序排列的封闭尺寸组合叫( )。

110. 尺寸基准按尺寸基准性质,可分为设计基准和( )。

111. 在零件加工过程中,最后得到的尺寸,称该零件尺寸链的( )环,除此以外的各尺寸称尺寸链的组成环。

112. 标注尺寸时,不允许出现( )的尺寸链。

113. 国标规定,对于一定的基本尺寸,其标准公差共有( )个公差等级。

114. CAD 即( ),也就是使用计算机和信息技术来辅助工程师和设计师进行产品或工程的设计。

115. CAD 绘图环境主要包括标题栏、下拉菜单栏、( )、绘图窗口、命令窗口和状态栏等几部分。

116. 鼠标的左、右两个键在 AutoCAD 中有其特定的含义。通常左键代表( ),右键代表回车。

117. AutoCAD 用到的坐标系有( )、极坐标系、柱坐标系和球坐标系四种。

118. ( )命令可以绘制一条或多条首尾相连的二维直线段。

119. ( )命令可以绘制圆弧。

120. 对于小型的平面圆周分度孔而且精度要求又比较高的工件,可利用( )进行加工。

121. 在备有光学瞄准装置的机床上加工相交或交叉孔系,可借助光学瞄准装置提高( )精度。

122. 在批量生产时,垂直孔系的坐标位置可以用( )来确定。

123. 垂直孔系的坐标位置可用精密划线,机床游标尺定位装置,试镗后( )的方法来保证。

124. 孔轴线不在同一平面内,且空间相交成一定角度的孔系,称( )孔系。

125. 对孔轴线间的夹角精度要求较高的工件,则一般采用( )来保证。

126. 在坐标镗床上铣螺旋槽常采用( )铣削法。

127. 在镗床上铣削时采用的刀杆及其他安装工具,应最大限度地执行( )的原则,使切削时具有最大的刚性。

128. 在坐标镗床上铣削较大的平面时,一般都使用( )铣刀铣削。

129. 用万能刀架镗削孔的端面时,孔与端面的垂直度、端面的平面度及( )均能获得较高的精度。

130. 在镗床上加工带角度的大平面时,把这个面的基线与主轴线校正( ),压紧工件后就可以铣削。

131. 箱体类零件呈封闭式的、刚度较好,主要加工表面是平面和( )。

132. 箱体类零件先加工平面,为加工孔时准备良好的和稳定的( ),减少孔的加工误差。

133. 箱体的镗削工艺方案是对零件进行工艺分析以后,根据( )和设备制定的。

134. 加工中心一般有线检测监控、精度补偿、操作过程显示等功能,能更好地保证箱体工件的( )要求。

135. 金属材料的切削加工性是以切削时的( )寿命、已加工表面完好性及切屑排除难易程度三个方面综合衡量的。

136. 难加工材料的切削特点是切削力大,加工硬化大,切削温度高,刀具易磨损和( )难以保证。

137. 不锈钢按其金相组织的不同分为铁素体不锈钢、( )不锈钢和奥氏体不锈钢。

138. 不锈钢镗削时,宜采用( )切削速度和选用较大的进给量,其主要目的是使切削刃不与冷硬层接触,以提高刀具的使用寿命。

139. 切削淬火钢时,必须加注切削液,降低切削温度,提高刀具使用寿命,一般常用有机油和( )等作切削液。

140. 喷焊(涂)适用于金属表面预防性保护和( )表面的修复。

141. 切削喷焊层材料时,刀具材料应具备较高的硬度、( )、导热性好,要有足够的强度。

142. 对加工精度要求较高的缺圆工件,可采用( )的工艺方法进行镗削。

143. 在镗削缺圆孔时,切削力是变化的,致使单刀镗削的精度受到一定的限制。为此,可增加( )的次数,以减少切削力影响。

144. 三爪内径千分尺测量时,三个活动量爪与孔壁三点接触( ),故具有测量精度高、示值较为稳定准确的特点。

145. 内径百分表可测孔径范围为 $6\sim450$ mm 之间,它是更换调整( )使被测尺寸在其测量范围之内的。

146. 电动量仪是将被测尺寸转为( )来实现长度测量的仪器。

147. 三坐标测量机是解决三维空间内的复杂尺寸和( )测量的精密测量仪器。

148. 三坐标测量机的功能在很大程度上取决于所配有的( )功能。

149. 正弦规是利用三角函数测量( )的一种精密量具。

150. 检验斜孔角度的方法是将加工完的工件安装在工作台上,将两根测量棒分别插入斜孔及工艺孔内。在主轴上安装千分表定位器,旋转表架并移动坐标,并分别找正两个测量棒轴线,并分别记下轴线的(　　),即可根据两个轴线的位置差和被测点之间的长度来确定角度误差。

151. 用工艺孔对斜孔坐标位置进行检验时,首先要确定工艺孔的轴线到某基准面的实际尺寸,再检验工艺孔及基准孔的实际尺寸,并根据实际尺寸分别配(　　)根测量棒。

152. 在坐标镗床上对斜孔角度检验时,在斜孔内配入测量棒,测量棒长度应伸出孔端面,精度要求越高时,伸出长度应(　　)些。

153. 孔系的相互位置精度包括孔与孔中心线的同轴度、平行度、垂直度,孔与平面的(　　)。

154. 当孔径较小时,可用圆度仪或三坐标测量机测量,也可用综合量规、心轴测微仪测量;当孔径很大或被测孔之间的距离较大时,用(　　)和测量桥测量孔系的同轴度。

155. 用心棒和千分尺检验两平行孔两端的孔距,其差值即是(　　)的平行度误差值。

156. 检验孔与端面垂直度最常用的方法是将带有检验圆盘的心棒推入孔内,再用(　　)检验端面接触情况。

157. 加工精度是指零件加工后的实际几何参数与(　　)的几何参数的符合程度。

158. 加工误差是指零件加工后实际几何参数与(　　)的几何参数之间的差异。

159. 镗杆的(　　)、机床导轨直线度误差和刀具磨损可引起加工孔的圆柱度误差。

160. 机床前立柱的导轨面在进给方向铅垂平面不垂直于工作台面时,机床主轴便不平行于工作台面,当主轴进给加工时,被加工孔的轴线会(　　)装夹基准面。

161. 精镗孔时,以减小切削力来达到减小镗刀杆在导向套内下方的偏摆量的措施是(　　),增加进给次数。

162. 在镗铸铁工件和精加工时,通常采用主偏角为(　　)的镗刀。

163. 由于镗刀安装后角度发生变化,所以将镗刀的前角适当增大一些,一般可取(　　),后角适当磨小一些,一般可取 $6°\sim8°$。

164. 操作安排不当对镗削加工精度产生影响,一般操作安排不当的因素包括:镗杆两支承间的距离过大;镗杆(　　);毛坯孔偏斜太多;工艺系统刚性差;刀具材料选择不当;刀具角度不对;工步或工序安排不合理等。

165. 热变形往往会造成镗出的孔是圆形,冷却后,孔逐渐变为(　　)形。

166. 在用机床坐标定位加工孔系时应注意维护坐标测量、检测原件和(　　)的精度,防止磨损、发热及损伤。

167. 为减少机床形位精度对孔距的影响,尽量坐标移动和(　　)。

168. 解决机床刚性对孔距影响的措施之一是工件尽量安装在(　　),使机床受力均匀。

169. 加强刀具系统的刚性,主轴不宜伸出过长,可以减少机床刚性对(　　)影响。

170. 机床各部分产生明显的温差,会引起机床形位精度下降;主轴部分受热变形,会使主轴产生(　　),造成被加工孔的精度下降。

171. 在切削加工过程中,常会碰到两种不同性质的振动:强迫振动和(　　)振动。

172. 提高孔系镗削质量的途径可从两方面入手:一是采用高精度镗床,如在数控镗床与加工中心加工工件;二是采用合理的(　　)提高工件质量。

173. 主轴的旋转精度除同结构形式有关,还与轴的精度和( )有关。

174. 坐标镗床光学系统的成像质量同光路中的( )的位置、物镜的调整有密切关系。

175. IRIS是( )的英文缩写,QMS是质量管理体系的英文缩写。

176. 质量管理体系中"PDCA"的方法可适用于所有过程。"PDCA"模式中的"C"代表( )。

177. 影响工序质量的因素,即通常所说的"5M1E",即人、( )、料、法、环、测。

178. 精益生产的核心思想是( )。

179. 标准作业是以( )为中心,按照没有浪费的顺序,高效率地进行生产的方法。

180. 标准作业由( )、作业顺序和标准手持三要素构成。

181. 剖视图分全剖视图、半剖视图和( )。

182. 形位公差带有形状、大小、方向和( )四项特征。

183. 正弦规常用来精密地测量零件的( )和斜度。

184. 基准不符误差是由于工件的定位基准与( )不重合而产生的误差。

185. 铰孔不能纠正孔的( )误差。

186. 使工件在夹具上迅速得到正确位置的方法叫( )。

187. 同一轴线上各孔的同轴度,可采用( )进行检验。

188. 用镗模加工平行孔系的方法适用于( )生产。

189. 麻花钻横刃过长,钻头的定心作用较差,钻削时容易产生( )。

二、单项选择题

1. 在产品制造中,装配图是制定装配工艺规程,进行装配和( )的技术依据。
   (A)生产 　　　　　(B)检验 　　　　　(C)维修 　　　　　(D)加工

2. 识读机械装配图是通过对现有图形、( )、文字、符号的分析,了解设计者的意图和要求。
   (A)基准 　　　　　(B)中心线 　　　　　(C)尺寸 　　　　　(D)剖面线

3. 我国的表面粗糙度标准是以( )作为最基本的评定参数。
   (A)粗糙度参数的平均值 　　　　　(B)微观不平度平均高度
   (C)轮廓均方根偏差 　　　　　　　(D)轮廓算术平均偏差

4. 属于接触测量表面粗糙度的方法是( )。
   (A)比较法 　　　　　(B)干涉法 　　　　　(C)针描法 　　　　　(D)光切法

5. ( )钢强度低、塑性好,主要用于制作化工设备中的容器、管道等。
   (A)1Cr17Ti 　　　　　(B)1G13 　　　　　(C)Cr12 　　　　　(D)5CrNiMo

6. 陶瓷材料具有熔点高、耐高温、硬度高、耐磨损、耐氧化和腐蚀,以及重量轻、强度高等优良性能。但也存在( )能力差,易发生脆性破坏和不易加工成型的缺点。
   (A)弹性变形 　　　　　(B)塑性变形 　　　　　(C)抗蠕变 　　　　　(D)抗弯曲

7. 调质是指淬火加高温回火的操作工艺,其高温回火的温度范围指( )。
   (A)150～250 ℃ 　　　(B)350～500 ℃ 　　　(C)500～650 ℃ 　　　(D)600～700 ℃

8. 力矩的平衡条件是:作用在物体上的各力对转动中心力矩的( )等于零。
   (A)矢量和 　　　　　(B)代数和 　　　　　(C)平方和 　　　　　(D)平方差

9. 多楔带又称复合三角带,横向断面呈多个楔形,楔角为( ),传递负载主要靠强力层。

(A)30° (B)35° (C)40° (D)45°

10. 标准斜齿圆柱齿轮的基本参数均以( )为标准。

(A)端面 (B)法面 (C)径向平面 (D)切向平面

11. 用于精密传动的螺旋传动形式是( )。

(A)普通螺旋传动 (B)差动螺旋传动 (C)直线螺旋传动 (D)滚珠螺旋传动

12. 蜗杆传动中,蜗杆和蜗轮的轴线一般在空间交错成( )。

(A)30° (B)45° (C)60° (D)90°

13. 硬质合金镗刀刃磨后,刃口上有锯齿状微小缺口,此时应研磨镗刀( )来提高刃口的光整程度。

(A)刃口 (B)前刀面 (C)后刀面 (D)前、后刀面

14. 有径向前角的螺纹镗刀,粗磨后的刀尖角要( )牙型角。

(A)等于 (B)小于 (C)大于 (D)略大于

15. 精密量具应进行定期检定和保养,发现精密量具有不正常现象时,应及时送交( )检修。

(A)技术组 (B)维修组 (C)试验室 (D)计量室

16. 液压系统中的工作机构需短时间停止运动时,可采用( )以达到节省动力消耗,减少液压系统发热,延长泵的使用寿命的目的。

(A)调压回路 (B)减压回路 (C)卸荷回路 (D)增压回路

17. 溢流阀属于压力控制阀,一般接在( )上。

(A)支油路 (B)液压泵出口油路 (C)回油路 (D)任意油路

18. 调速阀属于( )类。

(A)方向控制阀 (B)流量控制阀 (C)压力控制阀 (D)运动控制阀

19. 在液压系统中,能起到安全保护作用的控制阀是( )。

(A)溢流阀 (B)单向阀 (C)节流阀 (D)减压阀

20. 换向阀的作用是( )。

(A)控制油液流动方向 (B)控制执行机构运动方向

(C)调速 (D)卸荷

21. 分水过滤器是气动系统中用来消除空气中的( )。

(A)水分、油 (B)水分、灰尘 (C)油、灰尘 (D)水分、油及灰尘

22. 箱体加工时,通常是用箱体的( )来找正的。

(A)面 (B)孔 (C)安装基面 (D)划线

23. 畸形工件需多次划线时,为保证加工质量必须做到( )。

(A)安装方法一致 (B)划线方法一致 (C)划线基准统一 (D)借料方法相同

24. 箱体工件划线时,要准确划出箱体的十字找正线。十字找正线最好与箱体的主轴轴线或对称中心线( ),划在箱体的长而平直的部位,以便提高校正的精度。

(A)重合 (B)垂直 (C)平行 (D)相交

25. 使电动机产生一个和实际旋转方向相反的电磁转矩,从而使电动机迅速停转的方法,

称( )制动。

(A)能耗   (B)电力   (C)机械   (D)反接

26. 全面安全管理是指对安全生产实行全过程、全员参加和全部工作安全管理,简称( )。

(A)TSC   (B)TQC   (C)GTO   (D)CNC

27. 全面质量管理就是以企业的( )为主体,把技术管理、经营管理和统计方法结合起来,建立一整套质量管理工作系统,保证能经济地满足用户要求的产品。

(A)技术人员   (B)管理人员   (C)操作工人   (D)全体职工

28. 机床箱体等零件结构特点是由薄壁围成的空腔,以容纳运动零件及油等,先( )成毛坯,经必要的机械加工而成。

(A)铸造   (B)锻造   (C)焊接   (D)机加工

29. 在机械装配图上应标注特性尺寸、装配尺寸、( )、安装尺寸和其他重要尺寸。

(A)整体尺寸   (B)工艺尺寸   (C)工序尺寸   (D)定位尺寸

30. 在装配图中,对于紧固件及轴、销等实心零件,若按纵向剖切,且剖切面通过其对称平面时,则这些零件应( )。

(A)剖   (B)不剖   (C)阶梯剖   (D)局部剖

31. 在装配图中相邻两零件的剖面线应( )。

(A)方向相同或间隔不同,方向一致   (B)方向相同或间隔相同,方向一致

(C)方向相反或间隔相同,方向一致   (D)方向相反或间隔不同,方向一致

32. 需要表示装配体与相邻零件的关系或夹具中工作的位置时,可用( )画出该轮廓。

(A)点划线   (B)双点划线   (C)虚线   (D)细实线

33. 数量少、品种多且加工对象经常变化的产品,应选择在( )镗床上加工。

(A)专用   (B)万能   (C)金刚   (D)气缸

34. 工艺规程可分为( )工艺规程、装配工艺规程和修理工艺规程三类。

(A)铸造加工   (B)锻造加工   (C)焊接加工   (D)机械加工

35. 拟定加工工序主要是确定各表面最终加工( )的顺序,划分加工阶段,按工序集中和分散的原则安排工序。

(A)工艺   (B)工序   (C)工步   (D)走刀

36. 专用夹具的基本要求是正确选择定位基准、定位方法和定位元件,尽可能采用快速高效、操作方便、便于排屑和( )。

(A)互换   (B)通用   (C)加工   (D)加工、检验、装配

37. 工艺基准的选择包括粗基准的选择、精基准的选择和( )基准的选择。

(A)机床   (B)定位   (C)刀具   (D)辅助

38. 数控加工工艺文件是数控加工、产品验收的依据,也是( )要遵守、执行的规范,同时也是产品零件重复生产在技术上的工艺资料积累和储备。

(A)设计者   (B)工艺人员   (C)操作者   (D)维修工

39. ( )应记录机床控制面板上的"开关"位置,零件安装、定位和夹紧方法及键盘应键入的数据等。

(A)工序卡   (B)机床调整单   (C)刀具调整单   (D)加工程序单

40. 工序卡内容应包括编号、工步号、加工面、刀具号数、规格、长度及(　　)等数据。

(A)切削用量　　　　(B)主轴转速　　　　(C)进给量　　　　(D)加工深度

41. 箱体安装在镗模上,采用一面双销定位,属于(　　)。

(A)完全定位　　　　(B)不完全定位　　　　(C)过定位　　　　(D)欠定位

42. 大型零件的结构特征是工件的外形尺寸大、(　　)和加工工作量大。

(A)平面大　　　　(B)形状复杂　　　　(C)加工余量大　　　　(D)孔径大

43. 大多数箱体零件因为外形尺寸大,形状复杂,通常采用整体(　　)。

(A)锻件　　　　(B)铸件　　　　(C)焊接件　　　　(D)毛坯

44. 大型复杂零件的安装基面一般为零件的(　　),工艺凸台或支承架。

(A)底面
(B)孔

(C)精度要求最高的平面
(D)精度要求最高的孔

45. 组合夹具拼装后具有(　　)。

(A)专用性　　　　(B)通用性　　　　(C)较高的刚性　　　　(D)较小的外形尺寸

46. 导向件是用来确定刀具与(　　)间相对位置的元件。

(A)机床　　　　(B)定位件　　　　(C)夹具　　　　(D)支承件

47. 组合夹具是由各种(　　)元件拼装组合而成的。

(A)专用　　　　(B)可调　　　　(C)标准　　　　(D)特殊

48. 组合夹具组装后,需进行检测,检测夹具的总装精度时,应以积累误差(　　)为原则来选择测量基准。

(A)最大　　　　(B)最小　　　　(C)最正　　　　(D)最负

49. 在数控加工中,各种非圆曲线必须用(　　)段逼近它,求出节点坐标,编制逼近线段的加工程序。

(A)直线　　　　(B)拆线　　　　(C)圆弧　　　　(D)直线或圆弧

50. 在某种功能的零件加工程序中用变量代替某些数值,以及这些变量的运算和赋值过程叫(　　)。

(A)子程序　　　　(B)源程序　　　　(C)宏程序　　　　(D)计算程序

51. 用户宏程序包括转移、(　　)和运算三大功能。

(A)共变量　　　　(B)局部变量　　　　(C)常量　　　　(D)变量

52. 不同的数控系统中,用户宏程序的调用方法不尽相同,常见的有通过(　　)指令调用。

(A)G64　　　　(B)M98　　　　(C)M99　　　　(D)G67

53. 用户宏程序的调用方法除了通过 M98 指令调用外,还包括通过(　　)指令调用。

(A)G65 和 G66　　　　(B)G64 和 G65　　　　(C)G66 和 G67　　　　(D)G67 和 G68

54. 小直径深孔镗刀要尽量(　　),刀杆与刀柄要有较高的同轴度,并采用整体硬质合金制造。

(A)粗而短　　　　(B)短而细　　　　(C)细而长　　　　(D)粗而长

55. 大直径深孔的镗削可采用具有(　　)引导功能的刀杆,还可以用微调双刃镗刀。

(A)左　　　　(B)右　　　　(C)前　　　　(D)后

56. 微调镗刀镗杆,其(　　)调整方便、精确、使用可靠、调节范围大,可加工直径 $\phi180 \sim$

ϕ200 mm 范围内的孔。

 (A)精度尺寸 (B)角度尺寸 (C)长度尺寸 (D)直径尺寸

57. 单刃机夹硬质合金铰刀从结构上可以看作是带引导的镗刀,切削速度可达到18～80 m/min,孔的精度可达( )级。

 (A)H5～H6 (B)H6～H7 (C)H7～H8 (D)H8～H9

58. "群钻"是适应加工不同材料的钻孔刀具,刀尖上磨有( )月牙形分屑槽,主切削刃分成直线和圆弧两部分,形成三尖七刃和双重顶角的麻花钻。

 (A)1 个 (B)2 个 (C)3 个 (D)4 个

59. 外排屑枪钻适宜加工 ϕ3～ϕ30 mm,深径比 L/D 大于( )的深孔。

 (A)5 (B)10 (C)30 (D)100

60. 滚压的过盈量一般控制在 0.05～0.1 mm 左右,滚压后孔径将增大( )。

 (A)0.06～0.1 mm (B)0.08～0.12 mm (C)0.01～0.06 mm (D)0.06～0.18 mm

61. 卧式镗床主轴箱多次夹紧后,主轴位置变化大,应调整主轴箱上的镶条间隙,控制( )塞尺不得塞入,并调整夹紧力。

 (A)0.01 mm (B)0.02 mm (C)0.03 mm (D)0.04 mm

62. 坐标镗床主轴进给量不均匀,造成工件表面粗糙度超差,需( )变速箱中调节摩擦锥及摩擦环的松紧螺母。

 (A)更换 (B)调整 (C)拧紧 (D)拧松

63. 镗床主轴箱保养必须掀开主轴箱各防尘盖板,检查调整( )和夹紧拉杆。

 (A)三角带 (B)平带 (C)V 带 (D)圆形带

64. 机床运转( ),以维修工人为主,操作工人参加,在排定时间进行一次包括修理内容的二级保养。

 (A)0.5 年 (B)1 年 (C)1.5 年 (D)2 年

65. 定期更换直流电动机电刷以免化学腐蚀和( )失效。

 (A)磨损 (B)变形 (C)强度 (D)可靠性

66. 正常工作时,数控机床的液压系统的油温不应超过( )℃。

 (A)20 (B)30 (C)50 (D)60

67. 防止空气浸入油液中的方法是及时更换不良的( ),经常检查管接头及液压元件的连接处并及时将松动的螺帽拧紧等。

 (A)密封件 (B)滤泡网 (C)油液 (D)元件

68. 解决液压系统爬行的办法是( )回油背压。

 (A)降低 (B)增加 (C)调整 (D)检查

69. 数控系统显示信息内容为伺服故障,产生原因为伺服驱动器及( )工作不正常,需检修伺服系统。

 (A)存储器 (B)主轴 (C)电机 (D)电力不足

70. 空间角度孔指( )孔。

 (A)交叉 (B)单斜 (C)双斜 (D)单、双斜

71. 只要万能镗床的坐标测量系统精良,镗削技艺( ),斜孔工件就可以在万能镗床上加工。

（A）差　　　　　　（B）一般　　　　　　（C）较高　　　　　　（D）高

72. 回转工作台除能按垂直轴线作水平回转外,还能绕水平轴线倾斜(　　)。

（A）30°　　　　　（B）45°　　　　　（C）60°　　　　　（D）90°

73. 回转工作台的倾斜精度一般在(　　)之间,这样的精度不能满足技术要求。

（A）1′～1.5′　　（B）2′～3′　　　（C）2.5′～3′　　　（D）3′～3.5′

74. 加工双斜孔时,万能转台需经(　　)次旋转,才能将双斜孔轴线调整到可镗削的位置上。

（A）1　　　　　　（B）2　　　　　　（C）3　　　　　　（D）4

75. 在有回转工作台的万能镗床上加工轴线与安装基准面处于相交位置的斜孔时,工件可以通过(　　),再安装在工作台上加工。

（A）划线找正　　（B）专用夹具找正　　（C）坐标计算　　（D）角铁

76. 加工空间斜孔时,一般工艺孔应选在与基准面(　　)孔的轴线上。

（A）尺寸精度要求高的　　　　　　（B）位置精度要求最高的

（C）位置精度要求较低的　　　　　　（D）尺寸精度要求最高的

77. 为保证斜孔精度要求,须对万能转台倾斜角度作进一步调整,其调整方法有转台倾斜角度调整法和(　　)。

（A）直角坐标计算法　　　　　　（B）转台参数测量计算法

（C）正弦尺调整法　　　　　　　（D）定位球调整法

78. 球形检具法与在辅助块上设立工艺基准孔的方法(　　)。

（A）相反　　　　　（B）完全相同　　　（C）基本相同　　　（D）完全不同

79. 球形检具是用球形检具代替工艺基准孔,以球形体为(　　)进行加工和测量。

（A）中心　　　　　（B）轴心　　　　　（C）基准　　　　　（D）导向

80. 薄壁工件由于壁薄、刚性差,为了保证薄壁工件的加工精度和(　　),在镗削各孔时应按粗、精分开的原则进行。

（A）表面粗糙度　　（B）形状精度　　　（C）位置精度　　　（D）尺寸精度

81. 若工件孔壁较薄,孔的深度又不大,宜采用(　　)来进行镗削加工。

（A）调头镗削法　　（B）镗模法　　　　（C）悬伸镗削法　　（D）支承镗削法

82. 同轴孔系的主要技术要求是保证各孔的尺寸精度,控制各孔的(　　)误差小于允许值。

（A）平行度　　　　（B）同轴度　　　　（C）垂直度　　　　（D）表面粗糙度

83. 在箱体工件的同一轴线上有一组相同孔径或不同孔径所组成的孔系,称为(　　)孔系。

（A）同轴　　　　　（B）平行　　　　　（C）相交　　　　　（D）垂直

84. 当成批和大量生产时,箱体零件同轴孔系的加工一般采用(　　)加工。

（A）镗模　　　　　（B）窜位法　　　　（C）坐标法　　　　（D）划线找正法

85. 在采用平旋盘加工阶梯孔阶台时,可利用磁力表座装刀控制(　　),确保孔深的加工精度。

（A）切削速度　　　（B）进给量　　　　（C）背吃刀量　　　（D）切削量

86. 对精度要求高的同轴孔系采用多刀多刃镗削加工方法适用(　　)生产。

(A)单件   (B)小批量   (C)中批量   (D)大批量

87. 在大批量生产中,为了提高劳动生产率,对高精度的同轴孔系常采用(   )的镗削加工方法。

(A)单刀单刃   (B)单刀多刃   (C)多刀单刃   (D)多刀多刃

88. 调头镗的加工精度取决于工作台的回转精度,若工作台回转后工件孔轴线相对于镗床主轴轴线存在偏心误差 e,则使两端孔轴线产生同轴度误差为(   )。

(A)$\dfrac{e}{2}$ (B)e (C)$\dfrac{3}{2}e$ (D)$2e$

89. 在加工同一轴线上两个以上的阶梯孔,而且孔与孔之间的同轴度要求较高时,宜用(   )镗孔。

(A)悬伸镗   (B)支承镗   (C)窜位镗   (D)长镗杆与尾座联合

90. 在卧式镗床上用悬伸镗法镗孔时,镗轴的悬伸量越长,镗轴的刚度就越低,造成的(   )就越大。

(A)锥度误差   (B)角向漂移   (C)圆度误差   (D)同轴度误差

91. 在镗削平行孔系时,图样上标注的坐标尺寸是极坐标时,应以(   )孔为原点,换算成直角坐标尺寸。

(A)任选   (B)原始   (C)直径最小   (D)直径最大

92. 在成批生产中,常采用镗模法来加工平行孔系,其特点是平行孔系的孔距精度是由(   )的精度来控制。

(A)镗床   (B)镗模   (C)夹具   (D)刀具

93. 镗模法常用于在组合机床、专用镗床和卧式镗床上镗削箱体零件上(   )的孔。

(A)斜孔   (B)同轴孔系   (C)平行孔系   (D)圆锥面上

94. 卧式镗床坐标定位的类别有机床坐标定位和(   )定位。

(A)主轴   (B)工艺   (C)夹具   (D)工件

95. 坐标镗床主轴找正工具一般有千分表定位器、心轴定位器、光学定位器、弹簧中心冲和(   )。

(A)三坐标测量仪   (B)水平仪   (C)定位顶尖   (D)划线顶尖

96. 用顶尖锥面找准孔的轴线,可作初步定位,定位精度可达到(   )mm。

(A)0.01   (B)0.03   (C)0.05   (D)0.07

97. 机床上的移动部件可用量规与百分表测量定位,其定位精度可达(   )以内。

(A)±0.04 mm   (B)±0.03 mm   (C)±0.02 mm   (D)±0.01 mm

98. 用直角坐标法加工(   ),辅助时间长,加工误差大,只适用于单件镗削。

(A)平面上圆周分度孔   (B)圆柱上圆周分度孔
(C)圆锥上圆周分度孔   (D)大型圆弧面上圆周分度孔

99. 确定垂直孔系的坐标位置,可用精密划线,机床游标尺定位装置,用主轴定坐标法以及(   )。

(A)单件生产时用镗模   (B)批量生产时用简易镗模
(C)用回转工作台   (D)简易工具法

100. 蜗杆蜗轮箱体孔系属(   )孔系。

(A)平行   (B)同轴   (C)垂直交叉   (D)空间相交

101. 在镗削空间相交孔系箱体时,常将工件的安装基准面作为镗孔加工工序的( )。

(A)主要定位基准面 (B)辅助基准   (C)导向面   (D)工序基准

102. 在圆锥面上镗削孔时,为了提高孔的形状精度,精镗时的背吃刀量应为( )mm。

(A)0.30~0.05   (B)0.20~0.50   (C)0.30~0.40   (D)0.01~0.03

103. 在加工大型圆弧面上的圆周分度孔而没有基准孔时,可以在对称于两个分度孔轴线上取( )点,做回转中心。

(A)1   (B)2   (C)3   (D)4

104. 通用单刃弯头镗铣刀通常装在连接平旋盘的刀杆上,用来铣削较大的平面,常用( )单刃弯头镗刀可作为铣刀使用。

(A)90°、70°、40°   (B)90°、75°、40°   (C)92°、75°、40°   (D)92°、75°、45°

105. 坐标镗床加工平面的平面度误差在 0.004~0.012 mm 之间,位置度误差小于( )mm。

(A)0.005   (B)0.01   (C)0.015   (D)0.2

106. 采用万能刀架镗削孔的端平面时,镗刀的副偏角应( )4°,以避免后刀面与已加工表面发生摩擦。

(A)等于   (B)大于   (C)小于   (D)都不对

107. 铣削斜平面时,一般选择与斜面有( )要求的平面作为主要定位基准面。

(A)尺寸精度   (B)垂直度   (C)平行度   (D)倾斜度

108. 箱体零件有较大的平面,而孔系加工要求又较高,需经多次安装才能完成,所以箱体在加工中( )选择是一个关键。

(A)粗基准   (B)精基准   (C)定位基准   (D)辅助基准

109. 箱体毛坯形状较复杂、铸造内应力较大,为了消除内应力,减少加工后的变形,保持精度稳定,需进行( )。

(A)淬火处理   (B)回火处理   (C)时效处理   (D)正火处理

110. 在加工中心机床上,一般箱体工件( )次安装可加工平面、粗镗、精镗、钻孔、扩孔、倒角等多道工序。

(A)1   (B)2   (C)3   (D)4

111. 难切削材料是指( )差,如高强度、高硬度、高延展性等特殊材料。

(A)铸造性能   (B)锻造性能   (C)焊接性能   (D)切削性能

112. 不锈钢是指含( )12%以上的耐腐蚀合金钢。

(A)Mn   (B)Si   (C)Cr   (D)Ni

113. 镗削不锈钢时,主偏角的大小与工艺系统的刚性有关,主偏角选取原则是:当工艺系统刚性好时,主偏角可取小些,其数值为( )。

(A)20°   (B)30°   (C)40°   (D)50°

114. 选取切削不锈钢的切削速度原则是:粗镗时选低些,精镗时选高些,一般在( )的范围内选取。

(A)30~80 m/min (B)30~100 m/min (C)30~150 m/min (D)30~180 m/min

115. 淬火钢材料镗削加工时,刀具材料一般选用( )或新牌号硬质合金材料。

(A)高速钢　　　　　(B)工具钢　　　　　(C)立方氮化硼　　　(D)陶瓷

116. 使用硬质合金刀片加工喷焊层时,前角应选择(　　),精加工时应取大值。

(A)0°~30°　　　　(B)0°~20°　　　　(C)0°~10°　　　　(D)11°~20°

117. 在采用配圆工艺加工不完整孔时,为保证加工精度,必须使所用的材料在(　　),加工性能,装夹刚性等方面与工件原材料尽量相同。

(A)强度　　　　　　(B)硬度　　　　　　(C)韧性　　　　　　(D)刚性

118. 高精度孔的高速镗削是在金刚镗床上进行的,其特点是切削速度高,一般 $v \geqslant$ (　　)m/min。

(A)300　　　　　　(B)400　　　　　　(C)500　　　　　　(D)600

119. 一般在金刚镗床上加工卧式车床的主轴箱体的主轴孔,其精度等级为(　　),表面粗糙度 Ra 值为 0.4 μm。

(A)IT8　　　　　　(B)IT7　　　　　　(C)IT6　　　　　　(D)IT5

120. 三爪内径千分尺不适合测量表面粗糙度 Ra 值大于(　　)的孔以及非圆表面。

(A)0.4 μm　　　　(B)0.8 μm　　　　(C)1.6 μm　　　　(D)3.2 μm

121. 气动测量属于(　　),一般需要用标准量块进行定标,即校对量仪的信率和零位。

(A)绝对测量　　　　(B)接触测量　　　　(C)综合测量　　　　(D)相对测量

122. 内径百分表由表架、百分表和测头等组成,利用(　　)传动将被测工件尺寸数值的变化放大后,通过读数装置表示出来。

(A)机械　　　　　　(B)电信号　　　　　(C)液压　　　　　　(D)气动

123. 内径百分表测量时,测头轴线应与被测孔径(　　),用手握住表架,并做小幅度的摆动找出最小值,即为被测直径。

(A)同轴　　　　　　(B)平行　　　　　　(C)斜交　　　　　　(D)垂直

124. 电感深孔测径仪是一种用(　　)测量深孔直径尺寸和形状误差的精密电动测微仪。

(A)直接法　　　　　(B)比较法　　　　　(C)间接法　　　　　(D)弦高法

125. 正弦规的两个圆柱的直径相同,其中心距要求精确,一般有 100 mm 和(　　)两种,中心连线要与长方体平面严格平行。

(A)150 mm　　　　(B)200 mm　　　　(C)250 mm　　　　(D)300 mm

126. 斜孔的角度和坐标位置常用的测量手段有两种:一种是当用工艺基准孔加工时,可以在工艺孔内插入测量棒进行检验;另一种是当用万能转台加工时,可在(　　)上进行检验。

(A)坐标镗床　　　　(B)卧式镗床　　　　(C)立式镗床　　　　(D)金刚镗床

127. 用工艺孔对斜孔的角度进行检验是一种(　　)的检验方法。

(A)直接　　　　　　(B)过渡　　　　　　(C)间接　　　　　　(D)交叉

128. 采用工艺孔检验斜孔坐标位置时,测量棒与孔的配合间隙一般控制在(　　)mm为宜。

(A)0.001~0.005　(B)0.001~0.003　(C)0.003~0.005　(D)0.005~0.008

129. 在坐标镗床上检验斜孔,由于坐标镗床的角度分度和坐标测量精度都很高,所以(　　)较小。

(A)系统误差　　　　(B)定位误差　　　　(C)测量误差　　　　(D)计算误差

130. 在坐标镗床上检验斜孔坐标位置与检验斜孔角度时,工件的装夹、找正方法(　　)。

　(A)相同　　　　　　(B)相反　　　　　　(C)相似　　　　　　(D)不同

131. 针描法又称感触法,测量表面粗糙度 Ra 值的范围是(　　)μm。

　(A)0.01～1　　　　(B)0.01～10　　　(C)0.001～0.1　　　(D)0.001～0.01

132. 用定位器与内径规测量孔距,精度可达(　　)mm。

　(A)0.01　　　　　　(B)0.04　　　　　　(C)0.08　　　　　　(D)0.10

133. 检验两孔的垂直度误差可在心棒上安装千分表,然后将心棒旋转(　　),即可测量出在 L 长度上的垂直度误差。

　(A)90°　　　　　　(B)180°　　　　　　(C)240°　　　　　　(D)360°

134. 将心轴装入孔内,心轴上装上千分表,旋转心轴,即可测量出孔轴线与端面的(　　)误差。

　(A)平行度　　　　　(B)倾斜度　　　　　(C)垂直度　　　　　(D)同轴度

135. 悬伸镗削深孔且主轴进给,特别是低速精镗时,由于镗杆在自重作用下,使被镗孔中心线产生(　　)误差。

　(A)圆度　　　　　　(B)直线度　　　　　(C)同轴度　　　　　(D)平行度

136. 在镗孔时,工作台的回转误差和主轴回转轴线与纵向导轨的(　　)误差均可引起垂直度误差。

　(A)平面度　　　　　(B)直线度　　　　　(C)平行度　　　　　(D)同轴度

137. 当机床主轴带动刀具旋转时,时刻改变着切削方向,因此主轴的旋转精度越低,被加工孔的(　　)误差越大,被加工平面的平面度越差。

　(A)直线度　　　　　(B)圆柱度　　　　　(C)圆度　　　　　　(D)同轴度

138. 为提高镗孔精度,对于定尺寸刀具的方法之一是应保证刀杆锥柄与机床主轴锥孔配合精度,一般其配合贴合面应不小于(　　)%,最好不用中间变径套。

　(A)60　　　　　　　(B)70　　　　　　　(C)80　　　　　　　(D)90

139. 镗孔系用浮动镗刀时,当刀杆轴线与装刀矩形孔不垂直时,刀片装进去以后会产生倾斜,造成被镗孔孔径(　　)。

　(A)缩小　　　　　　(B)扩大　　　　　　(C)发生变化　　　　(D)不变化

140. 镗孔时当装刀孔与刀杆轴线(　　)时,刀具的引导部分直径尺寸不一致,不同轴,会使刀片偏向一面而造成孔径扩大。

　(A)不对称　　　　　(B)不平行　　　　　(C)对称　　　　　　(D)平行

141. 非定尺寸刀具如单刃镗刀、可调双刃镗刀等,它的(　　)精度都直接影响被加工孔的尺寸精度和形状精度。

　(A)制造几何参数　　　　　　　　　　　(B)安装几何参数

　(C)调整几何参数　　　　　　　　　　　(D)制造、安装和调整

142. 镗孔两支承间距过大,引起刀具切削振动,引起孔的位置精度下降,解决的方法是使两支承间距离与镗杆直径比取小于(　　),否则,应考虑增加中间支承,另一方面减少背吃刀量。

　(A)5∶1　　　　　　(B)8∶1　　　　　　(C)10∶1　　　　　　(D)12∶1

143. 用机床坐标定位加工孔系,一般有主轴定坐标法和(　　)定主轴坐标法。

　(A)基准　　　　　　(B)侧基准　　　　　(C)面基准　　　　　(D)孔基准

144. 在切削和工件质量的作用下,机床构件系统会产生( ),从而引起机床形位精度和加工精度下降。

(A)塑性变形　　　　(B)弹性变形　　　　(C)内应力　　　　(D)变形

145. 对于精密坐标镗床,一般是安装在恒温室内,温度以( )℃为宜。

(A)18±1　　　　(B)19±1　　　　(C)20±1　　　　(D)21±1

146. 为了防振,将主轴轴承间隙调整到最佳状态,使间隙一般保持在( )范围内。

(A)0.01～0.02 mm　　　　　　　　(B)0.02～0.04 mm

(C)0.03～0.05 mm　　　　　　　　(D)0.04～0.06 mm

147. 用镗模法镗削孔系,镗杆与主轴采用( )连接,能够自动调节来补偿角度误差和位移量,可以加工出高质量的孔系。

(A)浮动　　　　(B)固定　　　　(C)刚性　　　　(D)可调

148. 调整卧式镗床安装水平时,按机床说明书要求进行并在工作台面中央放( )架水平仪。

(A)1　　　　(B)2　　　　(C)3　　　　(D)4

149. 中、大型卧式镗床或横向加长型卧式镗床多设置有( ),以加强机床的刚性。

(A)床身导轨　　　　(B)滑座导轨　　　　(C)辅助导轨　　　　(D)后立柱

150. 调整卧式镗床辅助导轨与床身导轨平行时,在辅助导轨支架上装一千分表座,将千分表测量头触及辅助导轨面,移动滑座,调节辅助导轨支承,使辅助导轨在全长范围内的平行度误差控制在( )内。

(A)0.03 mm　　　　(B)0.04 mm　　　　(C)0.05 mm　　　　(D)0.06 mm

151. TX6112 型卧式镗床主轴套衬套与主轴的配合间隙应控制在( )mm 内。

(A)0.05～0.012　　(B)0.008～0.015　　(C)0.010～0.016　　(D)0.012～0.018

152. 在精密线纹尺和投影读数显示的光学系统中,当线纹尺的第 1 根刻线的像在分划板的"0"中,第 2 根线的像在"10"里面时,其放大倍率( )。

(A)增大　　　　(B)缩小　　　　(C)正确　　　　(D)不需调整

153. 箱体零件的加工精度一般指孔的加工精度,孔的相互位置精度和( )。

(A)加工方法　　　　(B)表面粗糙度　　　　(C)精加工余量　　　　(D)尺寸精度

154. 用划线找正法和样板找正法加工的孔精度( )。

(A)较高　　　　(B)较低　　　　(C)很高　　　　(D)非常高

155. 镗不锈钢材料,刀具材料应使用导热性好的( )。

(A)高碳钢　　　　　　　　(B)YW 或 YG 类硬质合金

(C)高速工具钢　　　　　　(D)超硬合金

156. 在组装图上可用( )表示运动零件的极限位置。

(A)点划线　　　　(B)双点划线　　　　(C)虚线　　　　(D)细实线

157. 浮动镗刀适用于( ),它不但提高了加工质量,还能简化操作,提高生产率。

(A)粗镗　　　　(B)半精镗　　　　(C)精镗　　　　(D)精铰

158. ( )分马氏体和奥氏体两大类。

(A)耐热钢　　　　(B)轴承钢　　　　(C)弹簧钢　　　　(D)不锈钢

159. 乳化液的主要成分是乳化油、( )。

(A)矿物油　　　　　(B)乳化剂和水　　　(C)矿物油和乳化剂　(D)水

160. 加工淬火钢材料的镗刀前角应为（　　）。

(A)0°～12°　　　　(B) 12°～20°　　　(C) 15°～20°　　　(D) 20°～25°

161. 工件的（　　）个不同自由度都得到限制，工件在夹具中只有唯一的位置，这种定位称为完全定位。

(A)六　　　　　　　(B)五　　　　　　　(C)四　　　　　　　(D)三

162. 刀具（　　）的优势，主要取决于刀具切削部分的材料，合理的几何形状以及刀具寿命。

(A)加工性能　　　　(B)工艺性能　　　　(C)切削性能　　　　(D)物理性能

163. 用镗模法镗孔是将工件装夹在镗模中，镗杆由镗模两侧的（　　）支承，与钻床主轴浮动连接进行镗孔。

(A)支板　　　　　　(B)滚动轴承　　　　(C)V 型块　　　　　(D)导套

164. 热处理的目的是用控制金属加热（　　）或冷却速度的方法来改变金属材料的组织和性能。

(A)方法　　　　　　(B)部位　　　　　　(C)温度　　　　　　(D)时间

165. 镗床导轨在使用过程中磨损之后（　　）降低工作台的回转精度。

(A)只会　　　　　　(B)会　　　　　　　(C)可能会　　　　　(D)不会

166. 镗削粗加工的目的是（　　）。

(A)切除大量余量　　(B)保证较高的精度　(C)防止变形　　　　(D)提高效率

167. 单件、小批量生产宜选用万能设备和（　　）。

(A)数控机床　　　　(B)专用设备　　　　(C)组合机床　　　　(D)加工中心

168. 刀具的选择主要取决于工件的结构、材料，工序的加工方法和（　　）。

(A)设备　　　　　　　　　　　　　　　(B)加工余量

(C)工件被加工表面的粗糙度　　　　　　(D)操作者

169. 利用滑架镗削箱体零件的特点是万能性强，技术操作要求高，（　　），它适用范围为单件、小批量生产。

(A)生产效率较高　　(B)生产效率较低　　(C)加工质量较高　　(D)劳动强度低

170. 大型、复杂零件的安装基准面一般为零件的底面，工艺凸台和（　　）。

(A)支承架　　　　　　　　　　　　　　(B)孔

(C)精度要求最高的表面　　　　　　　　(D)平面

171. 浮动镗刀是一种孔加工的精密刀具，其特点是浮动镗刀可在镗刀杆的精密方孔中滑动和在加工过程中，依靠作用在对称切削刃上的切削力（　　）。

(A)不能自动补偿刀具造成的加工误差　　(B)不能实现自动定心

(C)能实现自动定心　　　　　　　　　　(D)不能抵偿刀杆偏摆所引起的不良影响

172. 箱体零件加工完成后（　　），就可以判断产品是否合格。

(A)要进行终检　　　　　　　　　　　　(B)不用进行终检

(C)只要检查各工序的检验记录　　　　　(D)只进行互检就可以

173. 主轴孔与端面的垂直度检验，可用着色法检验、千分表检验和（　　）检验。

(A)千分尺　　　　　(B)气动测量仪　　　(C)光面塞规　　　　(D)游标卡尺

174. 深孔加工必须解决刀具细长刚性差，切屑不易排出和（　　）问题。

(A)设备功率　　　(B)刀具冷却　　　(C)刀具振动　　　(D)刀具材料

175. 外排屑枪钻一般由带 V 形槽和切削液孔的钻头,V 形钻杆和适用于某种设备而设计的钻柄组成,所以它适应加工(　　　)。

(A)大孔　　　(B)直径较小的孔　　　(C)直径较大的孔　　　(D)小孔

176. 气动测量仪可以测量圆的内、外径,垂直度,直线度和(　　　)。

(A)粗糙度　　　(B)位置度　　　(C)圆度　　　(D)孔径

177. 计算机最早是应用在(　　　)领域中。

(A)科学计算　　　(B)信息处理　　　(C)自动控制　　　(D)人工智能

178. 小直径孔镗刀的前角应选(　　　)。

(A)小些　　　　　　　　　　(B)大些

(C)与大直径孔镗刀一样大　　　(D)与小直径孔镗刀一样大

179. 镗削小孔时,为了去掉钻孔时的硬化层,粗镗的背吃力量一般取(　　　)mm。

(A)0.3　　　(B)0.1　　　(C)0.5　　　(D)0.7

180. 加工大直径深孔,一般采用钻、扩、镗和(　　　)的方法。

(A)研　　　(B)磨　　　(C)铰　　　(D)锪

181. 精镗时镗刀的(　　　)宜增大以便减少自激振动。

(A)后角　　　(B)前角　　　(C)刃倾角　　　(D)刀尖角

182. 生产一件产品所需要的时间,等于各(　　　)消耗的时间。

(A)机床　　　(B)工步　　　(C)工序　　　(D)人

183. 金属材料(　　　)常用根据一定条件下刀具所能达到的切削速度、被加工工件表面粗糙度和刀具耐用度来衡量。

(A)抗拉性能　　　(B)机械性能　　　(C)切削性能　　　(D)工艺性能

184. 粗加工切削负荷大,为了提高刀具耐用度,(　　　)应减小。

(A)副偏角　　　(B)刃倾角　　　(C)楔角　　　(D)前角

185. 数控钻床由于机床采用点位控制,钻孔(　　　)较高。

(A)尺寸精度　　　(B)位置精度　　　(C)几何精度　　　(D)形状精度

186. 精益生产方式的关键是实现(　　　)。

(A)准时化生产　　　(B)自动化生产　　　(C)会员参考　　　(D)集中办公

187. 提高镗床刚度,主要是对镗床(　　　)的间隙按规定的技术要求作合理的调整。

(A)移动部件　　　(B)轴承　　　(C)移动部件和轴承　　　(D)主轴

188. 在箱体工件上,同轴孔系的同轴度不应超过孔径尺寸公差的(　　　)。

(A)1/5　　　(B)1/4　　　(C)1/3　　　(D)1/2

189. 悬伸镗削法镗削加工的主要对象是(　　　)。

(A)深孔　　　　　　　　　　(B)平行孔系

(C)单孔和中心线不长的同轴孔　　　(D)垂直孔系

190. 精加工时,镗削用量选择的总原则是(　　　)。

(A)先效率后精度　　　(B)先精度后效率　　　(C)只考虑效率　　　(D)只考虑精度

191. 切削不锈钢时,切削液应选用(　　　)。

(A)抗黏结性和散热性好的润滑切削液　　　(B)水

(C)矿物油　　　　　　　　　　　(D)煤油

192. 有径向前角的螺纹镗刀,粗磨后的刀尖角要(　　)牙型角。

(A)大于　　　(B)略大于　　　(C)小于　　　(D)等于

193. 内螺纹镗刀的刀尖角平分线必须与镗刀杆中心线(　　)。

(A)倾斜一个螺纹升角　　　　　　(B)垂直

(C)水平　　　　　　　　　　　　(D)重合

194. 镗孔能修前道工序加工所产生的孔的形状误差和(　　)。

(A)孔径误差　　　　　　　　　　(B)孔深误差

(C)表面粗糙度误差　　　　　　　(D)位置误差

195. 灰铸铁材质零件镗孔精镗刀的材质应选用(　　)中硬度较高的YG3牌号。

(A)高速钢　　　　　　　　　　　(B)钨钴类硬质合金

(C)钨钴钛类硬质合金　　　　　　(D)碳素工具钢

三、多项选择题

1. 圆柱截割后产生的截交线,因截平面与圆柱轴线的相对位置不同而有不同的形状。通常截交线的形状为(　　)。

(A)矩形　　　　　　　　　　　　(B)三角形

(C)直径等于圆柱直径的圆　　　　(D)椭圆

2. 视图为机件向投影面投影所得的图形。一般有(　　)几种。

(A)基本视图　　　　(B)局部视图　　　　(C)斜视图

(D)旋转视图　　　　(E)剖视图

3. 要使图样画得又快又好,必须(　　)。

(A)熟悉制图标准　　　　　　　　(B)掌握几何作图的方法

(C)正确使用绘图工具　　　　　　(D)采用合理的工作程序

(E)正确确定图样的比例　　　　　(F)合理安排视图的分布

4. 液压传动系统主要由(　　)几部分组成。

(A)液压泵　　　(B)执行元件　　　(C)控制元件　　　(D)辅助元件

5. 压力控制阀按其功能和用途不同可分为(　　)。

(A)溢流阀　　　　　(B)减压阀　　　　　(C)顺序阀

(D)压力继电器　　　(E)换向阀

6. 切屑的形成过程可分为(　　)。

(A)挤压阶段　　　(B)滑移阶段　　　(C)挤裂阶段　　　(D)分离阶段

7. 常用的淬火方法主要有(　　)。

(A)单液淬火法　　(B)分级淬火法　　(C)等温淬火法　　(D)表面高频淬火法

8. 最终热处理包括(　　)等热处理方法。

(A)淬火　　　(B)回火　　　(C)渗氮　　　(D)调质

9. 预备热处理包括(　　)等热处理方法。

(A)淬火　　　　　　(B)退火　　　　　　(C)调质

(D)时效　　　　　　(E)回火

10. 齿轮精度由( )组成。

(A)运动精度　　　(B)工作平稳精度　　(C)接触精度　　　(D)齿侧间隙精度

11. 金属材料的性能可分为( )。

(A)机械性能　　　(B)工艺性能　　　(C)物理　　　　　(D)化学性能

12. 用"两销一面"定位,两销指的是( )。

(A)短圆柱销　　　(B)长圆柱销　　　(C)削边销　　　　(D)短圆锥销

13. 形位公差带有( )和位置四项特征。

(A)形状　　　　　(B)大小　　　　　(C)方向　　　　　(D)作用点

14. 轴线平行孔系的加工方法有( )。

(A)校正法　　　　(B)坐标法　　　　(C)找正法　　　　(D)镗模法

15. 在工序卡片中应规定该工序使用的( )及安装方法。

(A)工艺基准　　　　　　　(B)测量基准　　　　　　　(C)设计基准

(D)夹紧面　　　　　　　　(E)定位基准

16. 计算机病毒的特点具有( )。

(A)隐蔽性　　　　　　　　(B)潜伏性　　　　　　　　(C)传染性

(D)破坏性　　　　　　　　(E)寄生性　　　　　　　　(F)扩散性

17. 铰孔时铰刀的( )直接影响被加工孔的尺寸精度。

(A)材质　　　　　(B)规格　　　　　(C)直径　　　　　(D)公差

18. 拟定箱体加工的工艺过程要遵循的原则是( )。

(A)先平面后孔的加工顺序　　　　　(B)先孔后平面的加工顺序

(C)先粗后精的加工顺序　　　　　　(D)安排合理的热处理工序

19. 时效处理的方法有( )。

(A)自然时效　　　　　　　(B)调质　　　　　　　　　(C)人工时效

(D)振动时效　　　　　　　(E)时间时效

20. 在卧式镗床上镗削( )工件时,由于受到机床测量装置的限制工件加工难度大,操作复杂。

(A)平行孔系　　　　　　　(B)同轴孔系　　　　　　　(C)相交孔系

(D)交叉孔系　　　　　　　(E)台阶孔

21. 蜗杆传动的特点有( )。

(A)传动连续　　　(B)传动效率高　　(C)传动平稳　　　(D)传动准确

22. 基准可分为( )。

(A)定位基准　　　　　　　(B)设计基准　　　　　　　(C)装配基准

(D)工艺基准　　　　　　　(E)测量基准

23. 影响刀具磨损的主要因素有( )。

(A)刀具材料　　　(B)刀具角度　　　(C)切削用量　　　(D)工件材料

24. 影响切削温度的主要因素有( )。

(A)切削液　　　　(B)刀具角度　　　(C)切削用量　　　(D)工件材料

25. 数控机床根据所采用的进给伺服系统不同可分为( )。

(A)开环控制系统　(B)半开环控制系统　(C)闭环控制系统　(D)半闭环控制系统

26. 以下项目属于形状公差检测项目的有(　　)。

(A)平行度　　　　　　　　(B)直线度　　　　　　　　(C)平面度

(D)圆度　　　　　　　　　(E)同轴度

27. 单刃镗刀的加工特点有(　　)。

(A)可校正原有孔的轴线歪斜　　　　　(B)生产效率高

(C)可校正原有孔的位置偏差　　　　　(D)生产效率较低

28. 双刃浮动镗刀的加工特点有(　　)。

(A)不可校正原有孔的轴线歪斜　　　　(B)生产效率高

(C)不可校正原有孔的位置偏差　　　　(D)生产效率较低

29. 刀具磨损的三个过程分别是(　　)。

(A)初期磨损阶段　　　　　　　　　　(B)正常磨损阶段

(C)后期磨损阶段　　　　　　　　　　(D)急剧磨损阶段

30. 定位元件分为(　　)。

(A)平面定位元件　　　　　　　　　　(B)圆孔表面定位元件

(C)外圆表面定位元件　　　　　　　　(D)锥面定位元件

31. 在镗床上加工燕尾槽时,燕尾槽的角度和深度可分别用(　　)进行测量。

(A)万能角度尺　　　　　(B)深度游标卡尺　　　　(C)千分尺

(D)游标卡尺　　　　　　(E)角度尺

32. 斜平面在零件图样上常采用(　　)来表示。

(A)角度　　　　　　　　(B)斜率　　　　　　　　　(C)比例

(D)弧度　　　　　　　　(E)倾斜量　　　　　　　　(F)倾斜角

33. 大型箱体工件一般都是机器中的关键零件,它们的外形不规则,内腔复杂,加工时需要选择合理的加工基准面确定合适的(　　)。

(A)工艺路线　　　　(B)工艺方案　　　　(C)加工设备　　　　(D)专用的工、夹具

34. 难加工材料的加工特点是(　　)。

(A)切削力大　　　　(B)切削温度高　　　　(C)加工硬化严重　　　　(D)刀具易磨损

35. 杠杆千分尺的使用方法主要有(　　)。

(A)直接测量法　　　　(B)间接测量法　　　　(C)量块对表法　　　　(D)绝对测量法

36. 万能工具显微镜可根据不同的测量项目选用不同的操作方法,从总体上可分为(　　)。

(A)线性尺寸测量　　　　　　　　　　(B)角度尺寸测量

(C)绝对测量　　　　　　　　　　　　(D)相对测量

37. (　　)工件可在落地镗床或落地铣镗床上进行镗削加工。

(A)复杂　　　　　　　　(B)大型　　　　　　　　　(C)精密

(D)加工面多　　　　　　(E)重型

38. 大型、重型工件的调头镗削方法主要有(　　)镗削。

(A)利用回转工作台旋转工件　　　　　(B)利用工件上的定位基准二次找正

(C)利用镗削前精密划线找正　　　　　(D)利用机床上的标尺找正

39. 当进行孔径大于 800 mm,长度小于 2 000 mm,精度为 H9,表面粗糙度为 $Ra3.2\ \mu m$ 的大孔、长孔镗削加工时可采取(　　)等措施。

(A)随动支承　　　　(B)双刀或多刀平衡　(C)差动镗杆　　　　　(D)立式镗削

40. 复杂、畸形、精密工件加工中在选择夹具时应尽可能采用(　　)的结构以便提高劳动生产率。

(A)快速　　　　　　　　(B)高速　　　　　　　　(C)简便

(D)省力　　　　　　　　(E)准确　　　　　　　　(F)有效

41. 复杂、畸形、精密工件在镗床上加工时对镗床夹具的操作要求是(　　)。

(A)快速　　　　　　　　(B)高速　　　　　　　　(C)方便

(D)省力　　　　　　　　(E)安全　　　　　　　　(F)可靠

42. 工件在镗床的回转工作台上直接装夹时,为了不碰伤加工表面,可在工件与压板夹紧点之间垫以(　　)。

(A)等厚垫铁　　　　　　(B)平行垫铁　　　　　　(C)可调垫铁

(D)薄铜片　　　　　　　(E)橡胶板　　　　　　　(F)纸片

43. 涂层刀具就是在韧性较好的硬质合金或高速钢刀具基体上涂覆一层厚约 $4\sim5\ \mu m$ 的耐磨性好的难熔金属化合物,从而大大提高了刀具材料的(　　)。

(A)强度　　　　　　　　(B)硬度　　　　　　　　(C)韧性

(D)耐高温性　　　　　　(E)耐磨性

44. 涂层刀具的主要涂层材料有(　　)。

(A)碳化钛　　　　　　　(B)氮化钛　　　　　　　(C)氧化钛

(D)氧化铝　　　　　　　(E)立方氮化硼　　　　　(F)金刚石

45. 在镗床上采用平旋盘镗削内沟槽时(　　),但缺点是不能镗削离孔口位太远的内沟槽。

(A)系统刚度好　　　　　(B)切削平稳　　　　　　(C)操作方便

(D)加工效率高　　　　　(E)加工精度高

46. 利用镗床平旋盘进行平面铣削的加下方法又可以分为(　　)等加工法。

(A)切向刀架固定　　　　(B)切向刀架进给　　　　(C)径向刀架固定

(D)径向刀架进给　　　　(E)主轴进给　　　　　　(F)工作台进给

47. 在镗床上进行大平面铣削时,工件的进给方式有(　　)。

(A)回形进刀方式　　　　(B)周边进刀方式　　　　(C)平行进刀方式

(D)纵向进刀方式　　　　(E)横向进刀方式　　　　(F)圆周进刀方式

48. 坐标镗床常用的主轴定位找正工具有(　　)。

(A)千分表定位器　　(B)心轴定位器　　(C)球心定位杆　　(D)光学定位器

49. 平面圆周分度孔的加工有(　　)几种方法。

(A)直角坐标法　　(B)心轴校正法　　(C)分度装置分度法　(D)简易工具法

50. 加工垂直孔系时有(　　)几种找正方法。

(A)直角坐标法　　(B)心轴校正法　　(C)回转工作台法　　(D)简易工具法

51. 薄壁工件的工艺特点有以下(　　)几点。

(A)刚性差,易变形　　　　　　　　　　(B)形状规则

(C)毛坯材料常用铸铁或铝合金　　　　　(D)形状复杂

52. 在数控系统中,用户宏程序常见的调用指令有(　　)几种。

(A)通过 M98 指令调用 　　　　　　(B)通过 G65 指令调用

(C)通过 G96 指令调用 　　　　　　(D)通过 G66 指令调用

53. 用户宏程序包括(　　)三大功能。

(A)转移 　　　　　(B)运算 　　　　　(C)共变量 　　　　　(D)变量

54. 平行孔系的镗削方法有(　　)几种。

(A)试切法 　　　　(B)坐标法 　　　　(C)镗模法 　　　　(D)回转工作台法

55. 圆柱孔的尺寸精度检测通常有(　　)几种方法。

(A)内卡钳测量 　　(B)塞规测量 　　　(C)内径百分表 　　(D)内径千分尺

56. 积屑瘤在对镗削刀具的切削刃和前刀面进行保护的同时,还具有(　　)特点。

(A)减小前角,提高刀具利用率 　　　　(B)增大前角,减小切削变形

(C)降低了工件表面粗糙度 　　　　　　(D)工件尺寸精度高

57. 镗模的结构类型有(　　)几种。

(A)单支承前引导　(B)双支承前引导　(C)双支承后引导　(D)双支承前后引导

58. 多坐标孔系一般指(　　)。

(A)长孔 　　　　　　　(B)多级孔 　　　　　　　(C)同轴孔系

(D)垂直孔系 　　　　　(E)平行孔系 　　　　　　(F)圆周分度孔系

59. 平行孔系的加工方法一般有(　　)。

(A)找正法 　　　(B)镗模法 　　　　(C)试切法 　　　　(D)坐标法

60. 难加工材料的切削特点是切削力大,加工硬化大,(　　)。

(A)切削温度高 　　　　　　　　　　　(B)刀具磨损

(C)加工精度难以保证 　　　　　　　　(D)加工工作量大

61. 镗削振动的类型主要有(　　)。

(A)周期性振动 　　(B)间断性振动 　　(C)自激振动 　　　(D)强迫振动

62. 机床精度不但包括机床工作精度,还包括(　　)内容。

(A)几何精度 　　　　　(B)位置精度 　　　　　　(C)运动精度

(D)定位精度 　　　　　(E)传动精度

63. 设备的三级保养为(　　)。

(A)日常保养 　　　(B)例行保养 　　　(C)一级保养 　　　(D)二级保养

64. 镗孔的关键技术是(　　)。

(A)镗刀的刚性 　　(B)工件的材质 　　(C)排屑问题 　　　(D)合理的加工工艺

65. 表面粗糙度对机器零件的(　　)有着密切的关系,它影响到机器或仪器的可靠性和使用寿命。

(A)配合性质 　　　(B)耐磨性 　　　　(C)工作精度 　　　(D)抗腐蚀性

66. 盲孔镗刀几何形状特点有(　　)。

(A)几何形状与偏刀相似 　　　　　　　(B)主偏角一般在 60°～75°之间

(C)刀尖在刀相的最前端 　　　　　　　(D)主偏角大于 90°

67. 建设项目中环境保护设施和职业健康安全设施工程与主体工程应(　　)。

(A)同时设计 　　　(B)同时施工 　　　(C)同时竣工 　　　(D)同时投入使用

68. 现场质量控制中的 4M 是指(　　)。

(A)人　　　　　　　　　　(B)机　　　　　　　　　　(C)料

(D)法　　　　　　　　　　(E)环　　　　　　　　　　(F)测

69. 目前常见的灭火器材有(　　)几种。

(A)1211 灭火器　　　　　　　　　　(B)二氧化碳灭火器

(C)泡沫及酸碱灭火器　　　　　　　(D)干粉灭火器

70. 完整的测量过程包括(　　)几种。

(A)被测对象　　　　(B)计量单位　　　　(C)测量方法　　　　(D)测量精度

71. 一幅完整的零件图,除了基本视图和辅助视图外,还要注明制造和检验零件的全部技术要求,这些技术要求包括(　　)等。

(A)尺寸公差　　　(B)形状和位置公差　(C)表面粗糙度　　　(D)热处理

72. 机床夹具的"三化"是指(　　)。

(A)标准化　　　　(B)专业化　　　　(C)系列化　　　　(D)通用化

73. 一个完整的液压系统是由(　　)几部分组成。

(A)能源部分　　　(B)执行机构部分　　(C)附件部分　　　(D)控制部分

74. 机件的三视图是(　　)。

(A)主视图　　　　(B)俯视图　　　　(C)左视图　　　　(D)右视图

75. 正弦规是用来测量零件的(　　)。

(A)高度　　　　　(B)孔径　　　　　(C)锥度　　　　　(D)斜度

76. 正弦规测量时使用的量具有(　　)等。

(A)正弦规　　　　(B)块规　　　　　(C)百分表　　　　(D)平板

77. 刀具材料要根据工件材料的特点、(　　)进行选择。

(A)加工性质　　　(B)刀具材料　　　(C)加工条件　　　(D)刀具几何参数

78. 平面划线有(　　)两种方法。

(A)平面样板划线法　　　　　　　　(B)平面划线尺划线法

(C)几何划线法　　　　　　　　　　(D)划规划线法

79. 切削加工中切削热会影响(　　)。

(A)加工精度　　　(B)位置精度　　　(C)加工表面质量　(D)刀具寿命

80. 金属材料的工艺性能包括铸造性能、锻造性能、(　　)。

(A)切削性能　　　(B)机械性能　　　(C)焊接性能　　　(D)热处理性能

81. 镗孔能修正前道工序加工所产生的孔的(　　)。

(A)形状误差　　　(B)孔径误差　　　(C)位置误差　　　(D)孔深误差

82. 垂直孔系加工中的主要问题是保证各孔自身的(　　)要求外,还应保证两轴线的垂直度要求和正确确定孔轴线相对于基准平面的尺寸要求和位置要求。

(A)尺寸精度　　　(B)形状精度　　　(C)表面粗糙度　　(D)定位精度

83. 当(　　)时,不宜采用调头镗削方法。

(A)精度要求较高　(B)孔中心线较长　(C)孔中心线较短　(D)精度要求较低

84. 对于精密的箱体类工件,一般粗镗后均安排(　　)热处理,消除内应力达到自然状态,最后再进行精镗。

(A)时效处理　　　(B)调质　　　　　(C)回火　　　　　(D)退火

85. 铰削余量应依据加工孔径的大小、(　　)等多种因素进行选择。

(A)精度　　　　(B)表面粗糙度　　　(C)材料的软硬　　　(D)上道工序的加工质量

86. 铰刀使用范围较广,种类也很多,按铰刀结构可分为(　　)。

(A)整体式铰刀　　(B)套式铰刀　　　(C)可调节式铰刀　　(D)机用铰刀

87. 工艺装备包括(　　)。

(A)刀具　　　　(B)夹具　　　　　(C)量具　　　　　(D)设备

88. 卧式铣镗床主轴部件结构形式较多,有(　　)式结构。

(A)单层　　　　(B)双层　　　　　(C)三层　　　　　(D)四层

89. 大型零件的主要特征是(　　)。

(A)外形尺寸大　　(B)定位基准面大　　(C)形状复杂　　　(D)加工工作量大

90. 利用滑架镗削箱体零件的特点是(　　),因此它适用范围为单件、小批量生产。

(A)万能性强,技术操作要求高　　　　(B)生产效率低

(C)技术操作要求高　　　　　　　　(D)加工质量较高

91. 箱体零件的加工精度一般指(　　)。

(A)孔的精度　　　　　　　　　　　(B)孔的相互位置精度

(C)精加工余量　　　　　　　　　　(D)表面粗糙度

92. 气动测量仪可以测量圆的内、外径,(　　)。

(A)垂直度　　　　　　(B)直线度　　　　　　(C)圆度

(D)位置度　　　　　　(E)粗糙度

93. 镗床使用的刀具有(　　)两种。

(A)定尺寸刀具　　(B)可调　　　　　(C)不可调　　　　(D)非定尺寸

94. 为了防止振动,常用的吸振装置有(　　)消振装置。

(A)弹性振动　　　(B)滚动式　　　　(C)撞击式　　　　(D)刚性振动

95. 工人在生产中工时消耗,基本上可分为(　　)时间。

(A)定额　　　　　　(B)辅助　　　　　　(C)准备

(D)结束　　　　　　(E)非定额

96. 切削脆性材料时,切削层的金属经(　　)而变为切屑。

(A)挤压　　　　(B)挤裂　　　　　(C)切离　　　　　(D)滑移

97. 切削液的作用有(　　)。

(A)冷却　　　　(B)防振　　　　　(C)润滑　　　　　(D)防锈

98. 粗加工(　　)材料时,一般不用切削液。

(A)铸铁　　　　(B)不锈钢　　　　(C)铜　　　　　　(D)铝

99. 固定镗刀头主要用于(　　)生产。

(A)粗加工　　　(B)批量　　　　　(C)精加工　　　　(D)单件

100. 一个完整的镗床夹具应该由(　　)、带有引导元件的导向支架及套筒等主要部件组成。

(A)夹具体　　　(B)定位装置　　　(C)夹紧装置　　　(D)镗杆

101. 计算机的应用领域广泛,其中包括(　　)几方面。

(A)科学计算　　(B)信息处理　　　(C)自动控制　　　(D)人工智能

102. 一个完整的计算机系统应包括(　　)。

(A)输入设备　　　(B)硬件系统　　　(C)软件系统　　　(D)输出设备

103. 单件、小批量生产宜选用(　　)。

(A)数控设备　　　(B)专用设备　　　(C)组合机床　　　(D)万能设备

104. 新国家标准把配合种类分为三种,即(　　)。

(A)紧配合　　　　　　(B)动配合　　　　　　(C)过盈配合

(D)间隙配合　　　　　(E)过渡配合

105. 悬伸法镗削加工的主要对象是(　　)。

(A)深孔　　　　　　　(B)平行孔系　　　　　(C)垂直孔系

(D)单孔　　　　　　　(E)孔中心线不长的同轴孔

106. 燕尾槽铣刀的切削部分角度一般有(　　)两种规格。

(A)30°　　　　　　　　(B)45°　　　　　　　　(C)55°

(D)60°　　　　　　　　(E)90°

107. 零件的机械加工是在由(　　)组成的工艺系统中进行的。

(A)机床　　　　　　　(B)夹具　　　　　　　(C)刀具　　　　　　　(D)工件

108. T68 卧式镗床的进给运动包括(　　)。

(A)主轴的轴向进给运动　　　　(B)主轴箱的垂直升降运动

(C)工作台的横向进给和纵向进给运动　　　(D)平旋盘刀架的径向进给运动

109. 镗刀的种类较多,分类比较复杂。按镗刀的结构可分为(　　)。

(A)单刃镗刀　　　(B)镗刀头　　　(C)固定镗刀块　　　(D)浮动镗刀块

110. 整体式单刃镗刀可镗削各类(　　),利用万能刀架或平旋盘滑座可以镗削大直径孔、端面及割槽等。

(A)外圆　　　　　　　(B)螺纹　　　　　　　(C)大孔

(D)盲孔　　　　　　　(E)台阶孔

111. 机床误差是指在无切削负荷下,来自机床本身的(　　)。

(A)制造误差　　　(B)安装误差　　　(C)尺寸大小　　　(D)磨损

112. 工步是工序的组成单位。在(　　)均保持不变的情况下所完成的那部分工序,称为工步。

(A)被加工的表面　　(B)切削用量　　　(C)切削刀具　　　(D)设备

113. 麻花钻的主要几何参数有(　　)。

(A)螺纹角　　　　　　(B)锋角　　　　　　　(C)前角

(D)后角　　　　　　　(E)横刃斜角

114. 金刚镗床的(　　),这是它能加工出低表面粗糙度值和高精度孔的重要条件。

(A)主轴短而粗　　(B)刚度较高　　　(C)传动平稳　　　(D)噪音低

115. 坐标镗床的工艺范围很广,除镗孔、钻孔、扩孔、铰孔以及精铣平面和沟槽外,还可以进行(　　)工作。

(A)精密刻线和划线　(B)螺纹加工　　　(C)孔距精密测量　　(D)直线尺寸精密测量

116. 减压阀主要用于降低并稳定系统中某一支路的油液压力,常用于(　　)等油路中。

(A)夹紧　　　　　　　(B)流量控制　　　　　(C)压力控制　　　　　(D)润滑

117. 典型的镗模是一完整的夹具结构,它由(　　)等组成。

(A)夹具体　　　　　　　　(B)定位装置　　　　　　　(C)夹紧机构

(D)引导机构　　　　　　　(E)镗杆

118. 精密坐标镗床进给用主轴套筒上(　　)啮合状况不良,会导致工件加工表面的表面粗糙度不符合要求。

(A)蜗杆　　　　　　　　　(B)蜗轮　　　　　　　　　(C)齿条

(D)齿轮　　　　　　　　　(E)丝杠　　　　　　　　　(F)螺母

119. 精密坐标镗床的(　　)间隙过大会导致工件加工时表面粗糙度不符合要求。

(A)主轴　　　　　　　　　(B)主轴套筒　　　　　　　(C)主轴箱体孔

(D)导轨　　　　　　　　　(E)镶条　　　　　　　　　(F)压板

120. 精密坐标镗床刀具系统的(　　),都会造成工件的加工表面粗糙度值超差。

(A)刀具角度不对　　(B)刀杆刚度不足　　(C)刀具装夹不正确　　(D)刀具寿命低

121. 镗削加工按镗杆受力来分,可分为(　　)。

(A)悬伸镗削　　　(B)支承镗削　　　　(C)推式镗削　　　　(D)拉式镗削

122. 高速铣削用的刀具材料主要有(　　)。

(A)硬质合金　　　　　　　(B)涂层刀具　　　　　　　(C)陶瓷

(D)立方氮化硼　　　　　　(E)金刚石

123. 不锈钢是(　　)的总称。

(A)不锈高锰钢　　(B)不锈耐热钢　　　(C)不锈耐酸合金钢　(D)不锈耐酸钢

124. 数控工具系统除了刀具本身外,还包括实现刀具快换所必需的(　　)等机构。

(A)定位　　　　　(B)夹紧　　　　　　(C)抓取　　　　　　(D)刀具保护

125. 计算机辅助编程具有(　　)主要特点。

(A)数学处理能力强　　　　　　　　(B)能快速、自动生成数控程序

(C)后置处理程序灵活多变　　　　　(D)程序自检、纠错能力强

(E)便于实现与数控系统的通信

126. 三坐标测量仪由(　　)三大部分组成。

(A)机械系统　　　(B)坐标系统　　　　(C)电子系统　　　　(D)软件系统

127. CAD/CAM 软件提供的常用实体造型方法有(　　)等。

(A)拉伸　　　　　　　　　(B)修剪　　　　　　　　　(C)旋转

(D)扫描　　　　　　　　　(E)延伸

128. 直流伺服电动机按励磁方式不同,可分为(　　)两种。

(A)脉冲式　　　　(B)感应式　　　　　(C)励磁式　　　　　(D)永磁式

129. 自动编程软件中提供的常见下刀方式有(　　)。

(A)斜线式　　　　(B)直线式　　　　　(C)螺旋式　　　　　(D)点动式

130. 尺寸链的两个特征是(　　)。

(A)绝对性　　　　(B)关联性　　　　　(C)封闭性　　　　　(D)开放性

131. 衡量数控机床可靠性的指标有 3 个,即(　　)。

(A)平均修复时间　(B)有效度　　　　　(C)平均无故障时间　(D)加工产品合格率

132. 在"全面质量管理"中,"质量"的概念是指(　　)。

(A)产品质量　　　(B)工序质量　　　(C)工作质量　　　(D)设备质量

133. 下列因素中,能提高镗孔表面粗糙度值的是(　　　)。

(A)进给量减小　　(B)切削速度提高　　(C)正确选用切削液　(D)减小刀尖圆弧半径

134. 下列建模方法中,(　　　)是几何建模方法。

(A)线框建模　　　(B)实体建模　　　(C)曲面建模　　　(D)特征建模

135. 加工中的孔壁振痕与下面(　　　)因素有关。

(A)镗刀杆刚性差　　　　　　　　　(B)刀杆伸出过长

(C)刀具几何角度刃磨不当　　　　　(D)工件夹持不当

136. 下列特点中,(　　　)是箱体类零件的共同特点。

(A)结构形状复杂　　　　　　　　　(B)壁厚均匀

(C)加工部位既有孔,又有平面　　　(D)加工难度大

137. 实践证明,齿面抗点蚀的能力主要与齿面的(　　　)无关。

(A)硬度　　　　　(B)精度　　　　　(C)表面粗糙度　　　(D)模数

138. 关于CAM软件模拟仿真加工,下列说法正确的是(　　　)。

(A)可以把零件、夹具、刀具用真实感图形技术动态显示出来,模拟实际加工过程

(B)模拟时将加工过程中不同的对象用不同的颜色表示,可清楚看到整个加工过程,找出
　　加工中是否发生过切、干涉、碰撞等问题

(C)通过加工模拟可以达到试切加工的验证效果,甚至可以不进行试切

(D)可以模拟刀具受力变形

139. 某加工中心的液压系统出现输油量不足的故障,下列4个原因中,(　　　)原因可
考虑。

(A)齿轮泵过滤器中有污物,管道不畅通

(B)溢流阀设定压力偏低

(C)换向阀内泄露量大或滑阀与滑体配合间隙过大

(D)油温高

140. 液压系统常出现的下列4种故障现象中,(　　　)是因为液压系统的油液温升而引
起的。

(A)液压泵的吸油能力和容积效率降低

(B)系统工作不正常,压力、速度不稳定,动作不可靠

(C)活塞杆爬行和蠕动

(D)液压元件内外泄漏增加,油液加速氧化变质

141. 关于切削加工中的振动,(　　　)的描述是正确的。

(A)不平衡零件的高速回转会引起系统的强迫振动

(B)自由振动对切削过程影响很大

(C)大切削用量会引起系统的自激振动

(D)振动会影响生产效率的提高

142. (　　　)方法对铸造成形的毛坯进行加工是正确的。

(A)粗、精加工安排在同道工序中,工件装夹一次,连续完成粗、精加工

(B)粗、精加工安排在同道工序中,但在粗加工后松开工件,再用较小的夹紧力夹紧工件,

进行精加工

(C)粗、精加工安排在不同的工序中

(D)在粗加工后进行时效处理,再进行精加工

143. 在切削过程中,刀具失去切削能力的现象称为钝化,主要有( )几种形式。

(A)崩刃　　　　　　　(B)卷刀　　　　　　　(C)磨损

(D)折断　　　　　　　(E)破碎

144. 下列选项中,属于曲面建模特点的是( )。

(A)能比较完整地定义三维物体表面

(B)可描述难以用简单数据模型表达的物体

(C)可真实反映物体的内部形状、可进行截面剖切

(D)可提供给 CAM 软件进行三轴以上自动编程加工

145. 下列关于钻套的说法,错误的是( )。

(A)通常钻套用于孔加工时引导钻头等细长刀具,其结构已标准化

(B)固定钻套精度一般不如可换钻套高

(C)钻套结构有国家标准,因此必须采用标准结构

(D)钻套与不同的被引导刀具如钻头、铰刀等采用相同的配合

146. 下列 4 个原因中,( )等原因都会引起刀具交换时的掉刀。

(A)空气压力过高　　　　　　(B)换刀时主轴箱没有回到换刀点

(C)换刀点漂移　　　　　　　(D)机械手抓刀时没有到位,就开始换刀

147. 支撑镗削的优点有( )。

(A)与悬臂镗削相比,镗杆刚性加强

(B)能保证孔的尺寸精度和同一轴线上各孔的同轴度要求

(C)装卸、调整镗刀简便

(D)加工过程易观察,可用通用量具进行测量

148. 用等高块及平行直尺找正定位镗床主轴中心的方法,适用于( )。

(A)小批量生产　　(B)大型生产　　(C)新产品试制　　(D)单件生产

149. 工程材料的主要物理性能包括( )。

(A)强度　　　　　　　(B)导电性　　　　　　　(C)密度

(D)熔点　　　　　　　(E)磁性

150. 钢是指以铁和碳为基本元素的合金,其含碳量一般不超过 2.11%,同时还含有少量的硅、锰、硫、磷等其他杂质。其中( )是有害元素。

(A)硅　　　　　　　(B)锰　　　　　　　(C)硫　　　　　　　(D)磷

151.( )用来制造不受振动,硬度很高的工具,如丝锥、扩孔刀、车刀等。

(A)T7　　　　　　　(B)T8　　　　　　　(C)T12A

(D)T12　　　　　　(E)T10A　　　　　　(F)T10

152. 退火的作用有( )。

(A)消除内应力　　　　　　　(B)细化晶粒,均匀组织

(C)降低硬度,提高塑性　　　　(D)减小工件变形和开裂

153. 国家标准机械制图中规定,双点划线用于( )。

(A)断裂处的边界线 　　　　　　(B)中断线

(C)极限位置的轮廓线 　　　　　(D)相邻辅助零件的轮廓线

154. 机械制图中基本三视图为(　　)。

(A)向视图 　　　(B)主视图 　　　(C)俯视图 　　　(D)左视图

155. 装配图是表达机器或部件的图样,它完整的表达了整台机器或部件的所有零件的结构、(　　)等。

(A)相对位置 　　　(B)连接方式 　　　(C)传动路线 　　　(D)装配关系

156. 硬质合金按国际标准可分为 P、K、M 三类。P 类硬质合金由(　　)组成,相当于我国标准 YT 类。

(A)碳化钨 　　　(B)碳化钛 　　　(C)黏结剂钴 　　　(D)碳化钽

157. 工件材料性能对切削力影响最大的是(　　)。

(A)强度 　　　(B)硬度 　　　(C)密度 　　　(D)韧性

158. 生产过程是将原材料转变为成品的全过程。它包括(　　)。

(A)产品开发、生产 　　　(B)技术准备 　　　(C)毛坯制造

(D)机械加工 　　　(E)装配

159. 精基准的选择原则有(　　)。

(A)自为基准 　　　(B)互为基准 　　　(C)基准统一 　　　(D)基准重合

160. 切削加工顺序的安排原则有(　　)。

(A)基准先行 　　　(B)先粗后精 　　　(C)先主后次 　　　(D)先面后孔

161. 工序集中的优缺点有(　　)。

(A)工艺装备简单,调整维修方便 　　　(B)减少装夹次数,缩短辅助时间

(C)简化生产计划和生产组织 　　　(D)转换新产品较困难

162. 尺寸链根据使用场合,可分为(　　)。

(A)平面尺寸链 　　　(B)装配尺寸链 　　　(C)空间尺寸链 　　　(D)工艺尺寸链

163. 工艺系统的几何误差包括(　　)。

(A)加工原理误差 　　　(B)机床几何误差

(C)刀具和夹具误差 　　　(D)测量和调整误差

164. 在进行数控镗床工艺设计时,要安排其他设备完成(　　)。

(A)数控镗床加工前的准备工序 　　　(B)数控镗床加工前的粗加工工序

(C)数控镗床加工前的半精加工工序 　　　(D)数控镗床加工前的去除过多余量工序

(E)数控镗床加工后的精化工序 　　　(F)数控镗床加工后的超精加工工序

165. 数控镗床上加工的毛坯材质要均匀,(　　)须经过高温时效消除内应力,以达到经过多工序加工后工件变形最小目的。

(A)铸件 　　　(B)锻件 　　　(C)结构件 　　　(D)半成品件

166. 若所选用的数控机床主轴刚度好,则可采用(　　)复合加工。

(A)多刀 　　　(B)强力 　　　(C)多刃 　　　(D)大功率

167. (　　)的结合,形成了现代制造技术。

(A)计算机技术 　　　(B)数控技术 　　　(C)控制论 　　　(D)系统制造技术

168. 在单件小批生产中,装配方法以(　　)为主,互换法比例较小。

(A)互换法　　　　　(B)修配法　　　　　(C)调整法　　　　　(D)合并法

169. 测量孔径前可用(　　)校对百分表零位。

(A)游标卡尺　　　　(B)标准环规　　　　(C)量块　　　　　　(D)外径千分尺

170. 通端螺纹塞规用来检验内螺纹的(　　)。

(A)作用中径　　　　　　　　　　(B)底径　　　　　　　　　　(C)单一中径

(D)小径　　　　　　　　　　　　(E)大径

171. 铸件毛坯较大直径的双联孔应采用(　　)的方法加工。

(A)粗钻　　　　　　　　　　　　(B)半精镗　　　　　　　　　　(C)粗镗

(D)精镗　　　　　　　　　　　　(E)粗扩

172. (　　)都可提高镗杆刚性。

(A)采用平衡装置　　　　　　　　(B)加大镗杆直径

(C)减小镗杆悬伸长度　　　　　　(D)采用导向装置

173. 深孔钻孔必须解决好(　　)。

(A)排屑问题　　　　　　　　　　(B)冷却和润滑问题

(C)钻头的导向问题　　　　　　　(D)钻头的钢性问题

174. 产品是过程的结果。产品类别通常表述为(　　)形式。

(A)服务　　　　　(B)软件　　　　　(C)硬件　　　　　(D)流程性材料

175. 纠正是为消除已发现的不合格品所采取的措施。(　　)可作为纠正的示例。

(A)返工　　　　　(B)替换　　　　　(C)让步放行　　　　(D)返修

176. 多媒体技术(Multimedia Technology)是利用计算机对(　　)等多种信息综合处理、建立逻辑关系和人机交互作用的技术。

(A)文本　　　　　(B)图形、图像　　　　(C)声音　　　　　(D)动画、视频

177. 首件检验包括(　　)。

(A)成品的首检　　　　　　　　　(B)过程产品首检

(C)供方产品的首检　　　　　　　(D)产品或过程变更后的首检

178. IRIS 标准中提到的变更包括(　　)。

(A)项目变更　　　　(B)过程变更　　　　(C)设计变更　　　　(D)合同变更

四、判 断 题

1. 在产品设计中,一般先画出零件图,然后根据零件图设计出装配图。(　　)

2. 识读零件图要求包括了解零件的名称、用途和材料等;了解零件各部分结构的形状、大小、特点和功用,以及它们之间的相互位置;了解零件的制造方法和技术要求。(　　)

3. 识读零件图时,一般采用先外形、后内部,先主要部分、后次要部分,最后分析细部结构的步骤。(　　)

4. 测量误差是指测量结果与被测量的真值之间的差异。(　　)

5. 灵敏度与精确度两者含义是一致的,只是叫法不同。(　　)

6. 比较法是把被测零件的表面与粗糙度样块进行比较,确定零件表面粗糙度,优点是精度高,测量简便、迅速。(　　)

7. 干涉法是利用光波原理测量表面粗糙度的一种方法,它的特点是使用简便,属于接触

测量。（　　）

8. 不锈钢是指在腐蚀性介质中高度稳定的钢种,即不锈钢不生锈。（　　）

9. 特殊青铜是指含锡的青铜,大多数特殊青铜的机械性能、耐磨性与耐蚀性要比普通锡青铜更高一些。（　　）

10. 变形铝合金具有优良的塑性,可在常温或高温下挤压变形,因此可制作一些薄弱、形状复杂、尺寸精度要求高的结构件和零件。（　　）

11. 工程塑料主要指综合工程性能良好的可作结构材料的一类塑料。（　　）

12. 特种陶瓷采用纯度较高的天然原料,沿用传统陶瓷的加工方法制得的陶瓷,具有各种特殊的力学、物理和化学性能。（　　）

13. 金属陶瓷是由金属和陶瓷组成的均质复合材料。（　　）

14. 合金通过一定方式的加热、冷却的过程以改变其组织和性能,满足零件加工和使用的要求,这种工艺方法称为热处理。（　　）

15. 用力的三角形法则和用力的平行四边形法则求合力,结果是不一样的。（　　）

16. 数控机床主轴传动系统中变速常用的传动带为多楔带和齿形带。（　　）

17. 同步齿形带的优点是无需很大张紧力,大大减轻轴的静态径向拉力,传动效率高,缺点是受力不均匀,会产生打滑。（　　）

18. 表明斜齿轮轮齿倾斜程度的螺旋角,是指齿顶圆柱面上的螺旋角。（　　）

19. 差动螺旋机构多用于需快速调整或移动两构件相对位置的场合。（　　）

20. 螺旋传动通常能将直线运动变换成旋转运动。（　　）

21. 在两轴垂直交错的蜗杆传动中,蜗轮螺旋角等于蜗杆导程角。（　　）

22. 刀具材料选择不当只影响切削速度的提高。（　　）

23. 镗削铸铁工件,刀具材料应选用钨钴钛类硬质合金。（　　）

24. 磨好的螺纹镗刀刀尖角可用螺纹角度样板来检验。当螺纹镗刀的刀尖角与螺纹角度样板贴合,对准光源,镗刀刀尖两侧应无透光处。（　　）

25. 砂轮硬度的选用原则是:硬材料或精磨选用硬砂轮;软材料或粗磨选用软砂轮。（　　）

26. 正确合理的润滑机床,可以减少机床相对运动的磨损,延长机床的使用寿命,提高机械效率,是保证机床连续正常工作的重要措施。（　　）

27. 油芯油杯润滑一般是在开动机床之前用油壶向各个润滑点加入一定的润滑油,以达到润滑的目的。（　　）

28. 选择测量工具的原则是,既保证测量的精确度又符合经济的要求。（　　）

29. 量具不应放在热源(电炉、暖气片等)附近,以免热变形,影响测量精度。（　　）

30. 热继电器主要保护电动机或其他负载免于过载以及作为三相异步电动机的断相保护。（　　）

31. 串励直流电动机当机械负载增加时,转速变化很小,属硬机械特性。（　　）

32. 接触器的主触头,热继电器的热元件接在控制电路中;接触器的辅助触头,热继电器的常闭触头接在主电路中。（　　）

33. 安全用电的基本原则是:不靠近低压带电体和高压带电体。（　　）

34. 机床箱体的主视图位置应尽量使其与机床中的工作位置一致,而投影方向与机床操作工目视方向一致。（　　）

35. 机床箱体类零件由于结构、形状比较复杂,加工位置变化多,通常以最能反映形状特征的工作位置一面作为主视图的投影方向。（　　）

36. 机床箱夹零件由于形体复杂、尺寸数量多,在标注零件尺寸时,常选用主轴孔的轴线作为箱体长、宽、高的尺寸基准。（　　）

37. 画装配图主视图时,通常以最能反映装配体结构特点和较多地反映装配关系的一面作为主视图的方向。（　　）

38. 在标注主轴箱装配图技术要求时应写明润滑要求。（　　）

39. 在装配图中,当某个零件的主要结构在基本视图中未能表示清楚,而且影响对部件的工作原理或装配关系的正确理解时,可单独画出该零件的某一视图。（　　）

40. 镗削加工的工艺安排一般尽可能使工序集中,力求在一次安装后完成多种工序加工。（　　）

41. 基准面加工以后,对精度高的主要面进行粗、精加工,然后加工其他各次要表面。（　　）

42. 镗削加工方法的选择是按零件的大小来作为依据。（　　）

43. 确定工序加工余量的原则是,前一道工序确定的尺寸使后一道工序既有足够的余量,又不能过多。（　　）

44. 工序卡是设备维修人员进行数控机床维修的指导性工艺资料。（　　）

45. 工序卡应按已确定的步骤顺序填写。（　　）

46. 用"一面两销"定位时,菱形销的削边部分应位于销的连线方向上。（　　）

47. 镗削大型、复杂零件时,夹紧位置应力求使压点对准定位基准面,避免夹压力作用在工件的被加工部位上。（　　）

48. 大型复杂零件安装时,一般是将零件的底平面作为安装基面,以安装平稳、可靠作为主要原则。（　　）

49. 大型复杂工件在加工时往往要减少装夹次数及加工误差,故一次安装后能完成多次甚至全部加工。（　　）

50. 组合夹具外形较大,结构较笨重,从而刚度好。（　　）

51. 组合夹具组装前必须熟悉组装工作的原始资料,即了解工件的加工要求,工件的形状、尺寸和其他技术要求及使用的机床、刀具等情况。（　　）

52. 采用"一面双销"定位时,其定位误差由转角误差造成的。（　　）

53. 用等弦长法计算节点时比等间距法程序段少一些,当曲线曲率半径变化较小时,所求节点过多,适用于曲率变化较大的情况。（　　）

54. 用等误差法计算非圆曲线节点坐标时,必须已知曲线的方程。（　　）

55. 用户宏程序既可由机床生产厂提供,也可由机床用户厂自己编制。（　　）

56. 直角型微调镗刀用于镗削盲孔,而倾斜型用于镗削通孔。（　　）

57. 用浮动镗刀块镗削,可以纠正被镗孔轴线的直线度误差和位置度误差。（　　）

58. 小直径深孔精镗时,可采用带减振装置的镗刀杆,采用减小背吃刀量多次进给的方法,避免产生振动和提高表面精度。（　　）

59. 一般大直径深孔的镗削可采用微调单刃镗刀镗削。（　　）

60. 多刃铰刀副切削刃上磨有外圆刃带,这意味着刀具的后角为 $0°$,而没有后角的切削是正常的。（　　）

61. 一般大直径深孔采用枪钻钻削,小直径深孔采用内排屑式或外排屑深孔钻进行加工。(　　)

62. 镗削高精度的深孔达不到工艺要求时,可采用孔的滚压加工或珩磨加工。(　　)

63. 解决卧式镗床下滑座在低速运动时有爬行现象,光杠明显抖动的办法是重新调整楔铁和调整蜗轮副间隙。(　　)

64. 镗床电器部分保养指的是:清洗电器箱及电动机;检查电器装置位置,保证其固定、安全和整齐。(　　)

65. 镗床二级保养的目的,是使机床达到完好标准,提高和巩固设备完好率,延长大修周期。(　　)

66. 镗床二级保养的内容除一级保养内容外,还须进行修复、更换磨损零件,部分刮研,机械、电机的换油等。(　　)

67. 所谓数控机床的可靠性是指在规定条件下(如环境温度、使用条件及使用方法等),有故障工作能力。(　　)

68. 从提高数控机床的 A 有效度看,“维修”包含两方面的意义,即:日常维护,为的是缩短 MTBF 值;故障维修,这时要力求延长 MTTR 值。(　　)

69. 数控机床操作者必须在机床起动后进行“归零”操作。(　　)

70. 数控机床的插板、印刷电路板不能在通电情况下插、拔,断电时可经常插、拔。(　　)

71. 要提高数控机床利用率,避免长期闲置,一旦不用时要保持断电。(　　)

72. 液压系统操作者必须熟悉元件控制机构的操作要领;熟悉各种液压元件调节旋钮的转动方向与压力、流量大小变化的关系等,严防调节失误,造成事故。(　　)

73. 空间斜孔一般是指双斜孔,被加工孔与基面成空间角度,加工前必须搞清空间轴线在坐标系中的角度关系。(　　)

74. 空间斜孔只能在坐标镗床上用万能回转工作台加工。(　　)

75. 即使在万能镗床上配置坐标测量系统,在工件上增加辅助基准以及利用回转工作台,斜孔也不能在万能镗床上加工。(　　)

76. 万能回转台有相交轴和交错轴两种,其转台参数的测量和计算是不同的,并且这些参数是制造时给定的,即使经修理后,其参数也不会发生变化。(　　)

77. 当斜孔轴线与基准面位置精度要求不高时,工艺基准孔一般选在斜孔的轴线上。(　　)

78. 用工艺孔加工单斜孔的方法是:在一些具有空间坐标点的工件上,适当的增设一个辅助工艺孔,就可省去复杂的工艺计算,但不便于加工和检验。(　　)

79. 在加工薄壁工件时,利用粗镗切去绝大部分余量。在粗镗结束后,应将各夹紧点松一下,让工件恢复塑性变形。(　　)

80. 在加工不同直径的同轴孔时,能同时用主轴和平旋盘装刀杆进行镗削加工。(　　)

81. 由于悬伸镗削所使用的镗刀杆刚性通常都较大,所以切削速度一般可低于支承镗削,故生产率较高。(　　)

82. 利用主轴装刀刮削,也可适用小孔径且孔深的控制及孔底平面的加工。(　　)

83. 穿镗法包括悬伸镗、支承镗和用长镗杆与尾座联合镗孔。(　　)

84. 粗镗镗刀角度选择时,后角要小,主偏角要大。(　　)

85. 粗镗加工的原则为:先精度、后效率。(　　)

86. 为了防止工件变形,夹紧部位要与支撑件对应,不能在工件悬空处夹紧。( )

87. 在单件、小批量生产箱体零件时,通常选择主轴孔和与主轴孔相距较远的一个轴孔作为粗基准。( )

88. 用心轴校正法镗削垂直孔系比用回转法镗削垂直孔系生产率低。( )

89. 对与轴孔相交的油孔,必须在轴孔精加工之前钻出。( )

90. 垂直孔系中,孔中心线均平行于基准平面。( )

91. 在箱体工件上,主要加工面有底面、端面和轴孔。( )

92. 在测量深孔的圆柱度时,只要在任意截面上测得互相垂直的两个方向上的数值就可以了。( )

93. 用坐标法镗削平行孔系,是按孔系之间相互位置的水平尺寸关系,在镗床上借助测量装置,调整主轴在水平方向的相互位置,保证孔系之间孔距精度的一种方法。( )

94. 在利用坐标法镗削过程中,合理选用原始孔和确定镗孔顺序,是获得较高孔距精度的重要环节。( )

95. 移动坐标法镗削平行孔系方法之一是以普通刻度尺和游标卡尺测量定位。( )

96. 镗孔的顺序应把孔距尺寸由大到小的两个孔的加工顺序连在一起。( )

97. 对于孔轴线相交或交叉平行于安装基准面的孔,可利用机床的回转工作台旋转进行找正,当垂直度要求较高时,用百分表配合找正。( )

98. 空间相交孔系的技术要求除孔自身的精度要求外,还要保证相交轴线的夹角要求和孔距要求。( )

99. 空间相交孔系中,孔轴线之间的夹角精度一般由回转工作台的分度精度来保证。( )

100. 圆柱、圆锥上的圆周分度孔系的工件,一般均放在转台上加工。( )

101. 圆周分度孔,一般图样上所标注的坐标尺寸多为直角坐标。( )

102. 加工大型圆弧面上的圆周分度孔,一定要使大型圆弧的轴线与回转工作台的轴线重合才能加工。( )

103. 加工平面一般用平面铣刀和圆柱铣刀,较小的平面也可用立铣刀和三面刃铣刀。( )

104. 利用平旋盘铣削时,径向刀架无论采用哪种进给方式,在铣削前都必须调整好移动刀架的齿条间隙。( )

105. 镗床用圆柱铣刀铣削平面时,刀具圆柱度超差不会影响工件平面度超差,所以不必更换刀具。( )

106. 在镗床上铣削平面时,主轴箱和立柱导轨的运动间隙,会影响工件的平面度。( )

107. 镗削平面时,要增加刀杆刚性,应适当增大铣削用量,才能保证工件的平面度。( )

108. 坐标镗床只能作为平面的精加工。( )

109. 坐标镗床加工平面后表面粗糙度 Ra 的允许值不大于 $0.8\ \mu m$。( )

110. 在坐标镗床上铣削平面时,应采用工作台作进给运动,为防止机床变形,铣削用量应较小。( )

111. 工件上只有一个斜平面时,可按工件图样要求划出加工线,在镗床回转工作台上进行加工。( )

112. 箱体类零件具有加工表面多,镗削孔系多,且精度要求高等特点。( )

113. 箱体形状较复杂,箱壁较薄且均匀,不容易产生应力集中和变形。( )

114. 箱体类零件主要加工表面是平面和轴孔,应采用"粗、精分开,先粗后精"的原则。(　　)

115. 组合机床加工箱体,其特点是工序集中,较多的采用复合刀具和专用刀具,粗、精加工尽可能在一台机床上进行。(　　)

116. 切削加工时,切屑排除难的金属材料不能视为特殊材料。(　　)

117. 多数难加工材料的导热性极差,造成切削温度升高,高温度往往集中在切削刃口附近的狭长区内,加快刀具的磨损。(　　)

118. 镗削不锈钢,首先选用强度高、导热性能和黏结性能好、热硬性高的刀具材料。(　　)

119. 镗削不锈钢时,应选择较大的前角。当不锈钢的硬度低、塑性高时,前角则应小一些,以减少切削变形及后刀面与加工表面间的摩擦。(　　)

120. 不锈钢具有易粘结和导热性差的特性,所以在选择切削液时,应选择抗黏结和散热性好的切削液。(　　)

121. 淬火钢材料镗削加工时,为了增加切削刃的抗压强度和刀具导热面积,可选用较大的前角。(　　)

122. 喷涂是采用喷枪把特殊低熔点合金粉末喷洒到经过清理的金属表面上,依靠合金粉末的化学反应与基体金属扩散结合,获得牢固的喷涂层。(　　)

123. 在镗床上镗削不完整孔不宜采用浮动镗刀镗削,应采用单刃镗削。(　　)

124. 在采用配圆的工艺方法加工缺圆工件时,为了节省材料,在加工精度要求不高的条件下,可以只配直径不同部分的圆弧。(　　)

125. 镗削缺圆孔时,切削过程是断续的,在切削过程中,刀具受到的切削力是均衡的。(　　)

126. 金刚镗床主轴回转精度高、刚性好、振动小、刀具经过精细研磨和调整,能加工高精度、表面粗糙度小的精密工件。(　　)

127. 气动测量仪可以测量零件的内孔直径、外圆直径、锥度、圆度、同轴度、垂直度、平面度以及槽宽等。(　　)

128. 三坐标测量机的测量范围是指 x、y、z 三个方向所能测量的最大尺寸。(　　)

129. 正弦规的测量精度与零件角度和正弦规中心距有关,即中心距愈大,零件角度愈大,则精度愈高。(　　)

130. 根据零件角度和正弦规中心距先算出量块高度,然后可检测零件表面与平板平行度误差。(　　)

131. 斜孔镗削完毕以后,孔的尺寸、形状公差,可以采用通用量具或专用量具进行检验。(　　)

132. 斜孔的角度和坐标位置是否符合图纸要求,用一般的测量手段就可以对斜孔作精确的测量。(　　)

133. 斜孔的角度精度只能采用工艺孔,用测量棒为基准进行检验。(　　)

134. 针描法测量表面粗糙度时,使用简便、迅速,直接读出参数值。(　　)

135. 箱体工件孔系的相互位置精度是检验的重点项目。(　　)

136. 检验同轴孔同轴度精度要求高时,可用通用检验棒;精度要求较低时,可用专用检验棒,再配几套外径不同的检验套。(　　)

137. 孔距通常用千分尺和游标卡尺直接测量。(　　)

138. 加工精度与加工误差是以不同观点评价零件的几何参数准确程度。加工误差大,加

工精度高;加工误差小,加工精度低。(　　)

139. 检验孔与端面垂直度最常用的方法是将带有检验圆盘的心轴插入孔内,用塞尺检验间隙 Δ。(　　)

140. 在镗削平行孔系时,镗床主轴上下移动误差、镗床工作台往返偏摆误差、镗床主轴与工作台的垂直度误差以及机床受热变形,均可引起孔系的平行度误差。(　　)

141. 机床导轨与下滑座之间有一定的配合间隙,当工作台正、反方向进给时,下滑座通常是以相同的部位与导轨接触,因而不会造成工作台正、反方向进给移动时发生偏移。(　　)

142. 用非定尺寸刀具镗孔时,为提高质量除了采取与定尺寸刀具相同的方法以外,还要保证安装和调整精度。同时应注意镗刀切削几何参数的选定和安装后的角度变化。(　　)

143. 解决镗孔悬伸过长的办法可改用主轴进给为工作台进给镗削,若能在刀杆上装配把刀时,应使两刀受力方向相反。(　　)

144. 在切削过程中,由于切削热、摩擦热等会引起机床和工件的变形,但不影响工件的加工质量。(　　)

145. 在没有外力作用下,工件内部的内应力就不会直接影响加工精度。减小变形的措施可采用人工时效处理。(　　)

146. 用机床坐标定位加工孔系,是依靠移动工作台或主轴箱及控制坐标装置确定孔的坐标位置,所以机床坐标定位精度不影响被加工孔距的精度。(　　)

147. 机床坐标移动直线度,纵横坐标移动方向的平行度,主轴移动方向对工作台台面垂直度都会引起加工孔距误差。(　　)

148. 工件安装的位置,尽量接近检验机床坐标定位精度时的基准位置。(　　)

149. 精镗工序应连续进行,避免隔班、隔日加工,以便保持热变形的稳定。(　　)

150. 夹具的制造精度、夹具的导向元件的磨损,将会引起孔径尺寸的误差。(　　)

151. 镗模套的磨损将增大镗模套与镗杆间的间隙,从而增大孔径误差,因此对夹具上的定位元件、导向元件应定期检查更换。(　　)

152. 强迫振动是机床在周期变化的内力作用所产生的振动。强迫振动本身不能改变激振力——内力。(　　)

153. 自激振动是一种不衰减振动,外界干扰力不是产生自激振动的直接原因。切削过程停止,自激振动也随即消失。(　　)

154. 镗削时防止和消除振动的办法是尽量将工件装夹在靠近平旋盘位置,增强工件的装夹刚度。(　　)

155. 卧式镗床床身较长,外形呈"L"型,故机床的安装支承都采用多点式。(　　)

156. 调整卧式镗床辅助导轨时,应先调整支架滚轮水平,再调整辅助导轨与机床导轨的平行。(　　)

157. 主轴旋转精度的调整主要是调整衬套和轴承的装配间隙。(　　)

158. T68 型镗床的主轴直径为 80 mm。(　　)

159. 如果零件图由几张图样构成,一般主视图放在第一张图样上。(　　)

160. 镗削就是将工件的预制孔扩大至具有一定孔径、孔形精度和表面粗糙度要求的切削加工。(　　)

161. 镗削加工的方法,是根据生产类型、工件精度、孔的尺寸大小和结构、孔系轴线的数

量及他们之间的相互位置关系,确定合理的工艺流程。( )

162. 镗削加工是按零件的大小来选择加工方法的。( )

163. 镗削加工一般采用"先孔后面"的工艺流程。( )

164. 孔加工的定位基准大都是工件的安装基准和测量基准。( )

165. 拟定加工工艺路线主要是拟定最后一个表面的加工方法。( )

166. 确定工序加工余量的原则是前一道工序确定的尺寸,使后面一道工序既有足够的余量,又不能过多。( )

167. 对于一些精度要求高、结构比较复杂、孔系之间或孔与平面之间有坐标和精度要求的工件,确定加工余量时,可用查表法。( )

168. 工艺装备包括刀具、夹具和用于检验的量具。( )

169. 镗床上用于单件、小批生产时,也要用专用夹具。( )

170. 在镗床上加工工件,应根据工件图样、工艺要求和精度等级选用适当的加工方法。( )

171. 选用加工方法时,应先确定被加工面最初加工方法,然后再选定后面一系列准备工序的加工方法和顺序。( )

172. 钻、扩、铰孔的共同特点是依靠刀具的几何形状、尺寸和精度来保证孔的几何形状和孔径的尺寸。( )

173. 加工两端距离较大的同轴孔,可利用回转工作台进行镗孔。( )

174. 镗削大孔、长孔要用浮动镗刀和镗刀杆进行镗削。( )

175. 大多数箱体零件采用整体铸铁件是因为外形尺寸太大。( )

176. 大型零件的毛坯应尽可能选择焊接件。( )

177. 箱体零件往往是一台机床或一台机器的主体,其他部件都装在其上,所以形状和位置精度及孔的尺寸精度要求较高,并且加工部位多,加工余量大。( )

178. 镗孔时径向切削力大,镗出的孔会产生圆柱度误差。( )

179. 当钻床主轴存在角度摆动误差镗孔时,镗出的孔是椭圆形。( )

180. 正弦规的规格是以两圆柱的中心距来表示的。( )

181. 镗模法加工平行孔系的方法适用于批量生产。( )

182. 镗模法加工平行孔系的方法适用于临时性生产。( )

183. 浮动镗刀适用于粗镗,它不但提高了加工质量,还能简化操作,提高生产率。( )

184. 浮动镗刀适用于半精镗,它不但提高了加工质量,还能简化操作,提高生产率。( )

185. 箱体加工一般选择最重要的毛坯孔作为粗基准。( )

186. 最小工序间信息量等于上工序的最小极限尺寸减本工序的最大极限尺寸。( )

187. 铰孔不能纠正孔的位置误差,因此铰孔的位置精度应由铰前的预加工工序保证。( )

188. 镗孔不能修正前工序加工所产生的孔的形状误差和位置误差。( )

189. 为了提高劳动生产率,改造机床时要考虑到解决同一轴线上的多孔同时加工和多孔位的平行孔系同时加工这两个方面的问题。( )

190. 在制定工艺规程过程中,必须考虑控制加工余量,选择经济的加工方案,合理地选择切削用量,合理地合并工序。( )

191. 卧式铣镗床主轴部件结构形式较多,有单层、双层及三层式结构。( )

192. 防止和消除自激振动的主要措施有:合理选择切削用量;合理选择刀具几何角度;改进镗刀及刀杆结构;采用吸振装置。(　　)

193. 对自激振动影响最大的刀具几何角度是后角。(　　)

五、简答题

1. 全面质量管理的主要内容是什么?

2. 主视图位置选择原则是什么?

3. 一般机械装配图的画法分哪两个阶段?

4. 试述镗削加工的方法。

5. 简述制定工艺规程的依据。

6. 镗削工艺方法是如何选择的?

7. 简述工艺装备的选择依据。

8. 试述大型工件的技术精度特征。

9. 试述组合夹具与专用夹具相比具有哪些特点。

10. 组合夹具组装过程的一般步骤是什么?

11. 简述节点的含义。

12. 在数控系统中,用户宏程序常见的调用指令有哪几种?

13. 怎样排除进入液压缸的空气?

14. 气压传动装置有何优点?

15. 简述薄壁工件的一般工艺特点。

16. 平行孔系加工的主要技术要求有哪些?

17. 坐标镗床常用的主轴定位找正工具有哪些?

18. 平面圆周分度孔的加工有哪几种方法?

19. 加工垂直孔系时有哪些找正方法?

20. 如图 1 所示 C620-1 主轴箱箱体图,采用坐标法镗削平行孔系,试分析确定加工原始孔并合理确定镗孔顺序。

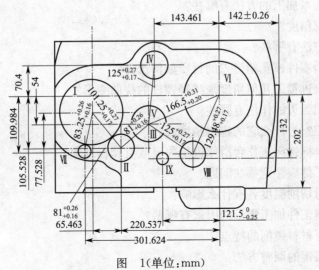

图 1(单位:mm)

21. 镗床用铣刀按用途分为几种？

22. 简述保证镗床铣削平面精度应遵循的基本原则。

23. 为什么在坐标镗床上利用万能刀架能加工大平面？

24. 简述在箱体加工中,第一道工序粗基准的选用原则。

25. 箱体工件镗削工艺方案有几种？

26. 在万能镗床上用镗模加工箱体工艺上应采取什么措施？

27. 简述箱体工件调头镗削的特点。

28. 简述箱体工件镗模镗削的特点。

29. 加工中心机床加工箱体工件的优越性是什么？

30. 简述难切削材料的种类。

31. 什么是喷焊？喷焊具有哪些性能？

32. 简述电感深孔测径仪的测量原理。

33. 针描法是如何接触测量表面粗糙度的？

34. 箱体零件的检验项目主要包括哪些？

35. 简述如何确定箱体同轴孔同轴度的误差值。

36. 影响工件孔产生圆度误差的因素有哪些？

37. 镗削工件孔时,造成同轴度误差的因素有哪些？

38. 为避免工件定位误差,应注意哪几点？

39. 粗基准选用原则有哪些？

40. 振动对镗削有哪些影响？

41. 简述镗模加工的特点。

42. 简述三爪内径千分尺的使用方法。

43. 铰削余量为什么不宜太小或太大？

44. 影响加工质量的因素有哪些？

45. 简述在工艺上经常采用提高孔系镗削质量的方法。

46. 简述卧式镗床安装水平的调整方法。

47. 轴线平行孔系加工的方法有哪些？

48. 什么是加工精度？

49. 时效处理方法有哪些？

50. 灰铸铁材质零件镗孔精镗刀的材质如何选择？

51. 怎样通过改进镗刀几何角度来减轻镗杆的挠曲变形？

52. 标准群钻圆弧刃的作用有哪些？

53. 什么是数控？为什么它的定位精度高？

54. 如何排除坐标镗床工作台滑座进给失灵或有爬行现象？

55. 装夹薄壁工件应注意哪些问题？

56. 切削用量对切削温度各有什么影响？

57. 影响薄壁类工件加工质量的因素有哪些？

58. 简述喷焊层材料镗削的特点。

59. 简述直角棱镜的调整方法。

60. 孔检测量具的选用原则有哪些？

61. 过定位对加工精度有何影响？

62. 工件以一孔双孔作为定位基准时，定位元件为什么采用一个圆柱销和一个削边销？

63. 在镗削薄壁零件时，应考虑哪些基本原则？

64. 如图 2 所示，用坐标镗床在工件的外圆上铣两条宽度为 20H7，深为 12 mm 的螺旋槽，这两条螺旋槽的导程在槽的全长上是不相等的，试论工件安装与找正。

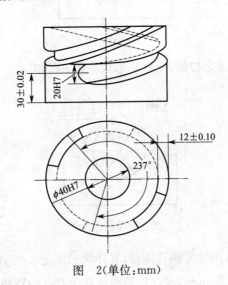

图　2（单位：mm）

65. 简述不锈钢的切削特点。

66. 简述数控机床日常维护内容分类。

六、综 合 题

1. 如图 3 所示，在 V 形块上定位加工键槽，V 形块夹角 $\alpha = 90°$，工件直径 $D = \phi 240_{-0.045}^{0}$ mm，加工键槽深度以 A_1、A_2 和 A_3 三种方法标注，求这三种标注方法的定位误差 ΔD_1、ΔD_2、ΔD_3 各为多少？

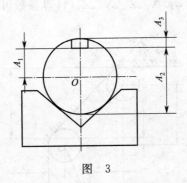

图　3

2. 如图 4 所示，在两同样大小的 90°V 形架上分别放 $\phi 68$ mm 和 $\phi 120$ mm 的圆柱，它们的外圆高度差 H 是多少？

3. 如图 5 所示，工件以 $\phi 160_{-0.012}^{0}$ mm 的外圆柱面在 V 形块中定位，加工大端 120°两斜

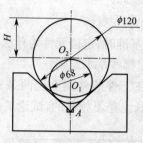

图 4(单位:mm)

面。保证加工尺寸 $A_{-0.024}^{0}$，求定位误差。（V 形块夹角 $\alpha = 60°$）

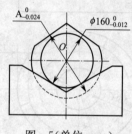

图 5(单位:mm)

4. 某工件以底平面和 $\phi 10_{0}^{+0.015}$ 两孔定位，孔距为 (100 ± 0.028)mm，选择其中定位销直径 $\phi 10_{-0.014}^{-0.005}$ mm，削边销 $\phi 10_{-0.043}^{-0.034}$ mm，求：(1)基准位移误差，(2)转角误差 $\tan\theta$。

5. 某工序中，以工件底平面和两孔定位，$\phi 25_{0}^{+0.03}$ mm 孔采用圆柱销定位，圆柱销直径 $d_1 = \phi 25_{-0.04}^{-0.02}$ mm，两孔中心距为 (50 ± 0.025)mm，$\phi 10_{0}^{+0.06}$ mm 孔采用削边销定位，削边销圆弧部分直径 $d_2 = \phi 10_{-0.025}^{-0.01}$ mm，求这种定位方法的转角误差 $\tan\theta$。

6. 在某工序中，以工件底平面和两孔定位，$\phi 125_{0}^{+0.023}$ 孔选圆柱销定位，圆柱销直径 $d_1 = \phi 125_{-0.012}^{-0.008}$ mm，$\phi 90_{0}^{+0.028}$ mm 孔采用削边销定位，削边销圆弧部分直径 $d_2 = \phi 90_{-0.010}^{-0.005}$ mm，两孔中心距为 (200 ± 0.020)mm，试确定这种定位方法的转角误差 $\tan\theta$。

7. 如图 6 所示：已知 f、R_S，求 X_2、Z_2、X_1、Z_1（计算参数可参照表 1）。

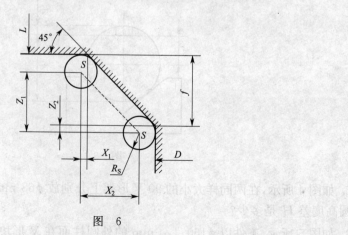

图　6

表　1

f(mm)	R_S(mm)								
	0.2	0.3	0.4	0.5	0.6	0.8	1.0	1.2	1.5
0.25	0.133	0.074	0.016						
0.5	0.383	0.324	0.266	0.207	0.149	0.031			
0.6	0.483	0.424	0.366	0.307	0.249	0.131	0.014		
1.0	0.883	0.824	0.766	0.707	0.649	0.531	0.414	0.297	0.121
1.6	1.483	1.424	1.366	1.307	1.249	1.131	1.014	0.897	0.721
2.0	1.883	1.824	1.766	1.707	1.649	1.531	1.414	1.297	1.121
2.5	2.383	2.324	2.266	2.207	2.149	2.031	1.914	1.797	1.621
4.0	3.883	3.824	3.766	3.707	3.649	3.531	3.414	3.297	3.121
6.0	5.883	5.824	5.766	5.707	5.649	5.531	5.414	5.297	5.121
	0.083	0.124	0.166	0.207	0.249	0.331	0.414	0.497	0.621

8. 如图 7 所示：已知 ΔZ、R_S、R_1、α，求 R_2、X_1、Z_1、X_2、Z_2、Z_3。

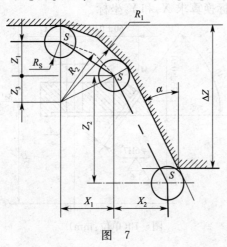

图　7

9. 如图 8 所示：已知 ΔX、R_S、R_1、α，求 R_2、X_1、Z_1、X_2、Z_2、X_3。

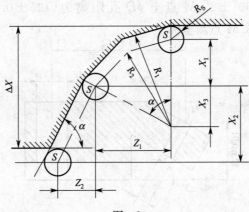

图　8

10. 论述数控镗床各类故障信息显示内容、产生原因及对策。

11. 在使用万能转台加工斜孔过程中,常采用坐标计算法。以倾斜(水平)旋转轴线的轴心 O 为原点建立如图 9 所示直角坐标系。设 M 点的坐标为 $M(X_1,Y_1)$,转台按顺时针方向倾斜旋转 α 以后,M 点的新坐标为 $M'(X_2,Y_2)$,求出两坐标关系式。

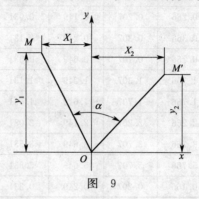

图 9

12. 如图 10 所示,加工斜孔 $\phi6H7$,从图样上知:$X_1 = -60$ mm,$Y_1 = 134 + 23 = 157$ mm,转台倾斜角 $\alpha = 50°$,进行坐标换算求 X_2 和 Y_2 坐标。

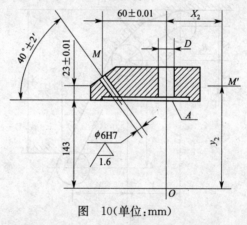

图 10(单位:mm)

13. 如图 11 所示,在转台加工斜孔 ϕd,已知斜孔轴线上 M 点至定位基准面距离为 (57 ± 0.01)mm,与 A 面倾斜 $60° \pm 2'$,M 点至 ϕD 孔距离为 (125 ± 0.02)mm,结构常数 K = 143 mm,进行坐标换算,求 M 点新坐标。

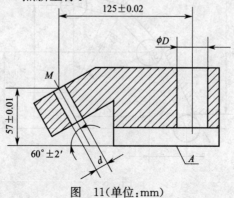

图 11(单位:mm)

14. 计算在直孔轴线上的工艺孔至斜孔轴线的距离 L，见图 12。

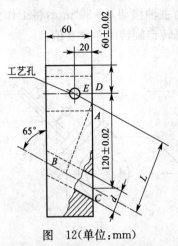

图 12(单位:mm)

15. 计算斜孔轴线上的工艺孔至直孔轴线的距离 L，见图 13。

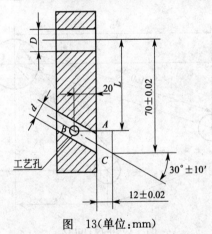

图 13(单位:mm)

16. 如图 14 所示，计算在斜孔轴线上的工艺孔至基准面的距离 L。

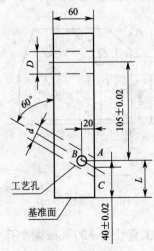

图 14(单位:mm)

17. 如图 15 所示,在转台中心孔内装上测量棒,将转台旋转 θ 角度,把装在主轴端的千分表置于 A 点并调至零位,然后将主轴移动 $h=50$ mm,将工作台移动 $L=51$ mm,此时千分表在 B 点的示值仍为零位,试计算转台旋转的角度 θ 值。

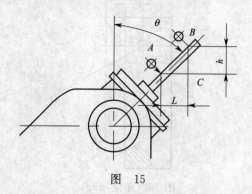

图 15

18. 将图 16 所示孔的极坐标尺寸转换成直角坐标尺寸,求 X_A、X_B、Y_A 的值。

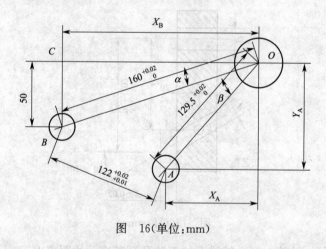

图 16(单位:mm)

19. 如图 17 所示,需在工件上镗 A、B、C 三孔,求 B、C 孔对 E、F 面的坐标尺寸为多少?

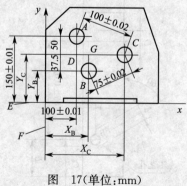

图 17(单位:mm)

20. 如图 18 所示,工件上要加工直径为 $\phi 20$ mm 两个孔 A 和 C,已知 A 孔的两个直角坐标值,试求 A、C 两孔的极坐标值。

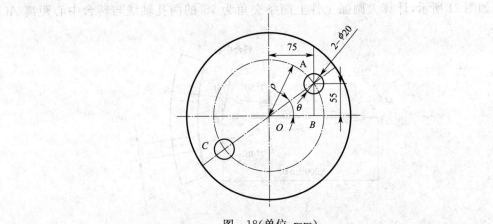

图　18(单位：mm)

21. 将图 19 所示孔的极坐标尺寸转换成直角坐标尺寸，求 A 和 B 的值。

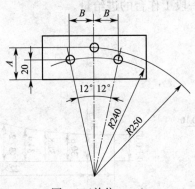

图　19(单位：mm)

22. 如图 20 所示，计算在 $\phi 325$ mm 圆周上 6-ϕd 孔的直角坐标尺寸，并写出孔 1～6 具体尺寸。

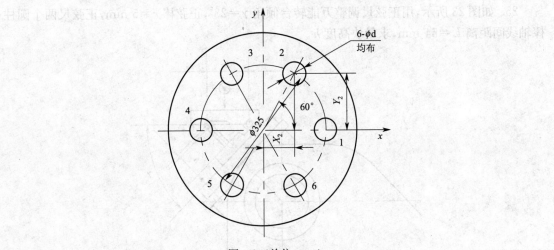

图　20(单位：mm)

23. 如图21所示，计算大圆弧工件上两条夹角为15°的两孔轴线与转台中心距离 AO 与 BO。

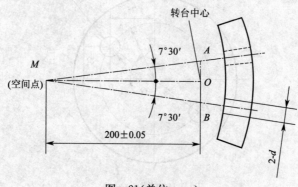

图 21(单位：mm)

24. 如图22所示，在坐标镗上铣削螺旋槽，若拟定转台每转1°刀具垂直进给一次，根据螺旋槽导程曲线，求第五、六、十一段工作台的进给量。

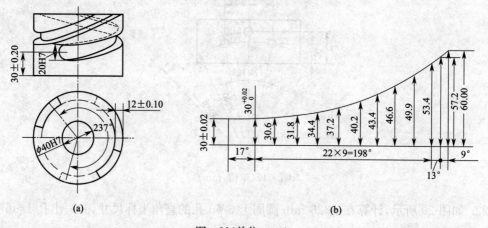

图 22(单位：mm)

25. 如图23所示，用正弦尺调整万能转台倾角 $\gamma=28°$，正弦棒 $r=5$ mm，正弦尺两个圆柱棒轴线间距离 $L=54$ mm，求量块高度 h。

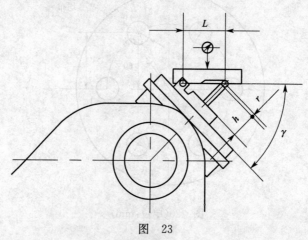

图 23

26. 如图 24 所示零件,采用工艺孔检验坐标位置,已知两测量棒 $d_1 = 10.02$ mm, $d_2 = 75.02$ mm,am 实测尺寸为 20.02 mm,试计算 L 和 L_1 尺寸。

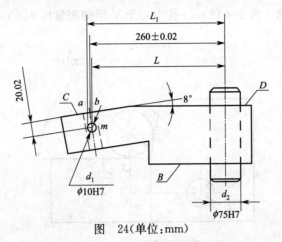

图　24(单位:mm)

27. 画简图 25 说明如何采用直角尺、千分表、心轴和千斤顶来测量两孔轴线的垂直度误差。

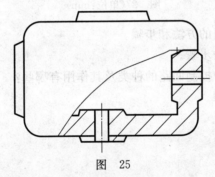

图　25

28. 气动量仪是利用什么原理所制成的测量仪器?

29. 计算孔 D 轴线至燕尾槽测量棒 d 轴线之间的距离 x,见图 26。已知 $d = 10$ mm,$D = 30$ mm,$\varphi = 55°$。

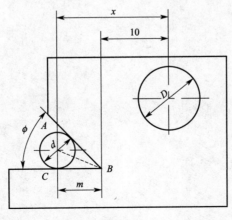

图　26

30. 为满足测量要求,需从 83 块一套的量块中组合一尺寸为 88.545 mm,试选择量块的数量及尺寸数值。

31. 计算图 27 所示工件上 $\phi12$ mm 孔中心至 V 形槽测量棒 $\phi20$ mm 之间的距离 x 和 L。

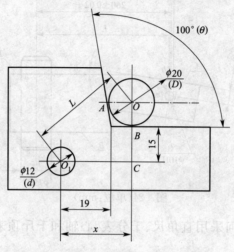

图 27(单位:mm)

32. 试述识读一般零件图的方法和步骤。

33. 试述读机械装配图的步骤。

34. 液压系统中常用压力控制回路的种类及其作用有哪些?

35. 简述画装配图的步骤。

镗工(高级工)答案

一、填空题

1. 公差	2. 配合	3. 作用点	4. 同轴度
5. *Ra*	6. 粗糙	7. 过盈	8. 标准公差
9. 装配图	10. 装配	11. 表面粗糙度	12. 表面粗糙度
13. 系统误差	14. 13%	15. 抗咬合性	16. 塑料
17. 高分子	18. 表面化学热处理	19. 受力图	20. 齿线
21. 低于50%	22. 刀具材料	23. 钝化磨粒	24. 粒度
25. 喷雾冷却法	26. 加工方法	27. 连续、充分	28. 换油和加油
29. 测量	30. 极限尺寸	31. 被测量面	32. 速度控制
33. 流量	34. 压力和流量	35. 双作用气缸	36. 电气信号
37. 接触器	38. 不频繁	39. 制动	40. 动力电路
41. 控制电路	42. 违章操作	43. 齿根圆	44. 传递
45. 上	46. 下	47. 投影方向	48. 安装基准
49. 间隙	50. 拆去	51. 工艺守则	52. 粗加工
53. 工作台进给法	54. 夹具	55. 基准重合	56. 查表法
57. 经验法或查表法	58. 工序卡	59. 一面双孔	60. 变形
61. 辅助支承	62. 基础件	63. 位移	64. 非圆曲线
65. 等弦长法	66. 用户任务	67. 子程序	68. 运算
69. 调节	70. 直角型	71. 转位	72. 切削位置
73. 弹簧	74. 切削和导向	75. 位置度	76. 传动带拉紧力
77. 工作台表面	78. 工作台	79. 平均无故障时间	80. 通电
81. 无报警	82. 机床振动	83. 程序错误	84. 压力
85. 气泵	86. 双斜孔	87. 平行	88. 垂直
89. 不高	90. 百分表	91. 位置精度要求高	92. 辅助块
93. 圆柱销	94. 调整	95. 空间坐标点	96. 位置精度
97. 刚度	98. 镗削用量	99. 孔深	100. 同轴孔系
101. 相互位置	102. 定位方式	103. 机床坐标定位	104. 工艺定位
105. ±0.02	106. 原始孔	107. 平行投影法	108. 工艺规程
109. 尺寸链	110. 工艺基准	111. 封闭	112. 封闭
113. 20	114. 计算机辅助设计	115. 工具栏	116. 选择
117. 直角坐标系	118. LINE	119. ARC	120. 转台
121. 垂直	122. 简易镗模	123. 测量孔距	124. 空间相交

125. 镗模	126. 逐点	127. 粗而短	128. 圆盘端面
129. 表面粗糙度	130. 垂直	131. 孔	132. 定位基准
133. 批量	134. 精度	135. 刀具	136. 加工精度
137. 马氏体	138. 低	139. 二硫化钼	140. 磨损、腐蚀
141. 红硬性好	142. 配圆	143. 工作行程	144. 定心
145. 可换测头的长度	146. 电量	147. 形状误差	148. 计算机软件
149. 角度	150. 坐标位置	151. 2	152. 大
153. 平行度和垂直度	154. 准直仪	155. 被检长度	156. 着色法
157. 理想零件	158. 理想零件	159. 挠曲变形	160. 不平行于
161. 减小切削用量	162. 90°	163. 10°～12°	164. 悬伸过长
165. 椭圆	166. 读数系统	167. 主轴移动	168. 工作台中间
169. 孔距	170. 平移和倾斜	171. 自激	172. 工艺措施
173. 轴承的调整精度	174. 棱镜	175. 国际铁路行业标准	
176. 检查	177. 机	178. 彻底杜绝浪费	179. 人的动作
180. 节拍	181. 局部剖视图	182. 位置	183. 锥度
184. 设计基准	185. 位置	186. 定位	187. 检验心轴
188. 批量	189. 振动		

二、单项选择题

1. B	2. C	3. D	4. C	5. A	6. C	7. C	8. B	9. C
10. B	11. D	12. D	13. D	14. B	15. D	16. C	17. B	18. B
19. A	20. A	21. D	22. D	23. C	24. A	25. B	26. A	27. D
28. A	29. A	30. B	31. D	32. B	33. B	34. D	35. B	36. D
37. D	38. C	39. B	40. A	41. A	42. B	43. B	44. A	45. A
46. C	47. C	48. B	49. D	50. C	51. D	52. B	53. A	54. A
55. D	56. D	57. B	58. B	59. D	60. C	61. C	62. C	63. C
64. B	65. A	66. C	67. A	68. B	69. C	70. D	71. D	72. D
73. B	74. B	75. D	76. B	77. B	78. D	79. C	80. B	81. C
82. B	83. A	84. A	85. B	86. D	87. D	88. D	89. C	90. A
91. B	92. B	93. C	94. B	95. C	96. C	97. C	98. B	99. D
100. A	101. A	102. A	103. C	104. D	105. B	106. B	107. A	108. C
109. C	110. A	111. D	112. C	113. B	114. C	115. C	116. C	117. B
118. D	119. C	120. C	121. D	122. A	123. D	124. B	125. C	126. A
127. C	128. C	129. C	130. A	131. B	132. C	133. B	134. C	135. B
136. C	137. C	138. C	139. B	140. A	141. D	142. B	143. B	144. B
145. C	146. B	147. A	148. B	149. C	150. C	151. B	152. B	153. B
154. B	155. B	156. B	157. C	158. D	159. B	160. A	161. A	162. C
163. D	164. C	165. B	166. A	167. A	168. B	169. B	170. A	171. C
172. A	173. B	174. B	175. B	176. C	177. A	178. A	179. B	180. C

181. A　　182. C　　183. C　　184. D　　185. B　　186. B　　187. C　　188. C　　189. C

190. B　　191. A　　192. B　　193. B　　194. D　　195. B

三、多项选择题

1. ACD	2. ABCD	3. ABCD	4. ABCD	5. ABCD	6. ABCD
7. ABC	8. ABC	9. BCD	10. ABCD	11. ABCD	12. AC
13. ABC	14. ABD	15. DE	16. ABCDE	17. CD	18. ACD
19. ACD	20. CD	21. ACD	22. BD	23. BCD	24. ABCD
25. ACD	26. BCD	27. ACD	28. ABC	29. ABD	30. ABCD
31. AB	32. AC	33. BD	34. ABCD	35. AC	36. AB
37. BE	38. AB	39. CD	40. AB	41. CDEF	42. DF
43. CE	44. ABDEF	45. ABC	46. CD	47. ABC	48. ABCD
49. ACD	50. BC	51. ACD	52. ABD	53. ABD	54. ABC
55. ABCD	56. BC	57. ABCD	58. CDEF	59. ABD	60. ABC
61. CD	62. ACDE	63. BCD	64. AC	65. ABCD	66. ACD
67. ABD	68. ABCD	69. ABCD	70. ABCD	71. ABCD	72. ACD
73. ABCD	74. ABC	75. CD	76. ABCD	77. ABC	78. AC
79. ACD	80. ACD	81. AC	82. ABC	83. AC	84. AC
85. ABCD	86. ABC	87. ABC	88. ABC	89. ACD	90. ABC
91. ABD	92. ABC	93. AD	94. AC	95. AE	96. ABC
97. ACD	98. ACD	99. AB	100. ABCD	101. ABCD	102. BC
103. AD	104. CDE	105. DE	106. CD	107. ABCD	108. ABCD
109. ABCD	110. ACDE	111. ABD	112. ABC	113. ABCDE	114. ABC
115. ACD	116. ACD	117. ABCDE	118. CD	119. BC	120. ABC
121. CD	122. ABCDE	123. BCD	124. ABCD	125. ABCDE	126. ACD
127. ACD	128. CD	129. AC	130. BC	131. ABC	132. AC
133. ABC	134. ABC	135. ABD	136. ACD	137. BCD	138. ABC
139. ACD	140. ABD	141. ACD	142. BCD	143. ABC	144. ABD
145. BCD	146. BCD	147. AB	148. AD	149. BCDE	150. CD
151. CD	152. ABC	153. BCD	154. BCD	155. ABCD	156. ABC
157. ABD	158. ABCDE	159. ABCD	160. ABCD	161. BCD	162. BD
163. ABCD	164. AE	165. AB	166. AC	167. ABCD	168. BC
169. BCD	170. AE	171. BCD	172. BCD	173. ABC	174. ABCD
175. AD	176. ABCD	177. ABCD	178. ABCD		

四、判　断　题

1. ×	2. √	3. √	4. √	5. ×	6. ×	7. ×	8. ×	9. ×
10. √	11. √	12. ×	13. ×	14. ×	15. ×	16. √	17. ×	18. ×
19. ×	20. ×	21. √	22. ×	23. √	24. √	25. ×	26. √	27. ×

28.√　29.√　30.√　31.×　32.×　33.×　34.√　35.√　36.×
37.√　38.√　39.√　40.√　41.√　42.×　43.√　44.×　45.√
46.√　47.√　48.√　49.√　50.×　51.√　52.×　53.×　54.√
55.√　56.×　57.×　58.√　59.√　60.√　61.√　62.×　63.√
64.×　65.√　66.√　67.√　68.×　69.√　70.√　71.×　72.√
73.√　74.√　75.√　76.√　77.√　78.√　79.√　80.√　81.×
82.√　83.√　84.√　85.√　86.√　87.√　88.√　89.√　90.×
91.√　92.√　93.√　94.√　95.√　96.√　97.√　98.√　99.√
100.√　101.×　102.×　103.√　104.√　105.√　106.√　107.×　108.√
109.√　110.√　111.√　112.√　113.√　114.√　115.√　116.√　117.√
118.×　119.√　120.√　121.√　122.√　123.√　124.√　125.√　126.√
127.√　128.√　129.√　130.√　131.√　132.√　133.√　134.√　135.√
136.×　137.√　138.√　139.√　140.√　141.√　142.√　143.√　144.×
145.√　146.√　147.√　148.√　149.√　150.√　151.√　152.√　153.√
154.√　155.√　156.√　157.√　158.√　159.√　160.√　161.√　162.×
163.√　164.√　165.√　166.√　167.√　168.√　169.√　170.√　171.√
172.√　173.√　174.√　175.×　176.√　177.√　178.√　179.√　180.√
181.√　182.√　183.×　184.√　185.√　186.√　187.√　188.×　189.√
190.√　191.√　192.√　193.×

五、简答题

1. 答:全面质量管理的主要内容有下列几个方面(1分):(1)从管理范围看,各部门每个人都参加管理——全员管理(1分);(2)应用数理统计方法,预防废次品的产生(1分);(3)应用"PDCA"循环,寻找矛盾、解决矛盾(1分);(4)充分发挥专业技术和管理技术的作用(1分)。

2. 答:包括工作位置原则,即主视图的位置应尽量使其与零件在机器中的工作位置一致(2.5分);加工位置原则,即主视图应尽量按零件在机械加工中所处的位置作为主视图的位置(2.5分)。

3. 答:(1)准备阶段:对现有的资料进行整理、分析,了解装配体的性能及结构特点(2.5分)。(2)明确表达方案:决定主视图的方向;决定装配体位置;选择其他视图(2.5分)。

4. 答:镗孔加工的方法是根据生产类型、工作精度、孔的尺寸大小和结构、孔系轴线的数量以及它们之间的相互位置关系,确定合理的工艺流程,并选用相应的机床设备附件和工艺装备,以低成本,高效率为原则加工出符合设计要求的工件(5分)。

5. 答:(1)产品的图纸,如零件图、装配图(1.5分)。(2)产品的生产类型,如产品产量及生产方式等(1.5分)。(3)现有的生产条件,如场地、设备、工艺装备、工人技术水平等(2分)。

6. 答:在镗床上加工工件,其方法主要取决于图样上所需求的精度、技术要求以及形状、尺寸大小、工件材料、装夹方式和生产规模(2.5分)。选择时,应先定该面的最后加工方法,然后再选定前面一系列准备工序的加工方法和顺序(2.5分)。

7. 答:刀具主要是根据零件的结构、材料,每道工序的加工方法以及零件被加工表面的粗糙度等选择的(2分)。夹具主要是根据生产类型选择的(1.5分)。量具是根据生产类型和零件精度而定的(1.5分)。

8. 答:由于被加工的箱体是主要的安装传动部件,技术要求较高,有如下特征(2分):(1)形状和位置精度高(1分);(2)孔的尺寸精度要求较高,一般主要孔的尺寸精度都在IT6～IT8公差等级间(1分);(3)要求加工的部位多,而且加工余量大(1分)。

9. 答:(1)万能性好,适用范围广(1分)。(2)缩短生产准备周期(0.5分)。(3)降低制造夹具所需材料的消耗(1分)。(4)降低产品的制造成本(0.5分)。(5)减少夹具的库存面积(1分)。(6)组合夹具的外形尺寸较大,结构较笨重,刚度较低(1分)。

10. 答:组合夹具的组装步骤包括:组装前的准备(1分);确定组装方案(1分);试装(1分);连接(1分);检测(1分)共五步。

11. 答:当采用不具备非圆曲线插补功能的数控机床加工非圆曲线时,在其加工程序的编制过程中,常常需要用直线或圆弧去近似代替非圆曲线,这种方法称拟合处理(3分)。拟合线段中的交点或切点称节点(2分)。

12. 答:不同数控系统中,用户宏程序的调用方法不尽相同(2分)。常见的有:(1)通过M98指令调用(1分);(2)通过G65指令调用(1分);(3)通过G66指令调用(1分)。

13. 答:为排除进入液压缸的空气,一般在液压缸上部设排气装置,开动机床后,正式工作前,应打开排气阀,并使缸带动工作部件在最大行程范围往复运动几次,排除空气后再关闭排气阀(5分)。

14. 答:(1)作为能源的压缩空气源于大气,取之不尽(1分)。(2)气动工作迅速,当管道中压力为0.5 MPa时,其流速可达180 m/s(1分)。(3)压缩空气的工作压力较低,对气动元件的材料和制造精度要求低,但由于工作压力低,故装置的结构尺寸增大(1分)。(4)维护简单(1分)。(5)压力可调节(1分)。

15. 答:(1)刚性差,容易变形,影响工件的加工精度(2分)。(2)形状不规则,一般较难利用其不规则的形状来定位(1.5分)。(3)毛坯材料常用铸铁或铝合金(1.5分)。

16. 答:平行孔系加工的主要技术要求是各平行孔轴线间及孔轴线与基准面之间的尺寸精度和相互位置精度(5分)。

17. 答:常用的工具包括千分表定位器、心轴定位器、球心定心杆、光学定位器、定位顶尖和弹簧中心冲等(5分)。

18. 答:平面圆周分度孔的加工方法有直角坐标法、简易工具法和分度装置分度法(5分)。

19. 答:在有回转工作台的镗床上,可利用回转工作台找正(2.5分);在无回转工作台的机床上,可用辅助基准、工艺基准进行找正,另外还可以用检验心轴进行找正(2.5分)。

20. 答:从图中看出许多坐标尺寸都是以Ⅵ孔轴线为基准标注的,Ⅵ孔且为主轴孔,形状和位置精度都比较高,它与相邻的Ⅷ和Ⅲ(Ⅴ)孔有较高的孔距要求,故选用Ⅵ孔为原始孔(2.5分)。镗孔顺序应为:Ⅵ→Ⅷ→Ⅲ(Ⅴ)→Ⅱ→Ⅰ→Ⅶ→Ⅳ(2.5分)。

21. 答:(1)加工平面用的铣刀(1.5分)。(2)加工直角沟槽用的铣刀(1.5分)。(3)加工特种沟槽和特形表面的铣刀(2分)。

22. 答:只要保证工艺系统的刚性,稳妥合理的装夹,选用合适的刀具,熟练的操作技能,就能铣削出高难度、高质量的表面(5分)。

23. 答:在坐标镗床上利用万能刀架能加工大的平面,是由于刀架刚性好,采用工作台进给可镗削较长的平面(5分)。

24. 答:应遵循下列原则:(1)主轴孔是关键孔,粗基准的选择应保证主轴孔的余量均匀(1分);(2)应保证所有孔都有适当余量(1分);(3)应保证加工表面相对不加工表面有正确的相对位置,要求箱体内壁之间有足够的空间(1分)。根据上面的选用原则,第一道工序粗加工时,一般选择主轴孔与主轴孔相距较远的一个轴孔作为粗基准(2分)。

25. 答:加工方案一般可分为利用滑架镗削,利用镗模镗削,利用简易调头镗削,利用大型工件调头镗削,利用组合机床加工等(5分)。

26. 答:箱体壁较薄,易产生变形,因此工艺上应采取以下措施(1分):粗加工以后进行时效处理(1分);主轴孔是关键孔,应以主轴孔为粗基准(1分);为避免变形引起的误差,主轴孔应安排在其他孔加工之后进行精加工(1分);为消除切削变形,精镗前可稍微放松对工件的夹压力(1分)。

27. 答:调头镗削,其特点是准备周期短,对机床要求高,工件定位基准要有较高精度,它万能性强,加工精度可达 H7 级,适用单件和中、小批生产(5分)。

28. 答:特点是位置精度靠镗模保证,尺寸精度靠刀具保证,生产率高,质量好,操作简单,所以中批及大批生产中广泛采用镗模镗削孔系。但整体镗模制造复杂、准备周期长,成本较高,精度可达 H7 级以上(5分)。

29. 答:在加工中心机床加工箱体工件一次安装要加工多种工序,可降低生产成本,提高生产效率,减轻劳动强度,保证箱体工件加工精度(5分)。

30. 答:比较常用的有不锈钢、淬火钢、喷焊(涂)材料、耐热合金及铝、镁合金等(5分)。

31. 答:喷焊是焊接技术应用于金属零件表面处理的新工艺,是使用氧-乙炔火焰将熔点在 950 ℃~1 200 ℃之间的自熔性合金粉末(镍基、铁基、钛基三大系列)喷敷到零件表面的处理过程,焊层与基体呈冶金状结合,其强度高,具有较强的耐磨、耐腐蚀、耐热、耐氧化等性能(5分)。

32. 答:电感深孔测径仪测量时,测头体上的两侧针受压力后弹簧钢丝变形,导致线圈内的铁心之间的间隙 Δ 减小,电感量增大(2.5分)。由于测头体放在孔内不同位置,孔实际尺寸变化引起间隙 Δ 变化,线圈中电流相应变化,并由指示表显示出变化量值(2.5分)。

33. 答:它是利用电动轮廓仪的触针与被测表面相接触,并使触针以一定速度沿着被测表面移动,由于被测表面粗糙不平,就迫使触针上下移动,该微量移动通过传感器转换成电信号,并经放大和计算,即可测得 Ra 值,并利用记录装置把结果记录下来(5分)。

34. 答:包括主要表面粗糙度及外观检验(1分);主要孔的尺寸精度、孔和平面的形状精度(1分);孔系的相互位置精度,即孔的轴线与基面的平行度(1分);孔轴线的相互平行度及垂直度(1分);孔的同轴度及孔距尺寸精度(0.5分);主轴孔与端面的垂直度等(0.5分)。

35. 答:先在箱体两端孔中压入专配的检验套,再将标准的检验棒推入两端检验套中,把千分表固定在检验棒的中间(2.5分)。然后把千分表校准零位,再转动检验棒,千分表的最大读数值就是中间孔对箱体两端孔轴线的同轴度值(2.5分)。

36. 答:机床主轴的回转误差(0.5分);镗床主轴部件的刚度较差(0.5分);毛坯"误差复映"的影响(0.5分);机床导轨与主轴轴线的平行度误差(0.5分);导向套内孔的圆度误差(1分);夹紧力所引起的被镗孔圆度误差(1分);内应力所引起的误差等(1分)。

37. 答:采用悬伸镗孔时,在镗杆进给时,由于镗杆的挠曲变形,当工作台进给时,工作台与导轨的配合间隙不适当,均产生同轴度误差(2.5分)。采用调头镗同轴孔时,由于回转工作台的定位回转误差,也能造成同轴度误差(2.5分)。

38. 答:为消除基准不重合而造成的误差,应使定位基准与设计基准重合(1.5分);为避免基准多次转变而带来的积累误差,应遵照优先选择基准不变原则(1.5分);当定位基准与设计基准不重合时,为减少基准不重合误差,必须提高基准面的加工精度(2分)。

39. 答:(1)如果工件上的加工面与不加工面之间有相互位置精度要求时,则应以不加工面作为粗基准(1.5分)。(2)如果工件加工时必须保证某重要表面的余量小而均匀,应选择该表面为粗基准(1.5分)。(3)选作粗基准的表面应尽可能平整,尽量避开浇口、冒口或飞边及其他表面缺陷,以便使工件定位准确,夹紧可靠(1分)。(4)一般情况下,同一尺寸方向上的粗基准表面只能使用一次(1分)。

40. 答:在镗削过程中,振动直接影响着工件的加工质量和工作效率。总的来说,大致分为以下几个方面:(1)振动会加速刀具的磨损(1分);(2)振动会使镗床的有关零件磨损加快,造成镗床的原始工作精度下降(1分);(3)振动时被切削表面形成振动波纹,使表面粗糙度变粗(1分);(4)振动产生周期噪声,使操作者疲劳而影响加工质量(1分);(5)在切削中,为防振降低切削用量,使生产率下降(1分)。

41. 答:采用镗模加工的特点是:可以大大提高工艺系统的刚度和抗振性,可以在长镗杆上装多把刀具,同时加工箱体上的数个孔,生产效率高(1分);镗杆与机床浮动连接,机床精度对工件精度影响很小,工件的精度靠镗模的制造质量和安装精度来保证(1分);可大大简化对形状复杂、技术要求高的各孔的坐标位置精度的控制过程,对操作者的操作技能要求大为降低(1.5分);节省了大量的调整、找正的时间,做到了高效、低成本,经济效益好(1.5分)。

42. 答:首先要根据被测孔径的大小来选择测量范围合适的千分尺。测量前,校正调整读数与光面校对环规的尺寸相同(2.5分)。测量时,一手握手柄,将千分尺送入被测孔内,一手转动微分筒,当三个量爪接触孔壁后,继续转动微分筒,测力装置就会打滑,并发出响声,此时,即可从微分筒上刻度线读出测量尺寸(2.5分)。

43. 答:因为铰削余量太小时,上道工序残留下的变形难以纠正,原有的加工刀痕也不能去除,使铰孔质量达不到要求(2分)。同时,当余量太小时,铰刀的啃刮很严重,增加了铰刀的磨损。铰削余量太大时,则将加大每一刀齿的切削负荷,破坏了铰削过程的稳定性,并且增加了切削热,使铰刀的直径胀大,孔径也随之扩张(2分)。同时,切屑的形成呈撕裂状态,使加工后表面的质量也降低了(1分)。

44. 答:影响加工质量的因素很多,当发现有质量问题时,首先从工件材料、工件装夹、使用刀具、加工方法和结构的工艺性方面找原因(2.5分)。当这些因素都被排除后,再从车床精度方面查找原因(2.5分)。

45. 答:在工艺上经常采用的方法有:

(1)误差消除法,是先查明产生加工误差的主要原因后,有针对性地直接减少或消除误差(1.5分)。

(2)误差转移法,是将工艺系统的受力变形、几何误差、热变形等设法转移(1分)。

(3)误差补偿法,是人为地造出一种新误差以抵消原有的误差(1分)。

(4)就地加工法,就是在装配中利用机器自身的能力,解决零部件之间复杂的相互位置精度问题(1.5分)。

46. 答:调整安装水平时,按机床说明书的要求在床身下布置支承(1分)。将下滑座移近立柱,上滑座移在中间位置,最好卸下后立柱(1分)。在工作台面中央放两架相互垂直的水平仪,然后按水平仪上的读数调节上述支承,先调节主要支承,将两水平仪的气泡调整到量程刻线的中央,之后再调节辅助支承,最后移动滑座,在床身全长检查两水平仪的读数变化情况,同时作局部细调,调整合格后用锁紧螺母将床身锁紧在地基螺钉上(3分)。

47. 答:轴线平行孔系的加工方法有校正法、坐标法和镗模法(5分)。

48. 答:加工精度是指加工后的零件在尺寸、形状和表面相互位置三个方面与理想零件的符合程度(5分)。

49. 答:时效处理的方法有自然时效、人工时效和振动时效三种时效处理方法(5分)。

50. 答:灰铸铁材质零件镗孔精镗刀的材质,应选用钨钴类硬质合金中硬度较高的 YG3 牌号(5分)。

51. 答:镗刀应采用较大前角、较大主偏角和较小角度值的刃倾角,能减小镗孔时的径向切削分力,可减轻镗杆的挠曲变形,从而提高镗孔精度(5分)。

52. 答:标准群钻圆弧刃的作用有:(1)可将钻心处前角增大,改善钻头的切削性能,降低切削力和切削热(1.5分);(2)可将每个主切削刃分为三段,改善钻头分屑、断屑性能(1.5分);(3)降低钻头钻尖高度,使钻头形成三尖,提高了钻头定心性能和钻削的稳定性(2分)。

53. 答:数控是指用数字指令控制机械动作的技术(2分)。这种数控技术控制的机床叫数控机床,由于它的反向齿隙和丝杠的螺距误差等可以自动补偿,所以数控机床的定位精度高(3分)。

54. 答:(1)将操纵箱左边盖子拆开,放松锁紧销子,再将压紧在离合器片上的螺帽适当旋紧,使之能输出扭矩,直至打滑为止(1.5分)。(2)重新调整镶条,必要时应修刮滑动表面,保证镶条大小头的研点均匀,轻重一致,用 0.03 mm 塞尺不得插入 10 mm(1.5分)。(3)重新调整齿条副啮合间隙,保证在 0.05~0.10 mm 范围内(2分)。

55. 答:在装夹形状不规则的薄壁工件时,要保证使用合适的夹紧力,压板着力处应有支承和垫铁,夹紧点要尽量做到均匀分布(2.5分)。对于铝合金工件尤其要注意夹紧力不可过大,做到粗镗后、精镗前要重新紧固,重新校正原始坐标基准点,防止精镗后工件产生变形,造成废品(2.5分)。

56. 答:切削速度提高 1 倍,切削温度约增高 30%~40%;进给量加大 1 倍,切削温度只增高 15%~20%;切削深度加大 1 倍,切削温度仅增高 5%~8%(5分)。

57. 答:影响薄壁类工件加工质量的因素有:(1)夹紧力使工件变形,影响尺寸精度和形状精度(1分);(2)切削热引起工件变形,影响尺寸精度(1分);(3)切削力使工件产生振动和变形,影响工件的尺寸精度、形位精度和表面粗糙度(1分);(4)残留内应力使工件变形,影响尺寸精度和形状精度(2分)。

58. 答:(1)硬度高,切削难度大(1分)。(2)强度和韧性高,切削时切削表面的挤压变形大,产生大量热量(1分)。(3)合金粉末熔点高,导热性差,切削热集中在刀具上,加速刀具磨损(1分)。(4)喷焊层较薄,硬度比基体高,组织疏松,切削时易剥落(1分)。(5)焊层产生收缩,有微小气孔,切削中易诱发振动(1分)。

59. 答:在棱镜座体的端面放置一平行垫板,在此板面上贴合一块小尺寸量块,平直仪以量块面反射光进行自准直。当平直仪中十字分划中心对准后,将平直仪保持原来位置,把平板垫板从端面转至水平面,量块面对向棱镜,此时平直仪射出光来,通过棱镜及量块反射,将重新看到另一个自准十字像。如棱镜角度不正确,则十字像中心偏离,调整棱镜后面的三个调节螺钉,将十字像调入中心(5分)。

60. 答:孔检测量具的选用原则有:(1)根据被测零件尺寸大小选择(1分);(2)根据被测零件精度高低选择(1分);(3)根据被测零件表面质量选择(1分);(4)根据生产批量选择(2分)。

61. 答:过定位是对工件某个方向的自由度重复限制,会导致同一批工件的定位基准发生变化或工件产生变形,因而影响加工精度(5分)。

62. 答:工件以一孔双孔定位时,如果用两个短圆柱销和一个平面作定位元件会产生重复定位(1分)。安装工件时,第一个孔能正确装到第一个销上,但第二个孔会因工件孔中心矩误差和定位销中心距误差的影响而装不到第二个销子上(2分)。将一个短圆柱销制成削边销是为了使工件便于正确装在定位件上,避免重复定位,并减少工件定位时的转角误差(2分)。

63. 答:(1)加大定位面积及夹紧面积,以减小单位面积上所受的力(1分)。(2)定位时,定位点应尽可能距离大些,以增加接触三角形的面积,增加接触刚度(1分)。(3)注意夹紧点的位置和施力大小,夹紧点尽可能选择在定位点处(1分)。(4)以薄壁零件大面积定位时,应避免工件有翅裂现象(1分)。(5)加工不规则工件时,应增加可靠的辅助夹紧点(0.5分)。(6)严格贯彻粗、精加工分开,先粗后精的选择原则(0.5分)。

64. 答:(1)将主轴轴线与转台旋转轴线调整至重合(1分)。(2)在转台中心孔内装入与工件上 $\phi40H7$ 孔相配的定位心轴,再将工件套装在心轴上,使工件轴线与转台旋转轴线重合(1分)。(3)将转台台面顺时针倾斜旋转 $90°$,使之处于垂直位置(1分)。(4)找正螺旋槽原始位置至安装面的 (30 ± 0.02) mm 尺寸。先从转台刻度盘记下读数,再将转台台面转过 $237°$,并将机床工作台向左移动 30 mm,检查槽的位置是否正确,然后夹紧(2分)。

65. 答:(1)塑性大、韧性好、切削变形严重,切削时,最容易与刀具黏结形成积屑瘤,严重地影响工件的表面粗糙度(1分)。(2)加工硬化现象严重,使切削困难,刀具容易磨损(1分)。(3)不锈钢的耐热好,导热系数约为普通钢材的 $1/2\sim1/4$,切屑与前刀面的接触长度短,散热条件差,切削温度高,导致刀具很快磨损而使切削困难(1.5分)。(4)切屑不易折断、卷曲,在切削过程中容易堵塞,造成工件表面粗糙度值增大,挤坏已加工表面,并崩坏刀刃(1.5分)。

66. 答:(1)是每日必须检查的内容,如导轨表面、润滑油箱,气源压力、液压系统、CNC、I/O 单元,各种防护网及清洗各种过滤网等(1.5分)。(2)是每半年或每年的检查与维护作业,如滚珠丝杠油脂更换涂覆,更换主轴油箱用油,伺服电机碳刷的清理,更换润滑油和清洗液压泵(1.5分)。(3)是不定期的维修作业,如导轨镶条的检查与压紧或放松,冷却水箱液面高度与过滤器的清洗,排屑器是否通畅,主轴传动带的松紧调整等(2分)。

六、综 合 题

1. 解:

$$\Delta D_1 = \frac{\delta_D}{2}\left[\frac{1}{\sin\frac{\alpha}{2}}-1\right] = \frac{0.045}{2}\left(\frac{1}{\sin45°}-1\right) = 0.009 \text{ mm (3分)}$$

$$\Delta D_2 = \frac{\delta_D}{2\sin\frac{\alpha}{2}} = \frac{0.045}{2\sin45°} = 0.032 \text{ mm (3分)}$$

$$\Delta D_3 = \frac{\delta_D}{2}\left[\frac{1}{\sin\frac{\alpha}{2}}+1\right] = \frac{0.045}{2}\left(\frac{1}{\sin45°}+1\right) = 0.054 \text{ mm (3分)}$$

答:定位误差 ΔD_1、ΔD_2、ΔD_3 分别为 0.009 mm、0.003 2 mm、0.054 mm (1分)。

2. 解:先分别算出 $\phi68$ mm 圆柱中心和 $\phi120$ mm 的圆柱中心到 A 点的距离(1分)

$O_1A = 34\times\sqrt{2} = 48.08$ mm (2分)

$O_2A = 60\times\sqrt{2} = 84.85$ mm (2分)

两圆中心高度差 $O_1O_2 = 84.85-48.08 = 36.77$ mm (2分)

两圆柱外圆高度差 $H = (60-34)+36.77 = 62.77$ mm (2分)

答:两圆柱外圆高度差 H 为 62.77 mm (1分)。

3. 解:在铅垂直方向上 $\Delta D_{铅垂} = \frac{\delta_D}{2\sin\frac{\alpha}{2}} = \frac{0.012}{2}\cdot\frac{1}{\sin30°} = 0.012$ mm (4分)

定位误差 $\Delta D = \Delta D_{铅垂}\times\cos60° = 0.012\times0.866 = 0.01$ mm (4分)

答:定位误差为 0.01 mm (2分)。

4. 解:(1)基准位移误差

$\Delta_{jy1} = \Delta d_1+\Delta D_1+X_{1min} = 0.009+0.015+0.005 = 0.029$ mm (2分)

$\Delta_{jy2} = \Delta d_2+\Delta D_2+X_{2min} = 0.009+0.015+0.034 = 0.058$ mm (2分)

(2)$\tan\theta = \pm\dfrac{\Delta d_1+\Delta D_2+X_{1min}+\Delta d_2+\Delta D_2+X_{2min}}{2L}$

$\qquad = \pm\dfrac{0.029+0.058}{2\times100} = \pm0.000\ 435$ (4分)

答:基准位移误差 Δ_{jy1} 为 0.029 mm,Δ_{jy2} 为 0.058 mm;转角误差 $\tan\theta$ 为 $\pm0.000\ 435$ (2分)。

5. 解:

$\tan\theta = \pm\dfrac{\Delta d_1+\Delta D_1+X_{1min}+\Delta d_2+\Delta D_2+X_{2min}}{2L}$

$\qquad = \pm\dfrac{0.02+0.03+0.02+0.015+0.06+0.01}{2\times50}$ (8分)

$\qquad = \pm0.001\ 55$

答:转角误差 $\tan\theta$ 为 $\pm0.001\ 55$ (2分)。

6. 解:

$\tan\theta = \pm\dfrac{\Delta d_1+\Delta D_1+X_{1min}+\Delta d_2+\Delta D_2+X_{2min}}{2L}$

$\qquad = \pm\dfrac{0.004+0.023+0.008+0.005+0.028+0.005}{2\times200}$ (8分)

$\qquad = \pm0.000\ 182\ 5$

答:转角误差 $\tan\theta$ 为 $\pm0.000\ 182\ 5$ (2分)。

7. 解:$X_1 = R_S\times\tan\left(\dfrac{45°}{2}\right)$,$Z_2 = X_1$,$X_2 = f-R_S+Z_2$,$Z_1 = X_2$(10分)。

8. 解：$R_2=R_1-R_S$，$X_1=R_2\cos\alpha$，$Z_1=R_2(1-\sin\alpha)=R_2-Z_3$，$X_2=Z_2\tan\alpha$，
$Z_2=\Delta Z-R_2(1-\sin\alpha)=\Delta Z-Z_1$，$Z_3=R_2\sin\alpha$(10 分)。

9. 解：$R_2=R_1-R_S$，$X_1=R_2(1-\cos\alpha)=R_2-X_3$，$Z_1=R_2\sin\alpha$，$X_2=\Delta X-R_2(1-\cos\alpha)-R_S$，$Z_2=X_2\cot\alpha$，$X_3=R_2\cos\alpha$（10 分）。

10. 答：对于不同的机床厂家及不同的数控系统,故障显示信息不尽相同,常见的几类如表 1 所示(10 分)：

表　1

显示内容	原　因	对　策
超程	机床运动到达行程终点	相反方向开动机床
电池报警	存贮保护电池电力不足	更换保护电池
程序错误	加工程序不符合编程手册的规定	按要求修正加工程序
伺服故障	伺服驱动器及电机工作不正常	检修伺服系统
存贮故障	存贮器数据紊乱	进行初始化或请求服务
主轴故障	主轴伺服系统及电机工作异常	检修主轴部分
操作错误	没有按规定进行操作	复位后正确操作

11. 解：
$X_2=X_1\cos\alpha+Y_1\sin\alpha$　（5 分）
$Y_2=-X_1\sin\alpha+Y_1\cos\alpha$　（5 分）

12. 解：
$X_2=X_1\cos\alpha+Y_1\sin\alpha$
　　$=-60\cos50°+157\sin50°$　　（4 分）
　　$=-38.567+120.269$
　　$=81.702$ mm
$Y_2=-X_1\sin50°+Y_1\cos50°$
　　$=-(-60)\sin50°+157\cos50°$　　（4 分）
　　$=49.963+100.918$
　　$=150.881$ mm

答：求得 X_2、Y_2 分别为 81.702 mm、150.881 mm（2 分）。

13. 解：从图上知 $X_1=-125$ mm（1 分）
转台中心 O 到 M 的距离,即 $Y_1=57+143=200$ mm（1 分）
$X_2=X_1\cos\alpha+Y_1\sin\alpha$
　　$=-125\cos30°+200\sin30°$
　　$=-125\times0.866+200\times\dfrac{1}{2}$　　（3.5 分）
　　$=-108.25+100$
　　$=-8.25$ mm
$Y_2=-X_1\sin30°+Y_1\cos30°$

$$=125\times\frac{1}{2}+200\times0.866 \quad (3.5\text{ 分})$$

$$=235.7\text{ mm}$$

答:M 点的新坐标为($-8.25,235.7$)(1分)。

14. 解:在△ADE 中,

$AD=DE\tan25°=20\times0.466\ 3=9.33\text{ mm}$ (2分)

$AC=120-AD=120-9.33=110.67\text{ mm}$ (2分)

在△ABC 中,

$AB=AC\sin65°=110.67\times0.906\ 3=100.30\text{ mm}$ (2分)

$L=AB=100.30\text{ mm}$ (2分)

答:直孔轴线上的工艺孔至斜孔轴线的距离 L 为 100.30 mm (2分)。

15. 解:在△ABC 中,

$AB=20+12=32\text{ mm}$ (3分)

$AC=AB\tan30°=32\times0.577\ 4=18.48\text{ mm}$ (3分)

$L=70-AC=70-18.48=51.52\text{ mm}$ (3分)

答:斜孔轴线上的工艺孔至直孔轴线的距离 L 为 51.52 mm (1分)。

16. 解:在△ABC 中

$AC=AB\tan30°=20\times0.577\ 4=11.55\text{ mm}$ (4分)

$L=40+AC=40+11.55=51.55\text{ mm}$ (4分)

答:斜孔轴线上的工艺孔至基孔面的距离 L 为 51.55 mm (2分)。

17. 解:在△ABC 中,

$$\tan\angle ABC=\frac{AC}{BC}=\frac{L}{h}=\frac{51}{50}=1.02 \quad (3\text{ 分})$$

$\angle ABC=\arctan1.02=45°34'2''$ (3分)

$\theta=\angle ABC=45°34'2''$ (3分)

答:转合旋转的角度 θ 值为 45°34′2″ (1分)。

18. 解:在△BOC 中,

$$OC=X_B=\sqrt{OB^2-BC^2}=\sqrt{160^2-50^2}=167.63\text{ mm} \quad (2\text{ 分})$$

$$\sin\alpha=\frac{BC}{OB}=\frac{50}{160}=0.312\ 5 \quad (1\text{ 分})$$

$\alpha=18°12'35''$ (1分)

在△AOB 中,已知三条边的尺寸利用余弦定理可求出 β

$$\cos\beta=\frac{OA^2+OB^2-AB^2}{2OA\times OB}=\frac{129.5^2+160^2-122^2}{2\times129.5\times160}=0.663\ 3 \quad (2\text{ 分})$$

$\beta=48°26'52''$ (1分)

$X_A=OA\cos(\alpha+\beta)=129.5\times\cos66°39'27''=51.33\text{ mm}$ (1分)

$Y_A=OA\sin(\alpha+\beta)=129.5\times\sin66°39'27''=118.89\text{ mm}$ (1分)

答:X_A、X_B、Y_A 的值分别为 51.33 mm、167.33 mm、118.89 mm (1分)。

19. 解:先选取坐标系,E、F 面交点为坐标原点 O

x 轴通过 E 面，y 轴通过 F 面(1分)

在△ADC 中，$DC=\sqrt{AC^2-AD^2}=\sqrt{100^2-50^2}=86.6$ mm (2分)

在△GBC 中，$GC=\sqrt{BC^2-GB^2}=\sqrt{75^2-37.5^2}=64.95$ mm (2分)

$X_C=DC+100=86.6+100=186.6$ mm (1分)

$Y_C=150-50=100$ mm (1分)

$X_B=X_C-G_C=186.6-64.95=121.65$ mm (1分)

$Y_B=Y_C-37.5=100-37.5=62.5$ mm (1分)

答：B、C 孔相对 E、F 面的坐标分别为(121.65，62.5)和(186.6，100)(1分)。

20. 解：先求 A 孔的极角 ϑ_A

$$\tan\theta_A=\frac{AB}{OB}=\frac{55}{75}=0.7333 \text{ (2分)}$$

$\theta_A=36°15'13''$ (1分)

再求极径 ρ_A

$\rho_A=AO=\sqrt{AB^2+BO^2}=\sqrt{55^5+75^2}=93.005$ mm (2分)

C 孔的极角 $\theta_C=180°+\theta_A=180°+36°15'13''=216°15'13''$ (2分)

极径 $\rho_C=\rho_A=93.005$ mm (2分)

答：A、C 两孔的极坐标值分别为(93.005，36°15'13'')和(93.005，216°15'13'')(1分)。

21. 解：先算出 $R240$ 的弦高 h

$h=240-\cos12°\times240=5.24$ mm (3分)

$A=20+5.24+250-240=35.24$ mm (3分)

$B=240\sin12°=49.90$ mm (3分)

答：A 和 B 的值分别为 35.24 mm 和 49.90 mm(1分)。

22. 解：先计算孔 2 的直角坐标尺寸 X_2、Y_2

$$X_2=\frac{325}{2}\cos60°=81.25 \text{ mm (1分)}$$

$$Y_2=\frac{325}{2}\sin60°=140.73 \text{ mm (1分)}$$

$$X_1=\frac{325}{2}=162.5 \text{ mm (1分)}$$

$Y_1=0$ (1分)

$X_3=-81.25$ mm，$Y_3=140.73$ mm (1分)

$X_4=-162.5$ mm，$Y_4=0$ (1分)

$X_5=-81.25$ mm，$Y_5=-140.73$ mm (1分)

$X_6=81.25$ mm，$Y_6=-140.73$ mm (1分)

答：孔 1～6 具体尺寸分别为(162.5，0)、(81.25，140.73)、(-81.25，140.73)、(-162.5，0)、(-81.25，-140.73)、(81.25，-140.73)(2分)。

23. 解：在△AOM 中

$OA=OM\sin7°30'=200\times0.1305=26.105$ mm (4分)

$BO=AO=26.105$ mm (4分)

答:两孔轴线与转台中心距离 AO 和 BO 均为 26.105 mm（2分）。

24. 解:第五段升程量 37.2－34.4＝2.8 mm

进给量 2.8÷22＝0.127 mm（3分）

第六段升程量 40.2－37.2＝3 mm

给进量 3÷22＝0.136 mm（3分）

第十一段升程量 57.2－53.4＝3.8 mm

给进量 3.8÷13＝0.292 mm（3分）

答:第五、六、十一段工作台的进给量分别为 0.127 mm、0.136mm、0.292 mm（1分）。

25. 解: $h=L\sin\gamma-r=54\sin28°-5=54×0.469\,47-5=25.351$ mm（8分）

答:量块高度 h 为 25.351 mm（2分）。

26. 解:

$L=260-am\sin8°=260-20.02×0.139\,17=257.21$ mm（4分）

$L_1=\dfrac{d_1}{2}+\dfrac{d_2}{2}+L=5.01+37.51+257.21=299.73$ mm（4分）

答:L 和 L_1 的尺寸分别为 257.21 mm 和 299.73 mm（2分）。

27. 答:箱体用三个千斤顶支承,基准轴线与被测轴线均由心轴模拟。测量时,先由直角尺调整基准心轴垂直于平板,然后用千分表在给定长度 L 上对被测心轴两点进行测量,两次测量的差值即为被测孔对基准孔的垂直度误差(10分)。

28. 答:气动量仪是利用由于工件几何参数的变化,而引起空气压力或测量变化的原理制成的测量仪器,它具有放大比大,示值稳定性好、测量范围广泛、结构简单、制造和维护方便等优点(5分)。不足之处是:必须具备压缩空气气源,对于不同的工件都要设计和制造精度要求很高的测量头。气动量仪可以测量零件的内孔直径、外圆直径、锥度、弯曲度、圆度、同轴度、垂直度、平面度以及槽宽等,也可以用于机床和生产自动线上做自动测量、自动控制和自动记录等(5分)。

29. 解:在△ABC 中

$$BC=\frac{AC}{\tan\dfrac{\varphi}{2}}=\frac{5}{\tan27.5°}=9.6 \text{ mm （3分）}$$

$m=BC=9.6$ mm（3分）

$x=10+m=10+9.6=19.6$ mm（3分）

答:孔 D 轴线至燕尾槽测量棒 d 轴线之间的距离 x 为 19.6 mm（1分）。

30. 解:根据量块选择原则,数量一般不超过 4～5 块,并应先选最后一位数字的量块尺寸(2分),该尺寸的选择方法如下:

88.545		
－1.005	第一块	（2分）
87.54		
－1.04	第二块	（2分）
86.5		
－6.5	第三块	（2分）
80	第四块	（2分）

31. 解:在 $\triangle OAB$ 中

$$AB=\dfrac{OB}{\tan\dfrac{\theta}{2}}=\dfrac{10}{\tan 50°}=\dfrac{10}{1.191\,75}=8.391\text{ mm}\,(2\text{分})$$

$x=19+AB=19+8.391=27.391\text{ mm}\,(2\text{分})$

在 $\triangle OO_1C$ 中

$$OO_1=\sqrt{O_1C^2+OC^2}=\sqrt{O_1C^2+(OB+BC)^2}=\sqrt{27.391^2+(10+15)^2}=37.08\text{ mm}\,(2\text{分})$$

$L=OO_1=37.08\text{ mm}\,(2\text{分})$

答:距离 x 和 L 分别为 27.391 mm 和 37.08 mm(2分)。

32. 答:(1)看标题栏,了解零件的用途、结构特点,毛坯形式、大小等(2分)。(2)分析视图,明确投影关系,搞清楚视图表达方案(2分)。(3)分析投影,想象出零件的整体结构形状(2分)。(4)分析零件长、宽、高三个方向的尺寸基准,从基准出发,了解各尺寸,并了解各项技术要求(2分)。(5)综合考虑,了解零件的全貌(2分)。

33. 答:首先,根据标题栏和明细表,可知装配体及各零件的名称、用途、大小及复杂程度(2分)。其次,根据装配图各视图,找出它们的剖切位置,投影方向及相互间联系,初步了解装配体的结构和零件之间的装配关系(2分)。第三,利用件号不同的剖面线,把各个零件划分出来,找出投影关系,想象出各零件的形状,了解它们的作用及动作过程(3分)。最后,在上述基础上对尺寸、技术要求等进行全面综合,对装配体的结构原理、零件形状、动作过程有一个完整、明确的认识(3分)。

34. 答:(1)调压回路:控制液压系统中的压力,使系统的压力不超过某个数值,或在工作机构的运动过程中实现各个阶段的不同压力(1.5分)。(2)减压回路:用于使系统的分支油路具有较低而稳定的压力(1.5分)。(3)卸荷回路:当液压系统执行元件停止运动时,卸荷回路使液压泵卸荷,可节省功率消耗、减少发热,延长液压泵的寿命(1.5分)。(4)增压回路:用来提高系统中某一支路的压力。采用增压回路可用压力较低的泵而得到较高的压力,适用于短期大负载和位移量小的液压设备上(1.5分)。(5)背压和平衡回路:可提高液压缸的回油腔压力,增加进给运动的平稳性,平衡回路可防止活塞式运动部件因自重而下落或因载荷突然减小时产生的突然前冲(2分)。(6)缓冲回路:可消除或减小因突然起动和停机,突然变速或换向时形成的液压冲击(2分)。

35. 答:(1)定位布局。视图表达方案确定后,画出各视图的主要基准线、一般为对称轴线、主要安装平面、主要零件的中心线(2分)。(2)逐层画图形。围绕装配干线由里向外逐个画出零件的图形,剖开的零件,应直接画成剖开后的形状。作图时,应几个视图配合着画,应解决好零件装配时的工艺结构问题(2分)。(3)注出必要的尺寸及技术要求(1.5分)。(4)校对、描深(1.5分)。(5)编序号,填写明细表、标题栏(1.5分)。(6)检查(1.5分)。

镗工(初级工)技能操作考核框架

一、框架说明

1. 依据《国家职业标准》^注,以及中国北车确定的"岗位个性服从于职业共性"的原则,提出镗工(初级工)技能操作考核框架(以下简称:技能考核框架)。

2. 本职业等级技能操作考核评分采用百分制。即:满分为 100 分,60 分为及格,低于 60 分为不及格。

3. 实施"技能考核框架"时,考核制件(活动)命题可以选用本企业的加工件(活动项目),也可以结合实际另外组织命题。

4. 实施"技能考核框架"时,考核的时间和场地条件等应依据《国家职业标准》,并结合企业实际确定。

5. 实施"技能考核框架"时,其"职业功能"的分类按以下要求确定:

(1)"工件加工"属于本职业等级技能操作的核心职业活动,其"项目代码"为"E"。

(2)"工艺准备"、"精度检验及误差分析"属于本职业等级技能操作的辅助性活动,其"项目代码"分别为"D"和"F"。

6. 实施"技能考核框架"时,其"鉴定项目"和"选考数量"按以下要求确定:

(1)按照《国家职业标准》有关技能操作鉴定比重的要求,本职业等级技能操作考核制件的"鉴定项目"应按"D"+"E"+"F"组合,其考核配分比例相应为:"D"占 20 分,"E"占 70 分,"F"占 10 分。

(2)依据中国北车确定的"核心职业活动选取 2/3,并向上取整"的规定,在"E"类鉴定项目——"工件加工"的全部 6 项中,至少选取 4 项。

(3)依据中国北车确定的"其余'鉴定项目'的数量可以任选"的规定,"D"和"F"类鉴定项目——"工艺准备"、"精度检验及误差分析"中,至少分别选取 1 项。

(4)依据中国北车确定的"确定'选考数量'时,所涉及'鉴定要素'的数量占比,应不低于对应'鉴定项目'范围内'鉴定要素'总数的 60%,并向上取整"的规定,考核制件的鉴定要素"选考数量"应按以下要求确定:

①在"D"类"鉴定项目"中,在已选定的 1 个或全部鉴定项目中,至少选取已选鉴定项目所对应的全部鉴定要素的 60%项,并向上保留整数。

②在"E"类"鉴定项目"中,在已选的 4 个鉴定项目所包含的全部鉴定要素中,至少选取总数的 60%项,并向上保留整数。

③在"F"类"鉴定项目"中,对应"常用量具的识读、使用及保养"的 3 个鉴定要素,至少选取 2 项;对应"精度检验及误差分析",在已选定的 1 个或全部鉴定项目中,至少选取已选鉴定项目所对应的全部鉴定要素的 60%项,并向上保留整数。

举例分析:

按照上述"第 6 条"要求，若命题时按最少数量选取，即：在"D"类鉴定项目中的选取了"准备刀具"1 项，在"E"类鉴定项目中选取了"镗削单孔"、"镗削同轴孔系"、"镗削平行孔系"、"镗削沟槽"4 项，在"F"类鉴定项目中选取了"常用量具的识读、使用及保养"1 项，则：

此考核制件所涉及的"鉴定项目"总数为 6 项，具体包括："准备刀具"、"镗削单孔"、"镗削同轴孔系"、"镗削平行孔系"、"镗削沟槽"、"常用量具的识读、使用及保养"。

此考核制件所涉及的鉴定要素"选考数量"相应为 16 项，具体包括："准备刀具"鉴定项目包含的全部 3 个鉴定要素中的 2 项，"镗削单孔"、"镗削同轴孔系"、"镗削平行孔系"、"镗削沟槽"4 个鉴定项目包括的全部 20 个鉴定要素中的 12 项，"常用量具的识读、使用及保养"鉴定项目包含的全部 3 个鉴定要素中的 2 项。

7. 本职业等级技能操作需要两人及以上共同作业的，可由鉴定组织机构根据"必要、辅助"的原则，结合实际情况确定协助人员的数量。在整个操作过程中，协助人员只能起必要、简单的辅助作用。否则，每违反一次，至少扣减应考者的技能考核总成绩 10 分，直至取消其考试资格。

8. 实施"技能考核框架"时，应同时对应考者在质量、安全、工艺纪律、文明生产等方面行为进行考核。对于在技能操作考核过程中出现的违章作业现象，每违反一项（次）至少扣减技能考核总成绩 10 分，直至取消其考试资格。

注：按照中国北车规定，各《职业技能操作考核框架》的编制依据现行的《国家职业标准》或现行的《行业职业标准》或现行的《中国北车职业标准》的顺序执行。

二、镗工（初级工）技能操作鉴定要素细目表

职业功能	鉴定项目				鉴定要素		
	项目代码	名称	鉴定比重(%)	选考方式	要素代码	名称	重要程度
工艺准备	D	读图与绘图	20	任选	001	简单孔类零件识图	X
					002	简单轴类零件识图	X
					003	简单箱体类零件识图	X
					004	几何公差、公差配合、表面结构的识别	X
		制定加工工艺			001	加工工艺的基本概念	Y
					002	轴、套、箱体等简单零件的镗削工艺	X
					003	镗削用量的选择	X
					004	镗削用切削液的选择	Y
		工件定位与夹紧			001	镗床常用夹具与辅具的种类及使用方法	Y
					002	一般工件的找正、定位、夹紧方法	Y
		准备刀具			001	常用镗削刀具的种类与用途	Y
					002	镗刀头的几何参数与切削性能的关系	Y
					003	镗削刀具的刃磨知识	X
		调整及维护保养设备			001	普通镗床的名称、型号、规格、性能	Z
					002	普通镗床的操作方法	Z
					003	普通镗床的润滑及常规保养方法	Z

职业功能	项目代码	鉴定项目			鉴定要素		
		名称	鉴定比重(%)	选考方式	要素代码	名称	重要程度
工件加工	E	镗削单孔	70	至少选择4项	001	刀具的选择	X
					002	基准的选择	X
					003	加工余量的选择	X
					004	单孔的镗削方法	X
		镗削同轴孔系			001	刀具的选择	X
					002	基准的选择	X
					003	加工余量的选择	X
					004	孔位置度的保证	X
					005	两级台阶孔镗削方法	X
					006	双层孔镗削方法	X
		镗削平行孔系			001	刀具的选择	X
					002	基准的选择	X
					003	加工余量的选择	X
					004	孔位置度的保证	X
					005	镗削平行孔的方法	X
		镗削相交孔和交叉孔系			001	刀具的选择	X
					002	基准的选择	X
					003	加工余量的选择	X
					004	孔位置度的保证	X
					005	镗削垂直交叉孔的方法	X
					006	镗削垂直相交孔的方法	X
		镗削沟槽			001	刀具的选择	X
					002	基准的选择	X
					003	加工余量的选择	X
					004	形位公差的保证	X
					005	可镗削一般简单沟槽	X
		加工平面			001	刀具的选择	X
					002	基准的选择	X
					003	加工余量的选择	X
					004	形位公差的保证	X
					005	镗削平面、台阶面的方法	X
					006	镗削孔端面的方法	X
精度检验及误差分析	F	常用量具的识读、使用及保养	10	任选	001	深度尺、高度尺的使用方法	Y
					002	塞规和环规知识及使用方法	Y
					003	卡钳测量孔径的方法	Y

注:重要程度中 X 表示核心要素,Y 表示一般要素,Z 表示辅助要素。下同。

镗工(初级工)技能操作考核样题与分析

职 业 名 称：_____

考 核 等 级：_____

存 档 编 号：_____

考核站名称：_____

鉴定责任人：_____

命题责任人：_____

主管负责人：_____

中国北车股份有限公司劳动工资部制

职业技能鉴定技能操作考核制件图示或内容

技术要求：

1. 能够完成箱体的图纸要求尺寸；
2. 按规定时间完成加工；
3. 能够完成加工尺寸的检测。

考试规则：

1. 每违反一次工艺纪律、安全操作、劳动保护、文明生产等扣除 10 分。
2. 有重大安全事故、考试作弊者取消其考试资格。

职业名称	镗工
考核等级	初级工
试题名称	箱体加工
材质等信息	

职业技能鉴定技能操作考核准备单

职业名称	镗工
考核等级	初级工
试题名称	箱体加工

一、材料准备

1. 零件准备:箱体1件(附图)
2. 工艺装备:普通压板和螺杆
3. 所用设备:普通镗床
4. 工艺用料:白布、冷却液

二、设备、工、量、卡具准备清单

序号	名称	规格	数量	备注
1	内径千分尺	50~600 mm	1	
2	游标卡尺	0~150 mm/0.02 mm	1	
3	粗糙度比较样块	GB 6060.3	1	
4	外径千分尺	50~100 mm	1	
5	三坐标测量机	精度 0.001 mm	1	

三、考场准备

1. 各材料准备按照上述要求进行,各部件允许在工序中
2. 相应的场地及安全防范措施
(1)各部件存放应该稳固、可靠;
(2)操作人员应该佩戴安全帽,操作过程需正确佩戴劳动保护用品。
3. 其他准备
(1)在考核过程中发现的不合格情况也应该作为考核的项目之一;
(2)可根据实际过程将不合格的产品作为考试项目。

四、考核内容及要求

1. 考核内容(按考核制件图示及要求制作)
(1)φ95 mm 孔和 φ90 mm 孔达到图样要求的尺寸精度、形状或位置精度、孔轴线的定位尺寸精度以及表面粗糙度;两个孔的四个端面达到图样要求的表面粗糙度、一个端面达到对两孔轴线的垂直度要求;箱体总长 300 mm 达到规定的尺寸精度。
(2)安全文明生产:正确执行国家颁布的安全生产法规有关规定或企业自定有关文明生产规定,做到工作场地整洁,工件、夹具、量具放置合理、整齐。
2. 考核时限:240 分钟
3. 考核评分(表)

考核项目	序号	考核要求	评分标准	配分	扣分	得分
生产准备	1	安全防护用品正确佩戴	未正确佩戴扣1分	1		
	2	各工装工具、工艺用料、零部件清点及确认	未确认扣2分	2		
	3	检查设备状态良好,工装活动装置灵活	未检查扣3分	3		
主要项目	4	$\phi95K8$	超差扣10分	10		
	5	$\phi90J8$	超差扣10分	10		
	6	同轴度$\phi0.015$ mm	超差扣10分	10		
	7	圆柱度0.005 mm	超差扣10分	10		
	8	垂直度0.03 mm	超差扣10分	10		
	9	$\phi90$ mm孔处壁厚(70±0.06)mm	超差扣6分	6		
	10	6处表面粗糙度$Ra1.6\sim6.3\ \mu m$	每超差一处扣2分	12		
一般项目	11	两孔轴线定位尺寸(70±0.095)mm,92 mm按IT4级评定	70超差扣4分,92超差扣1分	8		
	12	壁厚80 mm按IT4级评定	超差扣4分	4		
	13	箱体总长300 mm按IT4级评定	超差扣4分	4		
工时定额	14	240分钟	超定额时间10分钟扣2分、20分钟扣6分、30分钟扣12分、40分钟扣20分、40分钟以上不计分			
安全文明生产	15	按规定标准评定	违反有关规定扣1~6分	6		
			工作场地整洁,工、夹、量具放置合理不扣分,差者酌情扣1~4分	4		

职业技能鉴定技能考核制件(内容)分析

职业名称	镗工
考核等级	初级工
试题名称	箱体加工
职业标准依据	国家职业标准

试题中鉴定项目及鉴定要素的分析与确定

鉴定项目分类 分析事项	基本技能"D"	专业技能"E"	相关技能"F"	合计	数量与占比说明
鉴定项目总数	5	6	1	12	鉴定项目总数为12项,选取的鉴定项目总数为9项,其中专业技能选取数量占比为83%,基本符合大于2/3的要求
选取的鉴定项目数量	5	5	1	11	
选取的鉴定项目数量占比(%)	100	83	100	75	
对应选取鉴定项目所包含的鉴定要素总数	16	32	3	51	所选鉴定项目中鉴定要素总和为51项,从中选考31项鉴定要素,总选取数量占比为60%,符合大于60%的要求
选取的鉴定要素数量	11	17	3	31	
选取的鉴定要素数量占比(%)	81	53.1	100	43	

所选取鉴定项目及相应鉴定要素分解与说明

鉴定项目类别	鉴定项目名称	国家职业标准规定比重(%)	《框架》中鉴定要素名称	本命题中具体鉴定要素分解	配分	评分标准	考核难点说明
D	读图与绘图	20	简单箱体类零件识图	明确所加工尺寸及形位公差	3	正确识读得1.5分;了解工件技术条件得1.5分	
			几何公差、公差配合、表面结构的识别	明确所加工尺寸及形位公差	2	正确识读得1分;可进行工艺分析得1分	
	制定加工工艺		镗削用量的选择	加工过程无强烈振动	1	振动不明显1分	
			镗削用切削液的选择	表面粗糙度及尺寸符合要求	1	切削液正确使用得1分	
			轴、套、箱体等简单零件的镗削工艺	所加工尺寸及形位公差符合图纸要求	2	可进行工艺分析得2分	
	工件定位与夹紧		能确定镗削中等复杂零件的定位和夹紧方案	能确定工件初镗及精镗的定位和夹紧方案	2	能进行定位和夹紧得2分	
			能正确选用回转盘、角铁、V形架等镗床通用夹具及辅具,并能正确安装工件	能利用角铁、螺柱、压板、销等对工件进行夹紧和定位	2	可正确操作得2分	
	准备刀具		镗刀头的几何参数与切削性能的关系	根据工件工艺要求,确定所需镗刀头的几何参数	2	可正确选择刀具并装卡得2分	

鉴定项目类别	鉴定项目名称	国家职业标准规定比重(%)	《框架》中鉴定要素名称	本命题中具体鉴定要素分解	配分	评分标准	考核难点说明
D	准备刀具调整及维护保养设备		能刃磨各种镗床用刀具	将所用镗刀头刃磨为所需形状	2	可根据需要正确刃磨刀具得2分	
			普通镗床的操作方法	操作中无机床事故	2	正确操作机床得2分	
			普通镗床的润滑及常规保养方法	检查设备状态良好，工装活动装置灵活	2	可对设备进行状态检查得2分	
E	加工平面	70	基准的选择	在规定时间内完成，加工尺寸符合图纸	4	尺寸合格得4分	
			形位公差的保证	同轴度、圆柱度、垂直度符合图纸要求	4	测量合格得4分	
			镗削孔端面的方法	$\phi 95$ 孔处壁厚80 mm	4	测量合格得4分	
			镗削平面、台阶面的方法	$\phi 90$ 孔处壁厚70 mm	5	测量合格得5分	
	镗削单孔		基准的选择	在规定时间内完成，加工尺寸符合图纸	4	尺寸合格得4分	
			加工余量的选择	加工过程无强烈振动	4	振动不明显得4分	
			单孔的镗削方法	$\phi 95K8$、$\phi 90J8$	4	测量合格得4分	
	镗削同轴孔系		基准的选择	在规定时间内完成，加工尺寸符合图纸	4	尺寸合格得4分	
			加工余量的选择	加工过程无强烈振动	4	振动不明显得4分	
			孔位置度的保证	同轴度、圆柱度、垂直度符合图纸要求	4	测量合格得4分	
			双层孔镗削方法	在规定时间内完成，加工尺寸符合图纸	4	尺寸合格得4分	
	镗削平行孔系		基准的选择	在规定时间内完成，加工尺寸符合图纸	4	尺寸合格得4分	
			加工余量的选择	加工过程无强烈振动	4	振动不明显得4分	
			孔位置度的保证	同轴度、圆柱度、垂直度符合图纸要求	4	测量合格得4分	
	镗削沟槽		基准的选择	在规定时间内完成，加工尺寸符合图纸	4	尺寸合格得4分	
			加工余量的选择	加工过程无强烈振动	4	振动不明显得4分	
			形位公差的保证	同轴度、圆柱度、垂直度符合图纸要求	5	测量合格得5分	
F	常用量具的识读、使用及保养	10	深度尺、高度尺的使用方法	加工尺寸符合图纸	10	按评分表执行	
			塞规和环规知识及使用方法	加工尺寸符合图纸			
			卡钳测量孔径的方法	加工尺寸符合图纸			

续上表

鉴定项目类别	鉴定项目名称	国家职业标准规定比重（%）	《框架》中鉴定要素名称	本命题中具体鉴定要素分解	配分	评分标准	考核难点说明
质量、安全、工艺纪律、文明生产等综合考核项目				考核时限	不限	每超时5分钟，扣10分	
				工艺纪律	不限	依据企业有关工艺纪律规定执行，每违反一次扣10分	
				劳动保护	不限	依据企业有关劳动保护管理规定执行，每违反一次扣10分	
				文明生产	不限	依据企业有关文明生产管理规定执行，每违反一次扣10分	
				安全生产	不限	依据企业有关安全生产管理规定执行，每违反一次扣10分	

镗工(中级工)技能操作考核框架

一、框架说明

1. 依据《国家职业标准》[注],以及中国北车确定的"岗位个性服从于职业共性"的原则,提出镗工(中级工)技能操作考核框架(以下简称:技能考核框架)。

2. 本职业等级技能操作考核评分采用百分制。即:满分为 100 分,60 分为及格,低于 60 分为不及格。

3. 实施"技能考核框架"时,考核制件(活动)命题可以选用本企业的加工件(活动项目),也可以结合实际另外组织命题。

4. 实施"技能考核框架"时,考核的时间和场地条件等应依据《国家职业标准》,并结合企业实际确定。

5. 实施"技能考核框架"时,其"职业功能"的分类按以下要求确定:

(1)"工件加工"属于本职业等级技能操作的核心职业活动,其"项目代码"为"E"。

(2)"工艺准备"、"精度检验及误差分析"属于本职业等级技能操作的辅助性活动,其"项目代码"分别为"D"和"F"。

6. 实施"技能考核框架"时,其"鉴定项目"和"选考数量"按以下要求确定:

(1)按照《国家职业标准》有关技能操作鉴定比重的要求,本职业等级技能操作考核制件的"鉴定项目"应按"D"+"E"+"F"组合,其考核配分比例相应为:"D"占 20 分,"E"占 70 分(其中:编程 10 分,加工 60 分),"F"占 10 分。

(2)依据中国北车确定的"核心职业活动选取 2/3,并向上取整"的规定,在"E"类鉴定项目——"工件加工"的全部 9 项中,至少选取 6 项。

(3)依据中国北车确定的"其余'鉴定项目'的数量可以任选"的规定,"D"和"F"类鉴定项目——"工艺准备"、"精度检验及误差分析"中,至少分别选取 1 项。

(4)依据中国北车确定的"确定'选考数量'时,所涉及'鉴定要素'的数量占比,应不低于对应'鉴定项目'范围内'鉴定要素'总数的 60%,并向上取整"的规定,考核制件的鉴定要素"选考数量"应按以下要求确定:

①在"D"类"鉴定项目"中,在已选定的 1 个或全部鉴定项目中,至少选取已选鉴定项目所对应的全部鉴定要素的 60%项,并向上保留整数。

②在"E"类"鉴定项目"中,在已选的 6 个鉴定项目所包含的全部鉴定要素中,至少选取总数的 60%项,并向上保留整数。

③在"F"类"鉴定项目"中,对应"尺寸精度检验"的 3 个鉴定要素,至少选取 2 项;对应"精度检验及误差分析",在已选定的 1 个或全部鉴定项目中,至少选取已选鉴定项目所对应的全部鉴定要素的 60%项,并向上保留整数。

举例分析:

按照上述"第 6 条"要求，若命题时按最少数量选取，即：在"D"类鉴定项目中的选取了"准备刀具"1 项，在"E"类鉴定项目中选取了"镗削单孔"、"镗削同轴孔系"、"镗削平行孔系"、"镗削沟槽"、"加工平面"、"镗削精密复杂箱体类工件"6 项，在"F"类鉴定项目中选取了"尺寸精度检验"1 项，则：

此考核制件所涉及的"鉴定项目"总数为 8 项，具体包括："准备刀具"、"镗削单孔"、"镗削同轴孔系"、"镗削平行孔系"、"镗削沟槽"、"加工平面"、"镗削精密复杂箱体类工件"、"尺寸精度检验"。

此考核制件所涉及的鉴定要素"选考数量"相应为 25 项，具体包括："准备刀具"鉴定项目包含的全部 3 个鉴定要素中的 2 项，"镗削单孔"、"镗削同轴孔系"、"镗削平行孔系"、"镗削沟槽"、"加工平面"、"镗削精密复杂箱体类工件"6 个鉴定项目包括的全部 35 个鉴定要素中的 21 项，"尺寸精度检验"鉴定项目包含的全部 3 个鉴定要素中的 2 项。

7. 本职业等级技能操作需要两人及以上共同作业的，可由鉴定组织机构根据"必要、辅助"的原则，结合实际情况确定协助人员的数量。在整个操作过程中，协助人员只能起必要、简单的辅助作用。否则，每违反一次，至少扣减应考者的技能考核总成绩 10 分，直至取消其考试资格。

8. 实施"技能考核框架"时，应同时对应考者在质量、安全、工艺纪律、文明生产等方面行为进行考核。对于在技能操作考核过程中出现的违章作业现象，每违反一项（次）至少扣减技能考核总成绩 10 分，直至取消其考试资格。

注：按照中国北车规定，各《职业技能操作考核框架》的编制依据现行的《国家职业标准》或现行的《行业职业标准》或现行的《中国北车职业标准》的顺序执行。

二、镗工（中级工）技能操作鉴定要素细目表

职业功能	鉴定项目					鉴定要素		
	项目代码	名称	鉴定比重（%）	选考方式		要素代码	名称	重要程度
工艺准备	D	读图与绘图	20	任选		001	减速箱体类零件识图	X
						002	主轴类零件识图	X
						003	壳体类零件识图	X
						004	浮动镗刀、主轴、尾座等简单机构的装配图识图	Y
						005	绘制轴、套、支架等简单零件的零件图	Y
						006	几何公差、公差配合、表面结构的识别	X
		制定加工工艺				001	能读懂复杂零件的加工工艺规程	Y
						002	能制定镗削同一平面上多控零件的加工顺序	X
						003	能编制中等复杂程度箱体类零件的镗削工艺卡片	X
		工件定位与夹紧				001	能确定镗削中等复杂零件的定位和夹紧方案	Y
						002	能正确选用回转盘、角铁、V 形架等镗床通用夹具及辅具，并能正确安装工件	Y

职业功能	鉴定项目				鉴定要素		
	项目代码	名称	鉴定比重(%)	选考方式	要素代码	名称	重要程度
工艺准备	D	编制程序		任选	001	能手工编制中等复杂程序零件的镗削加工程序,并输入机床进行调试	Y
		准备刀具			001	常用镗削刀具的种类与用途	Y
					002	镗刀头的几何参数与切削性能的关系	Y
					003	能刃磨各种镗床用刀具	X
		调整及维护保养设备			001	能根据加工需要对机床进行调整	Z
					002	能在加工前对普通镗床进行常规检查	Z
					003	能及时发现普通镗床的常见故障	Z
					004	能对数控镗床进行维护保养	Z
					005	能根据信号和屏幕文字显示判断镗床故障	Z
工件加工	E	镗削单孔	70	至少选择6项	001	刀具的选择	X
					002	基准的选择	X
					003	加工余量的选择	X
					004	简单单孔的镗削	X
					005	不通孔的镗削	X
					006	深孔的镗削	X
		镗削同轴孔系			001	刀具的选择	X
					002	基准的选择	X
					003	加工余量的选择	X
					004	孔位置度的保证	X
					005	三级台阶孔镗削方法	X
					006	三层孔镗削方法	X
		镗削平行孔系			001	刀具的选择	X
					002	基准的选择	X
					003	加工余量的选择	X
					004	孔位置度的保证	X
					005	能镗削3个或3个以上平行孔	X
		镗削相交和交叉孔系			001	刀具的选择	X
					002	基准的选择	X
					003	加工余量的选择	X
					004	孔位置度的保证	X
					005	能镗削斜交叉孔	X
					006	能镗削斜相交孔	X

职业功能	鉴定项目				鉴定要素		
	项目代码	名称	鉴定比重(%)	选考方式	要素代码	名称	重要程度
工件加工	E	镗削沟槽		至少选择6项	001	刀具的选择	X
					002	基准的选择	X
					003	加工余量的选择	X
					004	形位公差的保证	X
					005	能镗削各种沟槽	X
		加工平面			001	刀具的选择	X
					002	基准的选择	X
					003	加工余量的选择	X
					004	形位公差的保证	X
					006	镗削孔端面的方法	X
					007	镗削台阶平面的方法	X
					008	镗削互相垂直平面的方法	X
		镗削精密复杂箱体类工件			001	刀具的选择	X
					002	基准的选择	X
					003	加工余量的选择	X
					004	形位公差的保证	X
					005	一般减速箱体的镗削	X
		特殊镗削			001	刀具的选择	X
					002	基准的选择	X
					003	加工余量的选择	X
					004	形位公差的保证	X
					005	外圆柱面的镗削	X
					006	螺纹的镗削	X
		数控程序	输入程序		001	能按照操作规程启动及停止机床	X
					002	能正确使用操作面板上的各种功能键	X
					003	能通过操作面板手动输入加工程序及有关参数	X
					004	能通过计算机输入加工程序	X
					005	能进行程序的编辑、修改	X
			对刀		001	能正确进行机内对刀	X
			试运行		001	能进行程序单步运行、空运行	X
					002	能进行加工程序试切削并做出正确判断	X
			加工简单零件		001	能在数控镗床上加工简单箱体等工件	X

职业功能	鉴定项目				鉴定要素		
	项目代码	名称	鉴定比重(%)	选考方式	要素代码	名称	重要程度
精度检验及误差分析	F	尺寸精度检验	10	任选	001	能用气缸表测量工件内径	Y
					002	能用量块和百分表检测工件轴向尺寸	Y
					003	能检测平行孔中心距	Y
		形位误差的检验			001	能进行平行孔轴线位置度检测	Y
					002	能进行相交孔轴线位置度检测	Y
					003	能进行表面粗糙度比较检验	Y
		误差分析			001	能分析判断影响工件尺寸精度的因素,并能提出改进措施	Y

镗工(中级工)技能操作考核样题与分析

职 业 名 称：_____

考 核 等 级：_____

存 档 编 号：_____

考核站名称：_____

鉴定责任人：_____

命题责任人：_____

主管负责人：_____

中国北车股份有限公司劳动工资部制

职业技能鉴定技能操作考核制件图示或内容

技术要求：

1. 能正确对机床进行操作；

2. 可正确读图；

3. 可根据工件进行工艺分析并制定工艺；

4. 可进行简单编程；

5. 能够对加工后工件进行一定的检测。

考试规则：

1. 每违反一次工艺纪律、安全操作、劳动保护、文明生产等扣除 10 分。

2. 有重大安全事故、考试作弊者取消其考试资格。

职业名称	镗工
考核等级	中级工
试题名称	壳体加工
材质等信息	ZL101

职业技能鉴定技能操作考核准备单

职业名称	镗工
考核等级	中级工
试题名称	壳体加工

一、材料准备

1. 材料规格：ZL101
2. 坯件尺寸：铸件最大外形尺寸 130 mm×120 mm×190 mm

二、设备、工、量、卡具准备清单

序号	名称	规格	数量	备注
1	普通卧式镗床	T68	1	
2	90°粗镗刀		1	
3	90°半精镗刀		3	
4	微调精镗刀		3	
5	丝锥	M16×1.5	1	
6	45°倒角刀		1	
7	钻头	ϕ14.5 mm	1	
8	端铣刀	ϕ120 mm	1	
9	游标卡尺	0～300 mm/0.02 mm	1	
10	内径千分尺	25～50 mm	1	
11	内径千分尺	50～75 mm	1	
12	螺纹塞规	M16×1.5	1	
13	粗糙度标准样块		1	

三、考场准备

1. 相应的设备、工具

(1)设备性能应完好；

(2)配置刀具、工具、量具等应齐全；

(3)应配有划线平台。

2. 相应的场地及安全防范措施

(1)确认现场使用吊具为合格吊具；

(2)操作人员应该佩戴安全帽，操作过程需正确佩戴劳动保护用品。

3. 其他准备

(1)在考核过程中发现的不合格情况也应该作为考核的项目之一；

（2）可根据实际过程将不合格的产品作为考试项目。

四、考核内容及要求

1. 考核内容（按考核制件图示及要求制作）

2. 考核时限：300 分钟

3. 考核评分（表）

考核项目	序号	考核要求	评分标准	配分	扣分	得分
尺寸精度	1	$\phi 55^{+0.03}_{0}$ mm	每超 0.01 mm 扣 3 分	9		
	2	$\phi 38^{+0.1}_{0}$ mm	每超 0.01 mm 扣 1 分	5		
	3	$\phi 8 \pm 0.1$ mm	每超 0.01 mm 扣 1 分	5		
	4	$120^{0}_{-0.1}$ mm	超差不得分	3		
	5	(109 ± 0.25) mm	超差不得分	5		
	6	$90.4^{+0.05}_{0}$ mm	每超 0.01 mm 扣 3 分	9		
	7	(64 ± 0.04) mm	每超 0.01 mm 扣 3 分	9		
	8	(90 ± 0.5) mm	超差不得分	5		
	9	(60 ± 0.5) mm	超差不得分	5		
	10	(59.5 ± 0.1) mm	超差不得分	5		
	11	(50 ± 0.25) mm	超差不得分	5		
形位公差	12	$\phi 55$ mm 孔轴线平行度不大于 0.05 mm	每超差 0.01 mm 扣 3 分	5		
	13	$\phi 55$ mm 圆度不大于 0.02 mm	每超差 0.01 mm 扣 3 分	5		
	14	J、L 面相对基准 A 跳动不大于 0.03 mm	每超差 0.01 mm 扣 3 分	5		
	15	$\phi 8$ mm 孔相对上平面平行度不大于 0.05 mm	每超差 0.01 mm 扣 3 分	5		
倒角	16	$2 \times 45°$	一处不符扣 1 分	3		
表面粗糙度	17	$Ra 0.8$ μm	一处不符扣 2 分	8		
	18	$Ra 1.6$ μm	一处不符扣 1 分，扣完为止	2		
	19	$Ra 3.2$ μm	一处不符扣 1 分，扣完为止	2		
工时定额	20	240 分钟	每超 1 分钟扣 1 分，最多不能超过 10 分钟			
安全生产	21	1. 着装规范，未受伤 2. 刀具、工具、量具的放置正确、规范 3. 工件装夹、刀具安装规范 4. 正确使用量具 5. 卫生检查、设备保养 6. 发生重大安全事故、严重违反操作规程者，取消考试资格	每违反一条扣 1 分，扣完为止	5		

职业技能鉴定技能考核制件(内容)分析

职业名称	镗工
考核等级	中级工
试题名称	壳体加工
职业标准依据	国家职业标准

试题中鉴定项目及鉴定要素的分析与确定					
鉴定项目分类 分析事项	基本技能"D"	专业技能"E"	相关技能"F"	合计	数量与占比说明
鉴定项目总数	6	8	3	17	鉴定项目总数为17项,选取的鉴定项目总数为10项,其中专业技能选取数量占比为63%,基本符合大于2/3的要求
选取的鉴定项目数量	3	5	2	10	
选取的鉴定项目 数量占比(%)	50	63	67	53	
对应选取鉴定项目所 包含的鉴定要素总数	14	23	7	44	所选鉴定项目中鉴定要素总和为44项,从中选考29项鉴定要素,总选取数量占比为66%,符合大于60%的要求
选取的鉴定要素数量	6	17	6	29	
选取的鉴定要素 数量占比(%)	43	74	99	55	

所选取鉴定项目及相应鉴定要素分解与说明							
鉴定 项目 类别	鉴定项目 名称	国家职业 标准规定 比重(%)	《框架》中 鉴定要素名称	本命题中具体 鉴定要素分解	配分	评分标准	考核 难点 说明
D	读图与绘图	20	壳体类零件识图	对本图壳体零件图进行读图	3	正确识读得1.5分;了解工件技术条件得1.5分	
			几何公差、公差配合、表面结构的识别	需对各尺寸公差及形位公差进行识别及工艺分析	3	正确识读得1分;可进行工艺分析得2分	
	工件定位 与夹紧		能确定镗削中等复杂零件的定位和夹紧方案	能确定工件初镗及精镗的定位和夹紧方案	4	能进行定位和夹紧得4分	
			能正确选用回转盘、角铁、V形架等镗床通用夹具及辅具,并能正确安装工件	能利用角铁、螺柱、压板、销等对工件进行夹紧和定位	4	可正确操作得4分	
	准备刀具		镗刀头的几何参数与切削性能的关系	根据工件工艺要求,确定所需镗刀头的几何参数	3	可正确选择刀具并装卡得3分	
			能刃磨各种镗床用刀具	将所用镗刀头刃磨为所需形状	3	可根据需要正确刃磨刀具得3分	
E	镗削单孔	70	刀具的选择	能正确选用镗削$\phi55$ mm孔所用镗刀	3	可正确选择刀具并进行装卡得3分	
			基准的选择	能确定镗削各单孔所选基准	4	基准选择正确得4分	
			加工余量的选择	能合理确认镗孔次数及加工余量	5	加工过程无强烈振动得5分	
			形位公差的保证	保证$\phi55$ mm两孔轴线平行度	5	每超差0.01 mm扣2分	

鉴定项目类别	鉴定项目名称	国家职业标准规定比重(%)	《框架》中鉴定要素名称	本命题中具体鉴定要素分解	配分	评分标准	考核难点说明
E	镗削同轴孔系		刀具的选择	能正确选用镗削 ϕ55 mm 孔及 ϕ38 mm 孔所用镗刀	3	可正确选择刀具并进行装卡得3分	
			基准的选择	能保证 ϕ55 mm 孔与 ϕ38 mm 孔的同轴度	4	基准选择正确得4分	
			加工余量的选择	能合理确认镗孔次数及加工余量	5	加工过程无强烈振动得5分	
			形位公差的保证	保证 ϕ55 mm 与 ϕ38 mm 同轴	5	可保证同轴度得5分	
	镗削平行孔系		基准的选择	加工第2组 ϕ55 mm 孔与 ϕ38 mm 孔时基准的选择	5	基准选择正确得5分	
			孔位置度的保证	保证两组孔的平行度	5	每超差 0.01 mm 扣2分	
	镗削相交和交叉孔系		刀具的选择	能正确选用能正确选用镗削 ϕ8 mm 孔所用镗刀	3	可正确选择刀具并进行装卡得3分	
			基准的选择	能确定 ϕ8 mm 孔的基准	4	基准选择合理得4分	
			孔位置度的保证	能保证 ϕ8 mm 孔的位置度	5	每超差 0.01 mm 扣2分	
			形位公差的保证	保证 ϕ8 mm 与上平面平行度	5	每超差 0.01 mm 扣2分	
	镗削精密复杂箱体类工件		刀具的选择	能正确进行粗镗与精镗的刀具选择	3	可正确选择刀具并进行装卡得3分	
			基准的选择	能够正确选取各工序的基准	3	基准选择合理得3分	
			加工余量的选择	能够确定各工序的工艺留量	3	加工过程无强烈振动得3分	
F	尺寸、精度检验	10	能用气缸表测量工件内径	测量 ϕ55 mm 孔与 ϕ38 mm 孔内径尺寸	2	测量方法正确得2分	
			能用量块和百分表检测工件轴向尺寸	测量 ϕ55 mm 孔深度	1	测量方法正确得1分	
			能检测平行孔中心距	测量 ϕ55 mm 孔的孔距	2	测量方法正确得2分	
			能进行平行孔轴线位置度检测	测量两个 ϕ55 mm 孔的轴线的平行度	2	测量方法正确得2分	
			能进行相交孔轴线位置度检测	测量 ϕ55 mm 孔与 ϕ8 mm 孔轴线的垂直度	2	测量方法正确得2分	
			能进行表面粗糙度比较检验	对各加工面进行粗糙度比较检验	1	测量方法正确得1分	

鉴定项目类别	鉴定项目名称	国家职业标准规定比重(%)	《框架》中鉴定要素名称	本命题中具体鉴定要素分解	配分	评分标准	考核难点说明
质量、安全、工艺纪律、文明生产等综合考核项目				考核时限	不限	每超时5分钟,扣10分	
				工艺纪律	不限	依据企业有关工艺纪律规定执行,每违反一次扣10分	
				劳动保护	不限	依据企业有关劳动保护管理规定执行,每违反一次扣10分	
				文明生产	不限	依据企业有关文明生产管理规定执行,每违反一次扣10分	
				安全生产	不限	依据企业有关安全生产管理规定执行,每违反一次扣10分	

镗工(高级工)技能操作考核框架

一、框架说明

1. 依据《国家职业标准》^注，以及中国北车确定的"岗位个性服从于职业共性"的原则，提出镗工(高级工)技能操作考核框架(以下简称:技能考核框架)。

2. 本职业等级技能操作考核评分采用百分制。即:满分为 100 分，60 分为及格，低于 60 分为不及格。

3. 实施"技能考核框架"时，考核制件(活动)命题可以选用本企业的加工件(活动项目)，也可以结合实际另外组织命题。

4. 实施"技能考核框架"时，考核的时间和场地条件等应依据《国家职业标准》，并结合企业实际确定。

5. 实施"技能考核框架"时，其"职业功能"的分类按以下要求确定:

(1)"工件加工"属于本职业等级技能操作的核心职业活动，其"项目代码"为"E"。

(2)"工艺准备"、"精度检验及误差分析"属于本职业等级技能操作的辅助性活动，其"项目代码"分别为"D"和"F"。

6. 实施"技能考核框架"时，其"鉴定项目"和"选考数量"按以下要求确定:

(1)按照《国家职业标准》有关技能操作鉴定比重的要求，本职业等级技能操作考核制件的"鉴定项目"应按"D"＋"E"＋"F"组合，其考核配分比例相应为:"D"占 15 分，"E"占 75 分，"F"占 10 分(其中:镗床的使用占 10 分，量具的识读、使用占 5 分)。

(2)依据中国北车确定的"核心职业活动选取 2/3，并向上取整"的规定，在"E"类鉴定项目——"工件加工"的全部 9 项中，至少选取 6 项。

(3)依据中国北车确定的"其余'鉴定项目'的数量可以任选"的规定，"D"和"F"类鉴定项目——"工艺准备"、"精度检验及误差分析"中，至少分别选取 1 项。

(4)依据中国北车确定的"确定'选考数量'时，所涉及'鉴定要素'的数量占比，应不低于对应'鉴定项目'范围内'鉴定要素'总数的 60%，并向上取整"的规定，考核制件的鉴定要素"选考数量"应按以下要求确定:

①在"D"类"鉴定项目"中，在已选定的 1 个或全部鉴定项目中，至少选取已选鉴定项目所对应的全部鉴定要素的 60% 项，并向上保留整数。

②在"E"类"鉴定项目"中，在已选的 6 个鉴定项目所包含的全部鉴定要素中，至少选取总数的 60% 项，并向上保留整数。

③在"F"类"鉴定项目"中，对应"尺寸精度检验"的 3 个鉴定要素，至少选取 2 项;对应"精度检验及误差分析"，在已选定的 1 个或全部鉴定项目中，至少选取已选鉴定项目所对应的全部鉴定要素的 60% 项，并向上保留整数。

举例分析:

按照上述"第 6 条"要求,若命题时按最少数量选取,即:在"D"类鉴定项目中的选取了"准备刀具"1 项,在"E"类鉴定项目中选取了"镗削单孔"、"镗削同轴孔系"、"镗削平行孔系"、"镗削沟槽"、"加工平面"、"镗削精密复杂箱体类工件"6 项,在"F"类鉴定项目中选取了"尺寸精度检验"1 项,则:

此考核制件所涉及的"鉴定项目"总数为 8 项,具体包括:"准备刀具"、"镗削单孔"、"镗削同轴孔系"、"镗削平行孔系"、"镗削沟槽"、"加工平面"、"镗削精密复杂箱体类工件"、"尺寸精度检验"。

此考核制件所涉及的鉴定要素"选考数量"相应为 25 项,具体包括:"准备刀具"鉴定项目包含的全部 2 个鉴定要素中的 2 项,"镗削单孔"、"镗削同轴孔系"、"镗削平行孔系"、"镗削沟槽"、"加工平面"、"镗削精密复杂箱体类工件"6 个鉴定项目包括的全部 32 个鉴定要素中的 20 项,"尺寸精度检验"鉴定项目包含的全部 4 个鉴定要素中的 3 项。

7. 本职业等级技能操作需要两人及以上共同作业的,可由鉴定组织机构根据"必要、辅助"的原则,结合实际情况确定协助人员的数量。在整个操作过程中,协助人员只能起必要、简单的辅助作用。否则,每违反一次,至少扣减应考者的技能考核总成绩 10 分,直至取消其考试资格。

8. 实施"技能考核框架"时,应同时对应考者在质量、安全、工艺纪律、文明生产等方面行为进行考核。对于在技能操作考核过程中出现的违章作业现象,每违反一项(次)至少扣减技能考核总成绩 10 分,直至取消其考试资格。

注:按照中国北车规定,各《职业技能操作考核框架》的编制依据现行的《国家职业标准》或现行的《行业职业标准》或现行的《中国北车职业标准》的顺序执行。

二、镗工(高级工)技能操作鉴定要素细目表

职业功能	鉴定项目				鉴定要素		
	项目代码	名称	鉴定比重(%)	选考方式	要素代码	名称	重要程度
工艺准备	D	读图与绘图	15	任选	001	能读懂复杂、畸形零件图	X
					002	能绘制镗杆、蜗轮减速箱体等中等复杂程度的零件图	X
					003	能读懂一般机械的装配图	X
		制定加工工艺			001	能制定简单零件的加工工艺规程	Y
					002	能制定畸形、精密工件的加工顺序	X
					003	能制定大型工件的镗削加工顺序	X
					004	能编制复杂箱体类工件的镗削工艺卡	Y
		工件定位与夹紧			001	能确定复杂、畸形、精密零件的定位和夹紧方案	Y
					002	能进行镗床夹具定位误差分析	Y
		编制程序			001	能手工编制复杂零件的镗削加工程序	Y
					002	能利用已有宏程序编制加工程序	Y
		准备刀具			001	能正确选用和刃磨难加工材料的镗削刀具	Y
					002	能正确选用和刃磨加工深孔、小孔的镗削刀具	Y

职业功能	鉴定项目				鉴定要素		
	项目代码	名称	鉴定比重(%)	选考方式	要素代码	名称	重要程度
工艺准备	D	调整及维护保养设备		任选	001	能及时发现普通镗床的能分析并排除镗床常见机械故障	Z
					002	能对镗床进行一、二级保养	Z
					003	能排除数控镗床在加工出现的一般故障	Z
					004	能解决操作中出现的与设备调整相关的技术问题	Z
工件加工	E	单孔的加工	75	至少选择6项	001	刀具的选择	X
					002	基准的选择	X
					003	加工余量的选择	X
					004	斜孔的镗削	X
					005	薄壁孔的镗削	X
		镗削同轴孔系			001	刀具的选择	X
					002	基准的选择	X
					003	加工余量的选择	X
					004	孔位置度的保证	X
					005	精密台阶孔的镗削	X
					006	精密多层孔的镗削	X
		镗削平行孔系			001	刀具的选择	X
					002	基准的选择	X
					003	加工余量的选择	X
					004	孔位置度的保证	X
					005	能镗削不同孔径平行孔系	X
		镗削相交和交叉孔系			001	刀具的选择	X
					002	基准的选择	X
					003	加工余量的选择	X
					004	孔位置度的保证	X
					005	能镗削多个交叉孔	X
					006	能镗削多个相交孔	X
		镗削沟槽			001	刀具的选择	X
					002	基准的选择	X
					003	加工余量的选择	X
					004	形位公差的保证	X
					005	能镗削特殊沟槽	X
		加工平面			001	刀具的选择	X
					002	基准的选择	X

职业功能	鉴定项目		鉴定比重（%）	选考方式	鉴定要素		
	项目代码	名称			要素代码	名称	重要程度
工件加工	E	加工平面		至少选择6项	003	加工余量的选择	X
					004	形位公差的保证	X
					005	镗削大平面保证精度的方法	X
					006	能镗削斜面	X
					007	能镗削止口平面	X
		镗削精密复杂箱体工件			001	刀具的选择	X
					002	基准的选择	X
					003	加工余量的选择	X
					004	能镗削有多个垂直相交和平行孔的复杂箱体	X
		镗削加工特殊材料工件			001	刀具的选择	X
					002	基准的选择	X
					003	加工余量的选择	X
					004	形位公差的保证	X
					005	特殊材料的一般知识	X
					006	能镗削加工特殊材料的一般工件	X
		特殊镗削			001	刀具的选择	X
					002	基准的选择	X
					003	加工余量的选择	X
					004	镗削不完整孔的方法	X
精度检验及误差分析	F	尺寸精度检验	10	任选	001	能对长度、直径尺寸进行精密检测	Y
					002	能用正弦规检测角度	Y
					003	能检测交叉孔的中心距	Y
					004	能检测斜孔的中心距	Y
		形位误差的检验			001	能进行斜孔轴线位置度检测	Y
					002	能进行斜孔轴线倾斜度检测	Y
					003	能进行表面粗糙度接触检验	Y
		典型零件的综合检测			001	能进行减速箱体的综合检测，并写出检测报告	Y
		误差分析			001	能分析判断影响工件尺寸精度的因素，并能提出改进措施	Y

镗工(高级工)技能操作考核样题与分析

职业名称：_____

考核等级：_____

存档编号：_____

考核站名称：_____

鉴定责任人：_____

命题责任人：_____

主管负责人：_____

中国北车股份有限公司劳动工资部制

职业技能鉴定技能操作考核制件图示或内容

技术要求：

1. 成品尺寸符图；

2. 加工工艺安排合理；

3. 严格执行本工种安全操作技术规范；

4. 加工零件无飞边、毛刺及磕碰。

考试规则：

1. 每违反一次工艺纪律、安全操作、劳动保护、文明生产等扣除 10 分。

2. 有重大安全事故、考试作弊者取消其考试资格。

职业名称	镗工
考核等级	高级工
试题名称	平行孔系加工/特殊孔加工/缸体加工
材质等信息	Q235/Q235/HT200

职业技能鉴定技能操作考核准备单

职业名称	镗工
考核等级	高级工
试题名称	平行孔系加工/特殊孔加工/缸体加工

一、材料准备

毛坯尺寸：180 mm×140 mm×40 mm

二、设备、仪表、工具准备清单

序号	名称	规格	数量	备注
1	普通卧式镗床	T68	1	
2	90°粗镗刀		1	
3	90°半精镗刀		3	
4	硬质合金可调节浮动铰刀	40～45 mm	1	
5	硬质合金可调节浮动铰刀	45～50 mm	1	
6	45°倒角刀		1	
7	游标卡尺	0～125 mm/0.02 mm	1	
8	外径千分尺	25～50 mm	1	
9	外径千分尺	50～75 mm	1	
10	内径百分表	35～50 mm	1	
11	粗糙度标准样块		1	
12	标准圆棒	ϕ40 mm	1	
13	标准圆棒	ϕ45 mm	1	
14	标准圆棒	ϕ50 mm	1	

三、考场准备

1. 相应的公用设备、工具

(1)考试用图；

(2)T68 普通卧式镗床；

(3)计时表。

2. 相应的场地及安全防范措施

(1)考试人员应与实作现场隔离并专人集中管理；

(2)通信工具集中管理。

四、考核内容及要求

1. 考核内容(按国家标准要求操作)

平行孔系加工

2. 考核时限：120 分钟

3. 考核评分(表)

考核项目	序号	考核要求	评分标准	配分	扣分	得分
尺寸精度	1	$\phi 40^{+0.039}_{0}$ mm	不合格全扣	10		
	2	$\phi 45^{+0.039}_{0}$ mm	不合格全扣	10		
	3	$\phi 50^{+0.039}_{0}$ mm	不合格全扣	10		
	4	(40 ± 0.1)mm	不合格全扣	5		
	5	(100 ± 0.04)mm	不合格全扣	8		
	6	(175 ± 0.1)mm	不合格全扣	5		
	7	(135 ± 0.1)mm	不合格全扣	5		
	8	(80 ± 0.04)mm	不合格全扣	8		
	9	(60 ± 0.04)mm	不合格全扣	8		
	10	(50 ± 0.1)mm	不合格全扣	5		
	11	(40 ± 0.2)mm	不合格全扣	5		
倒角	12	$1.5\times45°$	一处不符扣2分	8		
表面粗糙度	13	$Ra1.6~\mu m$	一处不符扣3分	9		
	14	$Ra3.2~\mu m$	一处不符扣1分,直到扣完为止	4		
工时定额	15	120分钟	每超1分钟扣1分,最多不能超过10分钟			
安全生产	16	1. 着装规范,未受伤 2. 刀具、工具、量具的放置正确、规范 3. 工件装夹、刀具安装规范 4. 正确使用量具 5. 卫生检查、设备保养 6. 发生重大安全事故、严重违反操作规程者,取消考试资格	每违反一条扣1分,扣完为止	5		

职业技能鉴定技能考核制件(内容)分析

职业名称	镗工
考核等级	高级工
试题名称	平行孔系加工/特殊孔加工/缸体加工
职业标准依据	国家职业标准

试题中鉴定项目及鉴定要素的分析与确定

分析事项 ＼ 鉴定项目分类	基本技能"D"	专业技能"E"	相关技能"F"	合计	数量与占比说明
鉴定项目总数	6	9	4	19	
选取的鉴定项目数量	2	3	2	7	
选取的鉴定项目数量占比(%)	33	33	50	36	专业技能满足大于2/3的要求,鉴定要素满足大于60%的要求
对应选取鉴定项目所包含的鉴定要素总数	6	15	9	30	
选取的鉴定要素数量	4	10	4	18	
选取的鉴定要素数量占比(%)	67	67	44	60	

所选取鉴定项目及相应鉴定要素分解与说明

鉴定项目类别	鉴定项目名称	国家职业标准规定比重(%)	《框架》中鉴定要素名称	本命题中具体鉴定要素分解	配分	评分标准	考核难点说明
D	准备刀具	15	能正确选用和刃磨加工深孔、小孔的镗削刀具	根据加工零件图纸要求,正确选择刀具,并刃磨	5	正确识读得2.5分;了解工件技术条件得2.5分	
			能正确选用和刃磨难加工材料的镗刀	根据加工材料正确选择刀具	4	可根据需要正确刃磨刀具得4分	
	调整及维护保养设备		能对镗床进行一、二级保养	加工完成后按要求进行机床的日常维护保养工作	3	懂得对机床进行日常例行维护保养得3分	
			能解决操作中出现的与设备调整相关的技术问题	加工过程中如发现设备问题能及时调整	3	可对设备问题及时调整得3分	
E	单孔的加工	75	刀具的选择	合理选择加工刀具	8	可正确选择刀具并进行装卡得8分	
			基准的选择	合理选择加工基准	8	基准选择合理得8分	
			加工余量的选择	合理选择加工余量	8	加工过程无强烈振动得8分	
	镗削平行孔系		孔位置度的保证	达到图纸规定尺寸精度要求	8	满足要求得8分	
			能镗削不同孔径平行孔系	达到图纸规定尺寸精度要求	10	满足要求得10分	
			镗削大平面保证精度的方法	达到图纸规定尺寸精度要求	9	满足要求得9分	
	加工平面		能镗削止口平面	达到图纸规定尺寸要求	8	满足要求得8分	
			刀具的选择	达到图纸规定形位公差精度要求	8	满足要求得8分	
				合理选择加工刀具	8	刀具选择合理得8分	

续上表

鉴定项目类别	鉴定项目名称	国家职业标准规定比重(%)	《框架》中鉴定要素名称	本命题中具体鉴定要素分解	配分	评分标准	考核难点说明
F	尺寸精度检验	10	能对长度、直径尺寸进行精密检测	合理选择量具,并正确使用、测量	3	测量方法正确得3分	
			能检验交叉孔的中心距	合理选择量具,并正确使用、测量	3	测量方法正确得3分	
			能用正弦规检测角度	正确测量角度	2	测量方法正确得2分	
	形位误差的检验		能过行表面粗糙度接触检验	能运用表面粗糙度比较样块检测表面粗糙度	2	测量方法正确得2分	
质量、安全、工艺纪律、文明生产等综合考核项目				考核时限	不限	每超时5分钟,扣10分	
				工艺纪律	不限	依据企业有关工艺纪律规定执行,每违反一次扣10分	
				劳动保护	不限	依据企业有关劳动保护管理规定执行,每违反一次扣10分	
				文明生产	不限	依据企业有关文明生产管理规定执行,每违反一次扣10分	
				安全生产	不限	依据企业有关安全生产管理规定执行,每违反一次扣10分	